卓越工程技术人才培养特色教材

U0890502

线性代数

主　编　李　洵　吴亚娟　王平心
副主编　朱荣平　李志林　刘　恂

江苏大学出版社
JIANGSU UNIVERSITY PRESS
镇　江

图书在版编目(CIP)数据

线性代数 / 李洵，吴亚娟，王平心主编. 一 镇江：江苏大学出版社，2013.3(2024.8 重印)
ISBN 978-7-81130-426-8

Ⅰ.①线… Ⅱ.①李… ②吴… ③王… Ⅲ.①线性代数－高等学校－教材 Ⅳ.①O151.2

中国版本图书馆 CIP 数据核字(2013)第 035041 号

线性代数

主　　编/李　洵　吴亚娟　王平心
责任编辑/吴昌兴
出版发行/江苏大学出版社
地　　址/江苏省镇江市京口区学府路 301 号(邮编：212013)
电　　话/0511-84446464(传真)
网　　址/http://press.ujs.edu.cn
排　　版/镇江文苑制版印刷有限责任公司
印　　刷/镇江文苑制版印刷有限责任公司
开　　本/718 mm×1 000 mm　1/16
印　　张/13.25
字　　数/308 千字
版　　次/2013 年 3 月第 1 版
印　　次/2024 年 8 月第 11 次印刷
书　　号/ISBN 978-7-81130-426-8
定　　价/45.00 元

如有印装质量问题请与本社营销部联系(电话：0511-84440882)

江苏省卓越工程技术人才培养特色教材建设

指导委员会

序

深化高等工程教育改革、提高工程技术人才培养质量，是增强自主创新能力、促进经济转型升级、全面提升地区竞争力的迫切要求。近年来，江苏高等工程教育飞速发展，全省46所普通本科院校中开设工学专业的学校有45所，工学专业在校生约占全省普通本科院校在校生总数的40%，为“十一五”末江苏成功跻身全国第一工业大省做出了积极贡献。

“十二五”时期是江苏加快经济转型升级、发展创新型经济、全面建设更高水平小康社会的关键阶段。教育部“卓越工程师教育培养计划”启动实施以来，江苏认真贯彻教育部文件精神，结合地方高等教育实际，着力优化高等工程教育体系，深化高等工程教学改革，努力培养造就一大批创新能力强、适应江苏社会经济发展需要的卓越工程技术后备人才。

教材建设是人才培养的基础工作和重要抓手。培养高素质的工程技术人才，需要遵循工程技术教育规律，建设一套理念先进、针对性强、富有特色的优秀教材。随着知识社会和信息时代的到来，知识综合、学科交叉趋势增强，教学的开放性与多样性更加突出，加之图书出版行业体制机制也发生了深刻变化，迫切需要教育行政部门、高等学校、行业企业、出版部门和社会各界通力合作，协同作战，在新一轮高等工程教育改革发展中抢占制高点。

2010年以来，江苏大学出版社积极开展市场分析和行业调研，先后多次组织全省相关高校专家、企业代表就应用型本科人才培养和教材建设工作进行深入研讨。经各方充分协商，拟定了“江苏省卓越工程技术人才培养特色教材”开发建设的实施意见，明确了教材开发总体思路，确立了编写原则：

一是注重定位准确，科学区分。教材应符合相应高等工程教育的办学定位和人才培养目标，恰当把握与研究型工程人才、设计型工程人才及技能型工程人才的区分度，增强教材的针对性。

二是注重理念先进，贴近业界。吸收先进的学术研究与技术成果，适应经济转型升级需求，适应社会用人单位管理、技术革新的需要，具有较强的领先性。

三是注重三位一体，能力为重。紧扣人才培养的知识、能力、素质要求，着力培养学生的工程职业道德和人文科学素养、创新意识和工程实践能力、国际视野和沟通协作能力。

四是注重应用为本，强化实践。充分体现用人单位对教学内容、教学实践设计、工艺流程的要求以及对人才综合素质的要求，着力解决以往教材中应用性缺失、实践环节薄弱、与用人单位要求脱节等问题，将学生创新教育、创业实践与社会需求充分衔接起来。

五是注重紧扣主线，整体优化。把培养学生工程技术能力作为主线，系统考虑、整体构建教材体系和特色，包括合理设置课件、习题库、实践课题以及在教学、实践环节中合理设置基础、拓展、复合应用之间的比例结构等。

该套教材组建了阵容强大的编写专家及审稿专家队伍，汇集了国家教学指导委员会委员、学科带头人、教学一线名师、人力资源专家、大型企业高级工程师等。编写和审稿队伍主要由长期从事教育教学改革实践工作的资深教师、对工程技术人才培养研究颇有建树的教育管理专家组成。在编写、审定教材时，他们紧扣指导思想和编写原则，深入探讨、科学创新、严谨细致、字斟句酌，倾注了大量的心血，为教材质量提供了重要保障。

该套教材在课程设置上基本涵盖了卓越工程技术人才培养所涉及的有关专业的公共基础课、专业公共课、专业课、专业特色课等；在编写出版上采取突出重点、以点带面、有序推进的策略，成熟一本出版一本。希望大家在教材的编写和使用过程中，积极提出意见和建议，集思广益，不断改进，以期经过不懈努力，形成一套参与度与认可度高、覆盖面广、特色鲜明、有强大生命力的优秀教材。

江苏省教育厅副厅长 丁晓昌

2012 年 8 月

前 言

线性代数是大学工科、经济管理及医学各专业都必须开设的公共基础课。课程的核心工具——矩阵,在各种现代科学技术中有着广泛的应用。作为一门工程数学课程,该课程不仅是后续专业课程的基础,而且在基础知识、基本技能和逻辑思维、抽象思维等各方面都进行了必要的训练。

随着高等教育大众化及现代知识的不断更新,为使学生掌握更多的新知识、新技术,各高校对基础课课时不断压缩,讲授基础课程的难度越来越大,这几乎是所有高校都面临的问题。而线性代数内容抽象、课程知识容量大、讲授难度大,为了提高教学效果,使学生更容易学习,我们编写了此书。

本教材针对本科独立院校的需求编写,编写过程中特别注意深入浅出,通俗易懂。本书主要进行了以下探索:

(1) 在新知识、新概念的引入方面做了一些探索工作。让学生明白为什么要定义这些新概念,这些概念有什么用。新概念是从要解决的问题中引出,而不是给出概念再讨论其用处。尽可能让每个概念出现得自然、合理。这样一方面便于学生理解新知识,也引导学生去主动思考、主动探索问题。

(2) 明确提出研究目标、要达到的目的,让学生知道编写意图,尽可能展现研究问题的思路,而不是将知识强加给学生,使学习更有针对性。

(3) 起点低,便于教学。本书以线性方程组为研究工具贯穿全书。将线性相关性、线性关系等抽象问题与线性方程组紧密相连,使学生能够利用线性方程组这一易于操作的代数工具去研究问题。

(4) 教材尽可能给出一些概念和定理的几何解释,旨在帮助学生理解相关理论。

(5) 针对学生特点,遵循学生的认知规律,着重于原理、计算和应用,适当减弱理论证明,采取循序渐进、分散难点的处理方法。教材没有把重心放在理论推导上,并不是不问为什么、只问怎么用,而是按照认知规律,讲清楚原理,不进行严格论证。

(6) 每章后面配备了自测题，便于学生了解自己的掌握情况，也为教师出卷提供参考。

(7) 教材中的读一读可以让学生自己阅读。课时允许时，也可以在教师引导下阅读。

(8) * 号部分可以根据学生情况、学时情况适当选取。

编　者

2013 年 1 月

目 录

第一章　消元法解线性方程组

线性运算是指对研究对象进行的加法和数乘运算，仅由加法和数乘法构成的一次关系称为线性关系，线性代数主要研究线性运算和线性关系. 线性方程组是仅由加法和数乘法构成的方程——即一次方程组成的方程组，线性方程组是线性代数的核心内容之一. 本章将给出矩阵的概念，并借助矩阵这一工具用消元法解线性方程组.

第一节　矩阵的概念

矩阵是线性代数中最基本的概念之一，也是最基础的代数工具之一. 在日常生活中，经常可以看到用于表示特定对象的矩形数表. 例如，商场里的物价表、机场的飞机时刻表、财务报表等等. 这样的矩形数表广泛应用于人们的生活之中，并且可以按需要给这样矩形数表定义一些运算、变换等，以解决相关问题.

定义 1　由 $m\times n$ 个数构成的一个 m 行 n 列的矩形数表

$$\begin{pmatrix} a_{11} & a_{12} & \cdots & a_{1n} \\ a_{21} & a_{22} & \cdots & a_{2n} \\ \vdots & \vdots & & \vdots \\ a_{m1} & a_{m2} & \cdots & a_{mn} \end{pmatrix}$$

称为 m 行 n 列矩阵，简称 $m\times n$ 矩阵，其中第 i 行和第 j 列交叉位置的元素 a_{ij}（$i=1,2,\cdots,m$；$j=1,2,\cdots,n$）称为该矩阵 (i,j) 位置的元素.

通常用大写的英文字母 $\boldsymbol{A},\boldsymbol{B},\boldsymbol{C},\cdots$ 表示矩阵.

矩阵

$$\boldsymbol{A}=\begin{pmatrix} a_{11} & a_{12} & \cdots & a_{1n} \\ a_{21} & a_{22} & \cdots & a_{2n} \\ \vdots & \vdots & & \vdots \\ a_{m1} & a_{m2} & \cdots & a_{mn} \end{pmatrix}$$

通常简记为 $\boldsymbol{A}=(a_{ij})_{m\times n}$，在不注重行数和列数时又可以简记为 $\boldsymbol{A}=(a_{ij})$，在不注

重元素形式时也可简记为 $\boldsymbol{A}_{m\times n}$ 或 $\boldsymbol{A}$.

如果 $a_{ij}(i=1,2,\cdots,m;j=1,2,\cdots,n)$ 都是实数，则称 $\boldsymbol{A}=(a_{ij})_{m\times n}$ 为实矩阵.

定义 2 如果两个矩阵行数、列数分别对应相等，则称这两个矩阵为同型矩阵；如果两个同型矩阵的对应位置的元素都相同，则称这两个矩阵为相等矩阵.

由该定义知：两个矩阵 $\boldsymbol{A}=(a_{ij})_{m\times n}$，$\boldsymbol{B}=(b_{ij})_{s\times t}$ 相等，当且仅当 $m=s,n=t$，且 $a_{ij}=b_{ij}(i=1,2,\cdots,m;j=1,2,\cdots,n)$.

下面给出一些常用的特殊矩阵.

(1) 当 $m=n$ 时，称 $\boldsymbol{A}=(a_{ij})_{n\times n}$ 为 n 阶方阵(方形的阵).

特别地，n 阶方阵

$$\begin{pmatrix} \lambda_1 & 0 & \cdots & 0 \\ 0 & \lambda_2 & \ddots & \vdots \\ \vdots & \ddots & \ddots & 0 \\ 0 & \cdots & 0 & \lambda_n \end{pmatrix}$$

称为对角矩阵，通常简记为

$$\begin{pmatrix} \lambda_1 & & & \\ & \lambda_2 & & \\ & & \ddots & \\ & & & \lambda_n \end{pmatrix}$$

或 $\operatorname{diag}(\lambda_1,\lambda_2,\cdots,\lambda_n)$；

n 阶方阵

$$\begin{pmatrix} \lambda & & & \\ & \lambda & & \\ & & \ddots & \\ & & & \lambda \end{pmatrix}$$

称为数量矩阵；

n 阶方阵

$$\begin{pmatrix} 1 & & & \\ & 1 & & \\ & & \ddots & \\ & & & 1 \end{pmatrix}$$

称为 n 阶单位矩阵，记为 $\boldsymbol{E}_n$，简记为 $\boldsymbol{E}$.

如果 $m=n=1$，我们规定 $(a_{11})_{1\times 1}=a_{11}$.

(2) 所有元素都为 0 的矩阵称为零矩阵，$m\times n$ 零矩阵记为 $\boldsymbol{O}_{m\times n}$，或简记为 $\boldsymbol{O}$.

(3) 称 1 行 n 列的矩阵 $\boldsymbol{A}=(a_1\ a_2 \cdots\ a_n)$ 为 n 维行向量，也记为 $(a_1,a_2,\cdots,a_n)$，元素之间的逗号只起分隔这些数的作用，没有其他意义.

(4) 称 n 行 1 列的矩阵 $\boldsymbol{A}=\begin{pmatrix}a_1\\a_2\\\vdots\\a_n\end{pmatrix}$ 为 n 维列向量.行向量和列向量通常用小写希腊字母 $\boldsymbol{\alpha},\boldsymbol{\beta},\boldsymbol{\gamma},\cdots$ 表示. $a_i(i=1,2,\cdots,n)$ 称为 $(a_1,a_2,\cdots,a_n)$ 或 $\begin{pmatrix}a_1\\a_2\\\vdots\\a_n\end{pmatrix}$ 的第 i 个分量.

例 1 设

$$\boldsymbol{A}=\begin{pmatrix}x & x+y & 3\\1 & 0 & 2\end{pmatrix},\ \boldsymbol{B}=\begin{pmatrix}-1 & -1 & w\\1 & 0 & z\end{pmatrix},$$

且 $\boldsymbol{A}=\boldsymbol{B}$,求 x,y,z,w.

解 由矩阵相等定义知,$\boldsymbol{A}=\boldsymbol{B}$ 当且仅当它们的行数、列数分别相同,并且对应位置的元素相等.所以

$$x=-1,\ x+y=-1,\ z=2,\ w=3,$$

即 $x=-1,y=0,z=2,w=3$.

例 2 判断下列每组矩阵是否相等:

(1) 零矩阵 $\boldsymbol{O}_{2\times3}$ 与 $\boldsymbol{O}_{3\times2}$; (2) 单位矩阵 $\boldsymbol{E}_2$ 与 $\boldsymbol{E}_3$;

(3) $(1,2,1)$ 与 $\begin{pmatrix}1\\2\\1\end{pmatrix}$; (4) $\begin{pmatrix}1 & 0\\0 & 0\end{pmatrix}$ 与 $\begin{pmatrix}0 & 0\\0 & 1\end{pmatrix}$;

(5) 已知 $\begin{cases}2x_1+3x_2-x_3=1,\\x_1-x_2+2x_3=-3,\end{cases}$ 讨论 $\begin{pmatrix}2x_1+3x_2-x_3\\x_1-x_2+2x_3\end{pmatrix}$ 与 $\begin{pmatrix}1\\-3\end{pmatrix}$;

解 (1)

$$\boldsymbol{O}_{2\times3}=\begin{pmatrix}0 & 0 & 0\\0 & 0 & 0\end{pmatrix} \text{ 与 } \boldsymbol{O}_{3\times2}=\begin{pmatrix}0 & 0\\0 & 0\\0 & 0\end{pmatrix}$$

不是同型矩阵,所以不相等;

(2)

$$\boldsymbol{E}_2=\begin{pmatrix}1 & 0\\0 & 1\end{pmatrix} \text{ 与 } \boldsymbol{E}_3=\begin{pmatrix}1 & 0 & 0\\0 & 1 & 0\\0 & 0 & 1\end{pmatrix}$$

不是同型矩阵,所以不相等;

(3)

$$(1,2,1) \text{ 与 } \begin{pmatrix}1\\2\\1\end{pmatrix}$$

不是同型矩阵，所以不相等；

(4)
$$\begin{pmatrix}1 & 0\\0 & 0\end{pmatrix} 与 \begin{pmatrix}0 & 0\\0 & 1\end{pmatrix}$$
是同型矩阵，但对应位置元素不同，所以也不相等；

(5)
$$\begin{pmatrix}2x_1+3x_2-\ x_3\\ x_1-\ x_2+2x_3\end{pmatrix} 与 \begin{pmatrix}1\\-3\end{pmatrix}$$
是同型矩阵，且对应位置元素相同，所以相等.

读一读

哥尼斯堡七桥问题：哥尼斯堡城中有7座桥把湖中两个小岛与两岸连接（如图1-1所示），能否从两个小岛或两岸上某点出发，接连走过这7座桥，每座桥走且仅走一次？

设 A，B 表示小岛，C，D 表示两岸，连接各处的桥数可以用一个矩形阵（见图1-2）给出（如第2行第3个位置数字2表示从岛 B 到岸 C 的桥有2个）.

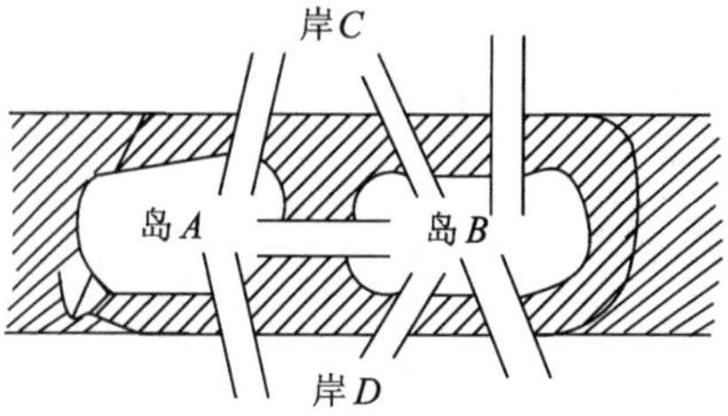

图 1-1

	A	B	C	D
A	0	1	1	1
B	1	0	2	2
C	1	2	0	0
D	1	2	0	0

图 1-2

无论从 A，B，C，D 4点中任一点出发，要走遍所有桥，除了起点和终点外，经过其余两点时必定从一座桥进去从另一座桥出来，由于要求每个桥走且仅走一次，所以与其连接的桥一定是偶数座. 但是可以看到矩阵（见图1-2）中每行元素和（所有与该行对应的点连接的桥的总数）都是奇数，所以从任何一点出发都不能做到每座桥走且仅走一次，接连走过这7座桥.

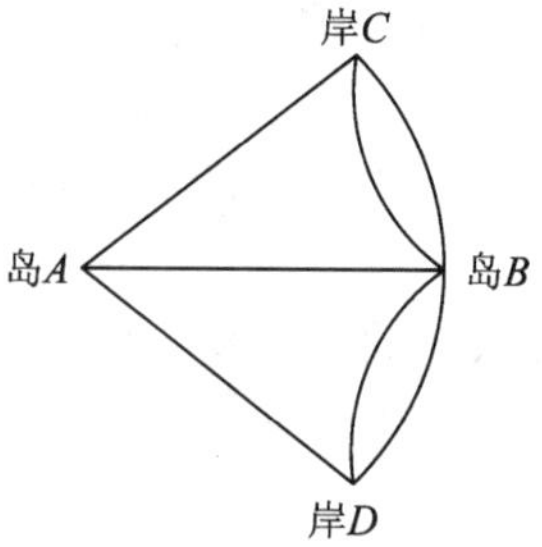

图 1-3

用线段表示桥，可以将该问题转化为图1-3是否可以一笔画出来？将问题用矩阵表示就一目了然了. 尤其是涉及点和连线较多的情况，用矩阵表示更方便.

习　题　1-1

1. 判断下列哪组矩阵是同型矩阵，哪组是相等矩阵？为什么？

(1) 零矩阵 $\boldsymbol{O}_{3\times3}$ 与 $\boldsymbol{O}_{2\times2}$；　　(2) $\begin{pmatrix}1&0\\0&1\end{pmatrix}$ 与 $\boldsymbol{E}_2$；

(3) $\begin{pmatrix}1&0&0\\0&1&0\\0&0&0\end{pmatrix}$ 与 $\begin{pmatrix}1&0&0\\0&0&0\\0&0&1\end{pmatrix}$；　　(4) 已知 $\begin{cases}x_1+x_2=60,\\x_1-x_3-x_4=10,\\x_4-x_5-x_6=0,\end{cases}$ 讨论 $\begin{pmatrix}x_1+x_2\\x_1-x_3-x_4\\x_4-x_5-x_6\end{pmatrix}$ 与 $\begin{pmatrix}60\\10\\0\end{pmatrix}$.

2. 设 $\begin{pmatrix}2x_1+3x_2\\x_1-x_2\end{pmatrix}=\begin{pmatrix}1\\-2\end{pmatrix}$，求 x_1,x_2.

3. 设 $\begin{pmatrix}x_1+x_2+x_3\\x_2+x_3\\2x_3\end{pmatrix}=\begin{pmatrix}4\\3\\4\end{pmatrix}$，求 x_1,x_2,x_3.

4. 设 $\begin{pmatrix}x+y&-2&1\\1&0&y\end{pmatrix}=\begin{pmatrix}-1&w-1&1\\z&0&2\end{pmatrix}$，求 x,y,z,w.

第二节　矩阵初等行变换与消元法解线性方程组

线性方程组是线性代数的核心内容之一，后面几章里，本书将从不同角度、借助不同代数工具研究线性方程组，也将利用线性方程组解决其他代数问题.

研究线性方程组主要需解决的问题：

(1) 方程组有解的条件；(2) 有解时，解的个数；(3) 有解时解的形式.

例 1　某电器厂家生产 A,B,C 共 3 种不同电器，并在甲、乙、丙这 3 个不同城市上市，各产品在上市 1 周内于各城市的销售额如下表，如果同产品在不同城市售价相同，求这 3 个不同产品的售价.

	产品 A/台	产品 B/台	产品 C/台	销售总额/千元
城市甲	28	31	31	121
城市乙	29	32	32	125
城市丙	28	32	36	132

解　设产品 A,B,C 的售价分别为 x_1,x_2,x_3（千元），则由题意得三元一次方程组

$$\begin{cases}28x_1+31x_2+31x_3=121, & (1)\\29x_1+32x_2+32x_3=125, & (2)\\28x_1+32x_2+36x_3=132. & (3)\end{cases}$$

用学过的消元法解该方程组.过程如下:

$$\xrightarrow[(3)+(-1)\times(1)]{(2)+(-1)\times(1)}\begin{cases}28x_1+31x_2+31x_3=121, & (1a)\\ x_1+\ x_2+\ x_3=\ 4, & (2a)\\ x_2+\ 5x_3=\ 11. & (3a)\end{cases}$$

$$\xrightarrow{(1a)+(-28)\times(2a)}\begin{cases}3x_2+3x_3=\ 9, & (1b)\\ x_1+\ x_2+\ x_3=\ 4, & (2b)\\ x_2+5x_3=11. & (3b)\end{cases}$$

$$\xrightarrow{(1b)\times\frac{1}{3}}\begin{cases}x_2+\ x_3=\ 3, & (1c)\\ x_1+x_2+\ x_3=\ 4, & (2c)\\ x_2+5x_3=11. & (3c)\end{cases}$$

$$\xrightarrow{(3c)+(-1)\times(1c)}\begin{cases}x_2+\ x_3=3, & (1d)\\ x_1+x_2+\ x_3=4, & (2d)\\ 4x_3=8. & (3d)\end{cases}$$

由式(3d)得 $x_3=2$,代入式(1d),(2d)得 $x_1=1,x_2=1$.

也可以继续消元:

$$\xrightarrow[(1d)\leftrightarrow(2d)]{(3d)\times\frac{1}{4}}\begin{cases}x_1+x_2+x_3=4, & (1e)\\ x_2+x_3=3, & (2e)\\ x_3=2. & (3e)\end{cases}$$

$$\xrightarrow[(2e)+(-1)\times(3e)]{(1e)+(-1)\times(2e)}\begin{cases}x_1 \qquad\qquad =1,\\ \qquad x_2 \qquad =1,\\ \qquad\qquad x_3=2.\end{cases}$$

由于以上每一步都将方程组化为同解方程组,故 $x_1=1,x_2=1,x_3=2$(千元)是原方程组的解.

观察例 1 可以发现在消元变形过程中,x_1,x_2,x_3 未变,仅是系数(含常数)在变化.因此 x_1,x_2,x_3 满足的三元一次方程组可由给定的矩阵(矩形数表)确定,而且每一个变化后的新方程组也均与一个矩阵对应.如方程组

$$\begin{cases}28x_1+31x_2+31x_3=121,\\ 29x_1+32x_2+32x_3=125,\\ 28x_1+32x_2+36x_3=132\end{cases}\xrightarrow{\text{对应}}\begin{pmatrix}28 & 31 & 31 & 121\\ 29 & 32 & 32 & 125\\ 28 & 32 & 36 & 132\end{pmatrix};$$

方程组

$$\begin{cases}28x_1+31x_2+31x_3=121,\\ x_1+\ x_2+\ x_3=\ 4,\\ x_2+\ 5x_3=\ 11\end{cases}\xrightarrow{\text{对应}}\begin{pmatrix}28 & 31 & 31 & 121\\ 1 & 1 & 1 & 4\\ 0 & 1 & 5 & 11\end{pmatrix}.$$

如果用 $r_i(i=1,2,3)$ 表示矩阵的第 i 行,则上面对方程组进行的同解变换过

程可以用对应的矩阵的变换过程表示如下：

$$\begin{cases}28x_1+31x_2+31x_3=121, & (1)\\ 29x_1+32x_2+32x_3=125, & (2)\\ 28x_1+32x_2+36x_3=132, & (3)\end{cases} \qquad \begin{pmatrix}28 & 31 & 31 & 121\\ 29 & 32 & 32 & 125\\ 28 & 32 & 36 & 132\end{pmatrix}$$

$$\xrightarrow{\substack{(2)+(-1)\times(1)\\(3)+(-1)\times(1)}}\begin{cases}28x_1+31x_2+31x_3=121, & (1a)\\ x_1+\ x_2+\ x_3=\ 4, & (2a)\\ \qquad x_2+\ 5x_3=\ 11, & (3a)\end{cases} \xrightarrow{\substack{r_2+(-1)\times r_1\\ r_3+(-1)\times r_1}}\begin{pmatrix}28 & 31 & 31 & 121\\ 1 & 1 & 1 & 4\\ 0 & 1 & 5 & 11\end{pmatrix}$$

$$\xrightarrow{(1a)+(-28)\times(2a)}\begin{cases}3x_2+3x_3=\ 9, & (1b)\\ x_1+\ x_2+\ x_3=\ 4, & (2b)\\ x_2+5x_3=11. & (3b)\end{cases} \xrightarrow{r_1+(-28)\times r_2}\begin{pmatrix}0 & 3 & 3 & 9\\ 1 & 1 & 1 & 4\\ 0 & 1 & 5 & 11\end{pmatrix}$$

$$\xrightarrow{(1b)\times\frac{1}{3}}\begin{cases}x_2+\ x_3=\ 3, & (1c)\\ x_1+x_2+\ x_3=\ 4, & (2c)\\ x_2+5x_3=11. & (3c)\end{cases} \xrightarrow{r_1+\frac{1}{3}}\begin{pmatrix}0 & 1 & 1 & 3\\ 1 & 1 & 1 & 4\\ 0 & 1 & 5 & 11\end{pmatrix}$$

$$\xrightarrow{(3c)+(-1)\times(1c)}\begin{cases}x_2+\ x_3=3, & (1d)\\ x_1+x_2+\ x_3=4, & (2d)\\ 4x_3=8. & (3d)\end{cases} \xrightarrow{r_3+(-1)\times r_1}\begin{pmatrix}0 & 1 & 1 & 3\\ 1 & 1 & 1 & 4\\ 0 & 0 & 4 & 8\end{pmatrix}$$

$$\xrightarrow{\substack{(3d)\times\frac{1}{4}\\ (1d)\leftrightarrow(2d)}}\begin{cases}x_1+x_2+x_3=4, & (1e)\\ x_2+x_3=3, & (2e)\\ x_3=2. & (3e)\end{cases} \xrightarrow{\substack{r_3\times\frac{1}{4}\\ r_1\leftrightarrow r_2}}\begin{pmatrix}1 & 1 & 1 & 4\\ 0 & 1 & 1 & 3\\ 0 & 0 & 1 & 2\end{pmatrix}$$

$$\xrightarrow{\substack{(1e)+(-1)\times(2e)\\ (2e)+(-1)\times(3e)}}\begin{cases}x_1 \qquad =1,\\ \quad x_2 \qquad =1,\\ \qquad x_3=2.\end{cases} \xrightarrow{\substack{r_1+(-1)\times r_2\\ r_2+(-1)\times r_3}}\begin{pmatrix}1 & 0 & 0 & 1\\ 0 & 1 & 0 & 1\\ 0 & 0 & 1 & 2\end{pmatrix}$$

变换过程中右边的每一个矩阵都对应着左边的一个与原方程组同解的方程组，最后一个矩阵对应的是与原方程组同解的方程组

$$\begin{cases}x_1=1,\\ x_2=1,\\ x_3=2\end{cases}$$

就是原方程组的解.

对上面三元一次方程组的化简等价于对方程组对应的矩阵的行进行同样的变换. 实际上对方程组的变换和对应矩阵的变换是没有本质区别的，而用矩阵表示省去了变量、等号等，这样表述更为简洁.

定义 1 n 元一次方程组

$$\begin{cases} a_{11}x_1+a_{12}x_2+\cdots+a_{1n}x_n=b_1, \\ a_{21}x_1+a_{22}x_2+\cdots+a_{2n}x_n=b_2, \\ \cdots\cdots\cdots\cdots \\ a_{m1}x_1+a_{m2}x_2+\cdots+a_{mn}x_n=b_m \end{cases} \tag{1}$$

称为线性方程组.

矩阵

$$\boldsymbol{A}=\begin{pmatrix} a_{11} & a_{12} & \cdots & a_{1n} \\ a_{21} & a_{22} & \cdots & a_{2n} \\ \vdots & \vdots & & \vdots \\ a_{m1} & a_{m2} & \cdots & a_{mn} \end{pmatrix} \text{ 和 } \overline{\boldsymbol{A}}=\begin{pmatrix} a_{11} & a_{12} & \cdots & a_{1n} & b_1 \\ a_{21} & a_{22} & \cdots & a_{2n} & b_2 \\ \vdots & \vdots & & \vdots & \vdots \\ a_{m1} & a_{m2} & \cdots & a_{mn} & b_m \end{pmatrix}$$

分别称为线性方程组(1)的系数矩阵和增广矩阵.

如例 1 中,线性方程组

$$\begin{cases} 28x_1+31x_2+31x_3=121, \\ 29x_1+32x_2+32x_3=125, \\ 28x_1+32x_2+36x_3=132 \end{cases}$$

的系数矩阵和增广矩阵分别为

$$\begin{pmatrix} 28 & 31 & 31 \\ 29 & 32 & 32 \\ 28 & 32 & 36 \end{pmatrix} \text{ 和 } \begin{pmatrix} 28 & 31 & 31 & 121 \\ 29 & 32 & 32 & 125 \\ 28 & 32 & 36 & 132 \end{pmatrix};$$

又如

$$\begin{cases} x_1+x_2+x_3=4, \\ \qquad x_2+x_3=3, \\ \qquad\qquad x_3=2 \end{cases}$$

的系数矩阵和增广矩阵分别为

$$\begin{pmatrix} 1 & 1 & 1 \\ 0 & 1 & 1 \\ 0 & 0 & 1 \end{pmatrix} \text{ 和 } \begin{pmatrix} 1 & 1 & 1 & 4 \\ 0 & 1 & 1 & 3 \\ 0 & 0 & 1 & 2 \end{pmatrix}.$$

线性方程组和增广矩阵之间是相互唯一确定的.对线性方程组进行消元法相当于对增广矩阵的行进行变换.

从前面例子中看到,对方程组作了如下 3 种变换:

(1) 交换方程组中某两个方程的位置;

(2) 某个方程的两端同乘一个非零数;

(3) 某个方程两端同乘一个数再加到另一个方程的两端.

这 3 种变换称为线性方程组的初等变换.

定理 1 线性方程组的初等变换将方程组变成同解的线性方程组.

用这 3 种初等变换对线性方程组进行消元化简,从而求出原方程组的解的方法称为消元法.

与消元法使用的 3 种变换相对应的,我们给出矩阵的 3 种初等行变换.

定义 2 以下 3 种变换称为矩阵的初等行变换:

(1) 交换矩阵中某两行对应位置的元素;

(2) 矩阵某行的元素都乘一个非零数;

(3) 矩阵某行的元素乘一个数加到另一行对应位置的元素上.

与前面例子采用的符号一样,交换矩阵 $\boldsymbol{A}$ 的 i,j 两行得到矩阵 $\boldsymbol{B}$,记为 $\boldsymbol{A}\xrightarrow{r_i\leftrightarrow r_j}\boldsymbol{B}$;矩阵 $\boldsymbol{A}$ 的第 i 行元素都乘 $k(k\neq 0)$ 得到 $\boldsymbol{B}$,记为 $\boldsymbol{A}\xrightarrow{r_i\times k}\boldsymbol{B}$;矩阵 $\boldsymbol{A}$ 的第 j 行乘 k 加到第 i 行得到矩阵 $\boldsymbol{B}$,记为 $\boldsymbol{A}\xrightarrow{r_i+kr_j}\boldsymbol{B}$.

由于一个线性方程组与其增广矩阵之间是相互唯一确定的,故对线性方程组进行消元法相当于对其增广矩阵进行初等行变换.所以用消元法解线性方程组时,多采用直接对增广矩阵进行初等行变换来进行.

例 2 某城市的某个地段的单行道路网在某天的某一小时内车辆流量情况(如图 1-4 所示).从 A 路口驶入车辆 600 辆,从 B 路口、C 路口和 D 路口驶出的车辆分别为 100 辆、200 辆和 300 辆.求出这一时间段内该道路网内各路段的车流量.

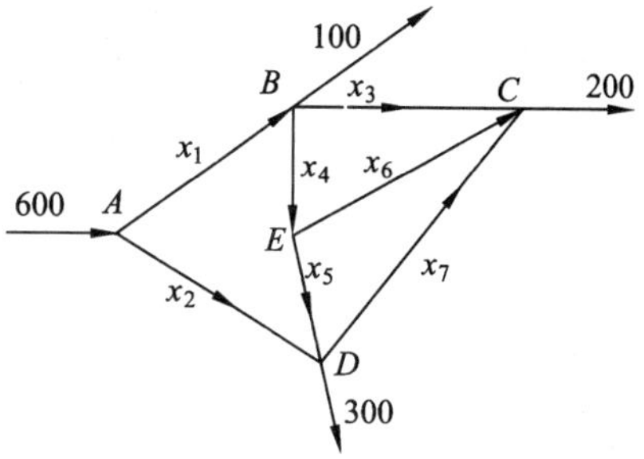

图 1-4

解 设这一时间段中该道路网内各路段的车流量分别为:$x_1,x_2,x_3,x_4,x_5,x_6,x_7$(见图 1-4),$x_i(i=1,2,\cdots,7)$取非负整数.

则有各路口满足的等量关系如下:

A 路口:$x_1+x_2=600$;

B 路口:$x_1=100+x_3+x_4$;

C 路口:$x_3+x_6+x_7=200$;

D 路口:$x_2+x_5=300+x_7$;

E 路口:$x_4=x_5+x_6$.

对应的线性方程组为

$$\begin{cases}x_1+x_2 &=600,\\ x_1-x_3-x_4 &=100,\\ x_3+x_6+x_7 &=200,\\ x_2+x_5-x_7 &=300,\\ x_4-x_5-x_6 &=0.\end{cases}$$

与例 1 类似，对方程组进行同解变换，就相当于对增广矩阵进行初等行变换.

$$\overline{\mathbf{A}}=\begin{pmatrix}1&1&0&0&0&0&0&600\\1&0&-1&-1&0&0&0&100\\0&0&1&0&0&1&1&200\\0&1&0&0&1&0&-1&300\\0&0&0&1&-1&-1&0&0\end{pmatrix}$$

$$\xrightarrow{r_2-r_1}\begin{pmatrix}1&1&0&0&0&0&0&600\\0&-1&-1&-1&0&0&0&-500\\0&0&1&0&0&1&1&200\\0&1&0&0&1&0&-1&300\\0&0&0&1&-1&-1&0&0\end{pmatrix}$$

$$\xrightarrow{r_2\leftrightarrow r_4}\begin{pmatrix}1&1&0&0&0&0&0&600\\0&1&0&0&1&0&-1&300\\0&0&1&0&0&1&1&200\\0&-1&-1&-1&0&0&0&-500\\0&0&0&1&-1&-1&0&0\end{pmatrix}$$

$$\xrightarrow{r_4+r_2}\begin{pmatrix}1&1&0&0&0&0&0&600\\0&1&0&0&1&0&-1&300\\0&0&1&0&0&1&1&200\\0&0&-1&-1&1&0&-1&-200\\0&0&0&1&-1&-1&0&0\end{pmatrix}$$

$$\xrightarrow{r_4+r_3}\begin{pmatrix}1&1&0&0&0&0&0&600\\0&1&0&0&1&0&-1&300\\0&0&1&0&0&1&1&200\\0&0&0&-1&1&1&0&0\\0&0&0&1&-1&-1&0&0\end{pmatrix}$$

$$\xrightarrow{r_5+r_4}\begin{pmatrix}1&1&0&0&0&0&0&600\\0&1&0&0&1&0&-1&300\\0&0&1&0&0&1&1&200\\0&0&0&1&-1&-1&0&0\\0&0&0&0&0&0&0&0\end{pmatrix}$$

$$\xrightarrow{r_1-r_2}\begin{pmatrix}1&0&0&0&-1&0&1&300\\0&1&0&0&1&0&-1&300\\0&0&1&0&0&1&1&200\\0&0&0&1&-1&-1&0&0\\0&0&0&0&0&0&0&0\end{pmatrix}=\overline{\boldsymbol{B}}.$$

最后一个矩阵对应的方程组为

$$\begin{cases}x_1-x_5+x_7=300,\\x_2+x_5-x_7=300,\\x_3+x_6+x_7=200,\\x_4-x_5-x_6=\ \ 0,\end{cases}\quad\text{即}\quad\begin{cases}x_1=300+x_5-x_7,\\x_2=300-x_5+x_7,\\x_3=200-x_6-x_7,\\x_4=\ \ x_5+x_6.\end{cases}$$

由于这是一个实际问题，其中 x_5,x_6,x_7 可以取使结果有意义(即 $x_i(i=1,2,\cdots,7)$均为非负整数)的任意数，因此，该线性方程组有无穷多解.

称 x_5,x_6,x_7 这样的未知量为自由未知量.任意取定一组自由未知量的值都可以得到方程组的一组解.通常令 $x_5=k_1,x_6=k_2,x_7=k_3$，则原方程组的解为

$$\begin{cases}x_1=300+k_1-k_3,\\x_2=300-k_1+k_3,\\x_3=200-k_2-k_3,\\x_4=k_1\ \ +k_2,\\x_5=k_1,\\x_6=k_2,\\x_7=k_3,\end{cases}$$

其中，k_1,k_2,k_3 为能够使 $x_i(i=1,2,\cdots,7)$取非负整数的任意数.方程组的任何解都可以通过上面形式给出，解的这种表达形式称为方程组的通解.

例如，令 $k_1=0,k_2=0,k_3=0$，就可以得到原方程组的一组解：

$$x_1=300,\ x_2=300,\ x_3=200,\ x_4=x_5=x_6=x_7=0.$$

如果，令 $k_1=100,k_2=100,k_3=50$，就可以得到原方程组的另一组解

$$x_1=350,\ x_2=250,\ x_3=50,\ x_4=200,\ x_5=100,\ x_6=100,\ x_7=50.$$

…………

例 3 求解线性方程组

$$\begin{cases} 2x_1 - x_2 - x_3 + x_4 = 2, \\ x_1 + x_2 - 2x_3 + x_4 = 1, \\ 2x_1 - 3x_2 + x_3 - x_4 = 2, \\ -3x_2 + 3x_3 - 4x_4 = 3. \end{cases}$$

解 $$\overline{\boldsymbol{A}} = \begin{pmatrix} 2 & -1 & -1 & 1 & 2 \\ 1 & 1 & -2 & 1 & 1 \\ 2 & -3 & 1 & -1 & 2 \\ 0 & -3 & 3 & -4 & 3 \end{pmatrix}$$

$$\xrightarrow{r_1 \leftrightarrow r_2} \begin{pmatrix} 1 & 1 & -2 & 1 & 1 \\ 2 & -1 & -1 & 1 & 2 \\ 2 & -3 & 1 & -1 & 2 \\ 0 & -3 & 3 & -4 & 3 \end{pmatrix} \xrightarrow[r_3 - 2r_1]{r_2 - 2r_1} \begin{pmatrix} 1 & 1 & -2 & 1 & 1 \\ 0 & -3 & 3 & -1 & 0 \\ 0 & -5 & 5 & -3 & 0 \\ 0 & -3 & 3 & -4 & 3 \end{pmatrix}$$

$$\xrightarrow[r_3 - \frac{5}{3}r_2]{r_4 - r_2} \begin{pmatrix} 1 & 1 & -2 & 1 & 1 \\ 0 & -3 & 3 & -1 & 0 \\ 0 & 0 & 0 & -\frac{4}{3} & 0 \\ 0 & 0 & 0 & -3 & 3 \end{pmatrix}$$

$$\xrightarrow[r_3 \times \left(-\frac{3}{4}\right)]{r_4 \times \left(-\frac{1}{3}\right)} \begin{pmatrix} 1 & 1 & -2 & 1 & 1 \\ 0 & -3 & 3 & -1 & 0 \\ 0 & 0 & 0 & 1 & 0 \\ 0 & 0 & 0 & 1 & -1 \end{pmatrix}$$

$$\xrightarrow[\substack{r_2 + r_3 \\ r_4 - r_3}]{r_1 - r_3} \begin{pmatrix} 1 & 1 & -2 & 0 & 1 \\ 0 & -3 & 3 & 0 & 0 \\ 0 & 0 & 0 & 1 & 0 \\ 0 & 0 & 0 & 0 & -1 \end{pmatrix} = \overline{\boldsymbol{B}}.$$

最后 1 行对应的方程为 $0 = -1$，显然是不可能的，所以原方程组无解.

前面 3 个例子中，都将增广矩阵 $\overline{\boldsymbol{A}}$ 化为一个简单的矩阵 $\overline{\boldsymbol{B}}$，而以 $\overline{\boldsymbol{B}}$ 为增广矩阵的线性方程组的解很容易得到. 下面先来分析一下这 3 个例子中 $\overline{\boldsymbol{B}}$ 的共同特点.

例 1 中，

$$\overline{\boldsymbol{A}} \to \cdots \to \begin{pmatrix} 1 & 0 & 0 & 1 \\ 0 & 1 & 0 & 1 \\ 0 & 0 & 1 & 2 \end{pmatrix} = \overline{\boldsymbol{B}},$$

例 2 中，

$$\bar{A}\to\cdots\to\begin{pmatrix}1&0&0&0&-1&0&1&300\\0&1&0&0&1&0&-1&300\\0&0&1&0&0&1&1&200\\0&0&0&1&-1&-1&0&0\\0&0&0&0&0&0&0&0\end{pmatrix}=\bar{B},$$

例 3 中，

$$\bar{A}\to\cdots\to\begin{pmatrix}1&1&-2&0&1\\0&-3&3&0&0\\0&0&0&1&0\\0&0&0&0&-1\end{pmatrix}=\bar{B}.$$

这些矩阵 $\bar{B}$ 具有如下特点：

(1) 前 $r(r\leqslant m)$ 行，每行元素均不全为 0，后 $m-r$ 行元素(如果存在)均为零；

(2) 设第 $k(k=1,2,\cdots,r)$ 行的第一个非零元素为 a_{kj_k}，则 a_{kj_k} 所在的列 j_k 满足 $j_1<j_2<\cdots<j_r$(即这些矩阵 $\bar{B}$ 呈倒阶梯形).

而且，例 1 和例 2 中的矩阵 $\bar{B}$ 还满足：

(3) 第 $k(k=1,2,\cdots,r)$ 行的第一个非零元素 $a_{kj_k}=1$，且第一个非零元素 a_{kj_k} 所在的 j_k 列的其他元素都为 0.

定义 3　满足特点(1)，(2)的矩阵称为行阶梯形矩阵，并称第 $k(k=1,2,\cdots,r)$ 行的第一个非零元素 a_{kj_k} 为第 k 行的阶梯头，r 为台阶数. 满足特点(3)的行阶梯形矩阵称为行最简形矩阵.

由定义可知，行最简形矩阵必须满足上面的条件(1)，(2)，(3).

例如，矩阵

$$\begin{pmatrix}1&0&0&1\\0&1&0&1\\0&0&1&2\end{pmatrix},\begin{pmatrix}1&0&0&0&-1&0&1&300\\0&1&0&0&1&0&-1&300\\0&0&1&0&0&1&1&200\\0&0&0&1&-1&-1&0&0\\0&0&0&0&0&0&0&0\end{pmatrix},\begin{pmatrix}1&1&-2&0&1\\0&-3&3&0&0\\0&0&0&1&0\\0&0&0&0&-1\end{pmatrix}$$

都是行阶梯形矩阵. 前两个矩阵是行最简形矩阵，第三个矩阵不是行最简形矩阵，因为它的第 2 个阶梯头为 -3，第 4 个阶梯头是 -1，而且阶梯头所在列还有其他的非零元素.

定义 4　如果矩阵 $\boldsymbol{A}$ 经初等行变换化为行阶梯形矩阵 $\boldsymbol{B}$ 和行最简形矩阵 $\boldsymbol{C}$，则称矩阵 $\boldsymbol{B}$ 为矩阵 $\boldsymbol{A}$ 的一个行阶梯形矩阵，称矩阵 $\boldsymbol{C}$ 为 $\boldsymbol{A}$ 的行最简形矩阵.

注意　矩阵 $\boldsymbol{A}$ 的行阶梯形矩阵并不唯一，矩阵 $\boldsymbol{A}$ 的行最简形矩阵也是矩阵 $\boldsymbol{A}$ 的一种特殊行阶梯形矩阵.

定理 2 任何 $m\times n$ 矩阵 $\boldsymbol{A}$ 都可以通过若干次初等行变换化为行阶梯形矩阵，进而化为行最简形矩阵.

定理 2 保证了任何矩阵都可以用初等行变换化为行最简形.

下面简述化行阶梯形的过程，便于大家掌握化简方法，严格的证明过程以“读一读”形式给出.

化矩阵为行阶梯矩阵的一般步骤如下：

如果 $a_{11}\neq 0$，利用第 1 行将矩阵化为

$$\boldsymbol{A}=\begin{pmatrix} a_{11} & a_{12} & \cdots & a_{1n} \\ a_{21} & a_{22} & \cdots & a_{2n} \\ \vdots & \vdots & & \vdots \\ a_{m1} & a_{m2} & \cdots & a_{mn} \end{pmatrix}\rightarrow\begin{pmatrix} a_{11} & a_{12} & \cdots & a_{1n} \\ 0 & a_{22}^{(1)} & \cdots & a_{2n}^{(1)} \\ \vdots & \vdots & & \vdots \\ 0 & a_{m2}^{(1)} & \cdots & a_{mn}^{(1)} \end{pmatrix}=\boldsymbol{B}$$

的形式；

如果 $a_{11}=0$，而存在 $a_{1i}\neq 0(2\leqslant i\leqslant n)$，交换 $1,i$ 两行，再进行与上面同样的化简，这样就先将第 1 列的形式转化完成.

如果 $a_{22}^{(1)}\neq 0$，利用第 2 行将矩阵化为

$$\boldsymbol{B}=\begin{pmatrix} a_{11} & a_{12} & \cdots & a_{1n} \\ 0 & a_{22}^{(1)} & \cdots & a_{2n}^{(1)} \\ \vdots & \vdots & & \vdots \\ 0 & a_{m2}^{(1)} & \cdots & a_{mn}^{(1)} \end{pmatrix}\rightarrow\begin{pmatrix} a_{11} & a_{12} & a_{13} & \cdots & a_{1n} \\ 0 & a_{22}^{(1)} & a_{23}^{(1)} & \cdots & a_{2n}^{(1)} \\ 0 & 0 & a_{33}^{(2)} & \cdots & a_{3n}^{(2)} \\ \vdots & \vdots & \vdots & & \vdots \\ 0 & 0 & a_{m3}^{(2)} & \cdots & a_{mn}^{(2)} \end{pmatrix}=\boldsymbol{C}$$

的形式；

如果 $a_{22}^{(1)}=0$，而存在 $a_{2i}^{(1)}\neq 0(3\leqslant i\leqslant n)$，交换 $2,i$ 两行，再进行与上面同样的化简，这样就将第 2 列的形式也化好.

如果 $a_{22}^{(1)},\cdots,a_{m2}^{(1)}$ 全为零，就直接化 $\boldsymbol{B}$ 的第 3 列中的 $a_{23}^{(1)},\cdots,a_{m3}^{(1)}$.

这样继续下去，也就是先“挖”好第 1 个台阶再“挖”第 2 个，第 3 个，…，继续下去即可得矩阵 $\boldsymbol{A}$ 的行阶梯形矩阵.

再用阶梯头将其所在列的其余元素化为 0，最后将阶梯头化为 1 即可.

在具体化简时，可以把互相没有交叉的化简过程写在一个步骤里.

例 4 用初等行变换化下列矩阵为行最简形矩阵.

(1) $\boldsymbol{A}=\begin{pmatrix} 1 & 2 & 2 & 7 \\ 1 & 1 & 1 & 4 \\ 0 & 1 & 3 & 7 \end{pmatrix}$； (2) $\boldsymbol{A}=\begin{pmatrix} 2 & -1 & 3 & 1 \\ 4 & -2 & 5 & 4 \\ 2 & -1 & 4 & -1 \end{pmatrix}$.

解 (1) $\boldsymbol{A}=\begin{pmatrix} 1 & 2 & 2 & 7 \\ 1 & 1 & 1 & 4 \\ 0 & 1 & 3 & 7 \end{pmatrix}\xrightarrow{r_2-r_1}\begin{pmatrix} 1 & 2 & 2 & 7 \\ 0 & -1 & -1 & -3 \\ 0 & 1 & 3 & 7 \end{pmatrix}$

$$\xrightarrow{r_3+r_2}\begin{pmatrix}1&2&2&7\\0&-1&-1&-3\\0&0&2&4\end{pmatrix}\xrightarrow[r_3\times\frac{1}{2}]{r_2\times(-1)}\begin{pmatrix}1&2&2&7\\0&1&1&3\\0&0&1&2\end{pmatrix}$$

$$\xrightarrow{r_1-2r_2}\begin{pmatrix}1&0&0&1\\0&1&1&3\\0&0&1&2\end{pmatrix}\xrightarrow{r_2-r_3}\begin{pmatrix}1&0&0&1\\0&1&0&1\\0&0&1&2\end{pmatrix}.$$

或者也可以

$$\boldsymbol{A}\xrightarrow{r_2-r_1}\begin{pmatrix}1&2&2&7\\0&-1&-1&-3\\0&1&3&7\end{pmatrix}\xrightarrow[r_3+r_2]{r_1+2r_2}\begin{pmatrix}1&0&0&1\\0&-1&-1&-3\\0&0&2&4\end{pmatrix}$$

$$\xrightarrow{r_3\times\frac{1}{2}}\begin{pmatrix}1&0&0&1\\0&1&1&3\\0&0&1&2\end{pmatrix}\xrightarrow{r_2-r_3}\begin{pmatrix}1&0&0&1\\0&1&0&1\\0&0&1&2\end{pmatrix}.$$

将没有交叉的化简过程 r_1+2r_2 与 r_3+r_2 写在一个步骤里，这样写法更为简洁.

(2) $$\boldsymbol{A}=\begin{pmatrix}2&-1&3&1\\4&-2&5&4\\2&-1&4&-1\end{pmatrix}\xrightarrow[r_3-r_1]{r_2-2r_1}\begin{pmatrix}2&-1&3&1\\0&0&-1&2\\0&0&1&-2\end{pmatrix}$$

$$\xrightarrow[r_1+3r_2]{r_3+r_2}\begin{pmatrix}2&-1&0&7\\0&0&-1&2\\0&0&0&0\end{pmatrix}\xrightarrow[r_2\times(-1)]{r_1\times\frac{1}{2}}\begin{pmatrix}1&-\frac{1}{2}&0&\frac{7}{2}\\0&0&1&-2\\0&0&0&0\end{pmatrix}.$$

如果将增广矩阵化为行最简形矩阵，对应行最简形就可以判断方程组是否有解. 有解时，对应着化简后的行最简形矩阵即可写出原方程组的解.

利用矩阵的初等行变换解线性方程组的步骤如下：

(1) 写出的初等行变换线性方程组对应的增广矩阵；

(2) 用初等行变换化简增广矩阵为行阶梯形矩阵或行最简形(化为行最简形最佳)；

(3) 如果化简后的增广矩阵对应方程组中出现方程 $0=d$ 而 $d\neq0$(如例 3)，则方程组无解，否则，化简后的增广矩阵对应方程组的解就是原方程组的解.

注意　适当利用换行，将“简单”的行(化简其他行计算比较简单的行)换到前面，利用该行化简其他行，会使计算简单.

例 5　讨论 λ 取何值时线性方程组

$$\begin{cases}(\lambda-1)x_1+x_2+x_3=\lambda-4,\\ x_1+(\lambda-1)x_2+x_3=-2,\\ x_1+x_2+(\lambda-1)x_3=-2\end{cases}$$

有解、无解,并在有解时求出解.

分析 增广矩阵的(1,1)位置为$\lambda-1$,用$\lambda-1$将第1列中的另外两个1化为0需要使用

$$r_2-r_1\times\frac{1}{\lambda-1} \text{ 和 } r_3-r_1\times\frac{1}{\lambda-1},$$

这样就出现了分式,计算量大,而且还要考虑$\lambda-1$是否为0,而第3行前两个元素都是1,所以将第3行换到第1行再化简会比较简单.

解 $$\overline{\boldsymbol{A}}=\begin{pmatrix}\lambda-1&1&1&\lambda-4\\1&\lambda-1&1&-2\\1&1&\lambda-1&-2\end{pmatrix}\xrightarrow{r_1\leftrightarrow r_3}\begin{pmatrix}1&1&\lambda-1&-2\\1&\lambda-1&1&-2\\\lambda-1&1&1&\lambda-4\end{pmatrix}$$

$$\xrightarrow[r_3-r_1\times(\lambda-1)]{r_2-r_1}\begin{pmatrix}1&1&\lambda-1&-2\\0&\lambda-2&2-\lambda&0\\0&2-\lambda&-\lambda^2+2\lambda&3\lambda-6\end{pmatrix}$$

$$\xrightarrow{r_3+r_2}\begin{pmatrix}1&1&\lambda-1&-2\\0&\lambda-2&2-\lambda&0\\0&0&-(\lambda-2)(\lambda+1)&3(\lambda-2)\end{pmatrix}=\overline{\boldsymbol{B}}.$$

当$\lambda=2$时,

$$\overline{\boldsymbol{A}}\to\overline{\boldsymbol{B}}=\begin{pmatrix}1&1&1&-2\\0&0&0&0\\0&0&0&0\end{pmatrix},$$

原方程组有无穷多解;方程组化简为$x_1=-2-x_2-x_3$(x_2,x_3均为自由未知量),令$x_2=k_1,x_3=k_2$,方程组的通解为

$$\begin{cases}x_1=-2-k_1-k_2,\\x_2=k_1,\\x_3=k_2\end{cases}\quad(k_1,k_2\text{ 为任意数}).$$

当$\lambda=-1$时,

$$\overline{\boldsymbol{A}}\to\overline{\boldsymbol{B}}=\begin{pmatrix}1&1&-2&-2\\0&-3&3&0\\0&0&0&-9\end{pmatrix},$$

第3个方程为$0=-9$,则原方程组无解.

当$\lambda\neq-1$且$\lambda\neq2$时,

$$\bar{A}\to\bar{B}=\begin{pmatrix}1 & 1 & \lambda-1 & -2\\ 0 & \lambda-2 & 2-\lambda & 0\\ 0 & 0 & -(\lambda-2)(\lambda+1) & 3(\lambda-2)\end{pmatrix}$$

$$\xrightarrow[r_3\times\frac{-1}{(\lambda-2)(\lambda+1)}]{r_2\times\frac{1}{\lambda-2}}\begin{pmatrix}1 & 1 & \lambda-1 & -2\\ 0 & 1 & -1 & 0\\ 0 & 0 & 1 & -\frac{3}{\lambda+1}\end{pmatrix}$$

$$\xrightarrow[r_2+r_3]{r_1-r_3\times(\lambda-1)}\begin{pmatrix}1 & 1 & 0 & \frac{\lambda-5}{\lambda+1}\\ 0 & 1 & 0 & -\frac{3}{\lambda+1}\\ 0 & 0 & 1 & -\frac{3}{\lambda+1}\end{pmatrix}\xrightarrow{r_1-r_2}\begin{pmatrix}1 & 0 & 0 & \frac{\lambda-2}{\lambda+1}\\ 0 & 1 & 0 & -\frac{3}{\lambda+1}\\ 0 & 0 & 1 & -\frac{3}{\lambda+1}\end{pmatrix},$$

所以方程组有唯一解

$$\begin{cases}x_1=\dfrac{\lambda-2}{\lambda+1},\\ x_2=-\dfrac{3}{\lambda+1},\\ x_3=-\dfrac{3}{\lambda+1}.\end{cases}$$

注意 有些时候,不一定将增广矩阵化为行最简形,也可以确定出方程组解的情况.如上例中 $\lambda=-1$ 时,第 3 个方程为 $0=-9$,此时就可以断定方程组无解.

读一读

定理 2 的证明

设矩阵

$$\boldsymbol{A}=\begin{pmatrix}a_{11} & a_{12} & \cdots & a_{1n}\\ a_{21} & a_{22} & \cdots & a_{2n}\\ \vdots & \vdots & & \vdots\\ a_{m1} & a_{m2} & \cdots & a_{mn}\end{pmatrix},$$

$\boldsymbol{A}=\boldsymbol{O}$ 时,可将零矩阵看成行最简形,结论成立.

$\boldsymbol{A}\neq\boldsymbol{O}$ 时对矩阵的列数 n 用数学归纳法,$n=1$ 时,结论显然成立.

假设 $(n-1)$ 列的矩阵都可以用初等行变换化为行阶梯形矩阵.

对于 n 列的矩阵 $\boldsymbol{A}$,如果 $\boldsymbol{A}$ 的第 1 列元素都为零,$\boldsymbol{A}=(\boldsymbol{O}\quad\boldsymbol{B})$,其中矩阵 $\boldsymbol{B}$ 为 $m\times(n-1)$,由归纳假设 $\boldsymbol{B}$ 可以用初等行变换化为行阶梯形矩阵,此时 $\boldsymbol{A}=(\boldsymbol{O}\quad\boldsymbol{B})$ 也

为行阶梯形矩阵，结论成立.

如果 $\boldsymbol{A}$ 的第 1 列元素不都为零，不妨设 $a_{11}\neq 0$(如果 $a_{11}=0$，$a_{i1}\neq 0(1<i\leqslant m)$ 可以交换第 1 行和第 i 行对应位置元素，使(1,1)位置不为 0)，用 $-\frac{a_{k1}}{a_{11}}(k=2,3,\cdots,m)$ 乘第 1 行元素加到第 k 行，则有

$$\boldsymbol{A}=\begin{pmatrix} a_{11} & a_{12} & \cdots & a_{1n} \\ a_{21} & a_{22} & \cdots & a_{2n} \\ \vdots & \vdots & & \vdots \\ a_{m1} & a_{m2} & \cdots & a_{mn} \end{pmatrix} \to \begin{pmatrix} a_{11} & a_{12} & \cdots & a_{1n} \\ 0 & a_{22}^{(1)} & \cdots & a_{2n}^{(1)} \\ \vdots & \vdots & & \vdots \\ 0 & a_{m2}^{(1)} & \cdots & a_{mn}^{(1)} \end{pmatrix} \xlongequal{\text{记为}} \begin{pmatrix} a_{11} & \boldsymbol{A}_1 \\ \boldsymbol{O} & \boldsymbol{B} \end{pmatrix}.$$

由归纳假设 $\boldsymbol{B}$ 可以通过若干次初等行变换化为行阶梯形矩阵. 即 $\boldsymbol{A}$ 经过若干次初等行变换可化为如下形式的阶梯形矩阵

$$\boldsymbol{A}\to\cdots\to\begin{pmatrix} b_{11} & \cdots & b_{1j_2-1} & b_{1j_2} & \cdots & b_{1j_r-1} & b_{1j_r} & \cdots & b_{1n} \\ 0 & \cdots & 0 & b_{2j_2} & \cdots & b_{2j_r-1} & b_{2j_r} & \cdots & b_{2n} \\ \vdots & & \vdots & \vdots & & \vdots & \vdots & & \vdots \\ 0 & \cdots & 0 & 0 & \cdots & 0 & b_{rj_r} & \cdots & b_{rn} \\ 0 & \cdots & 0 & 0 & \cdots & 0 & 0 & \cdots & 0 \\ \vdots & & \vdots & \vdots & & \vdots & \vdots & & \vdots \\ 0 & \cdots & 0 & 0 & \cdots & 0 & 0 & \cdots & 0 \end{pmatrix}.$$

此时，阶梯头 $b_{kj_k}\neq 0(k=1,2,\cdots,r)$. 这样就将矩阵 $\boldsymbol{A}$ 化为行阶梯形矩阵. 第 $k(k=1,2,\cdots,r)$ 行乘以 $\frac{1}{b_{kj_k}}$ 就将每个阶梯头化为 1，再依次用 $-\frac{b_{kj_r}}{b_{kj_k}}(k=1,2,\cdots,r-1)$ 乘以第 r 行加到第 k 行，依次用 $-\frac{b_{kj_{r-1}}}{b_{kj_k}}(k=1,2,\cdots,r-2)$ 乘以第 $r-1$ 行加到第 k 行，…，$-\frac{b_{1j_2}}{b_{11}}$ 乘以第 2 行加到第 1 行，就得到行最简形.

习　题　1-2

1. 写出下列线性方程组的系数矩阵和增广矩阵：

(1) $\begin{cases} \quad\ -x_2 \qquad\quad +x_4=2, \\ x_1+x_2-2x_3+x_4=4, \\ 2x_1-3x_2+x_3-x_4=2, \\ \quad\ -3x_2+3x_3-4x_4=3; \end{cases}$　　(2) $\begin{cases} x_1+x_2 \qquad =60, \\ x_1-x_3-x_4=10, \\ x_4-x_5-x_6=\ 0. \end{cases}$

2. 下列矩阵哪些是行阶梯形矩阵，但不是行最简形矩阵？哪些是行最简形矩阵？

(1) $\boldsymbol{A}=\begin{pmatrix}1 & -1 & 0 & 3\\0 & 1 & 1 & 4\\0 & 0 & 2 & 0\end{pmatrix}$；　(2) $\boldsymbol{A}=\begin{pmatrix}1 & -1 & 0 & 1 & -2\\0 & 1 & -4 & 1 & 4\\0 & 0 & 2 & 2 & 3\\0 & 0 & -1 & 0 & 2\end{pmatrix}$；

(3) $\boldsymbol{A}=\begin{pmatrix}1 & 0 & -1 & 0 & 2\\0 & 1 & -5 & 0 & 10\\0 & 0 & 0 & 1 & 6\\0 & 0 & 0 & 0 & 0\end{pmatrix}$；　(4) $\boldsymbol{A}=\begin{pmatrix}1 & -1 & -1 & 1 & 2\\0 & 1 & -5 & 3 & 10\\0 & 0 & -3 & 2 & 6\\0 & 0 & 0 & 0 & 3\end{pmatrix}$.

3. 用初等行变换化下列矩阵为行最简形矩阵：

(1) $\boldsymbol{A}=\begin{pmatrix}1 & 1 & 2 & 3\\2 & 1 & 1 & 4\\0 & 1 & 2 & 0\end{pmatrix}$；　(2) $\boldsymbol{A}=\begin{pmatrix}1 & -1 & -1 & 1 & 2\\1 & 1 & -2 & 1 & 4\\2 & 0 & -3 & 2 & 6\\0 & 2 & -1 & 0 & 2\end{pmatrix}$；

(3) $\boldsymbol{A}=\begin{pmatrix}1 & -1 & -1 & 1 & 2\\3 & 1 & -5 & 3 & 10\\2 & 0 & -3 & 2 & 6\\0 & 2 & -1 & 0 & 3\end{pmatrix}$.

4. 用矩阵的初等行变换求解下列线性方程组

(1) $\begin{cases}2x_1-x_2+3x_3=1,\\4x_1-2x_2+5x_3=4,\\2x_1-x_2+4x_3=0;\end{cases}$　(2) $\begin{cases}2x_1-x_2+3x_3=1,\\4x_1-2x_2+5x_3=4,\\6x_1-3x_2+8x_3=5;\end{cases}$

(3) $\begin{cases}2x_1-x_2+3x_3=1,\\4x_1-2x_2+5x_3=4,\\2x_1+x_2+3x_3=-1.\end{cases}$

5. 讨论 a 取何值时，线性方程组

$$\begin{cases}(a+1)x_1+x_2+x_3=0,\\x_1+(a+1)x_2+x_3=3,\\x_1+x_2+(a+1)x_3=a\end{cases}$$

(1) 有唯一解；(2) 没有解；(3) 有无穷多个解？并在有解时求解.

6. 讨论 λ 取何值时，非齐次线性方程组 $\begin{cases}-2x_1+x_2+x_3=-2,\\x_1-2x_2+x_3=\lambda,\\x_1+x_2-2x_3=\lambda^2\end{cases}$ 无解或无穷多解？并在有无穷多解时求其通解.

*7. 讨论 a,b 取何值时线性方程组 $\begin{cases}ax_1+x_2+x_3=4,\\x_1+bx_2+x_3=3,\\x_1+2bx_2+x_3=4\end{cases}$ 有解、无解，并在有解时求解.

第三节　矩阵的秩与线性方程组有解的条件

本节将从理论上研究线性方程组有解的条件与有解时解的个数问题.

进一步观察第二节中解方程的例题.

第二节例 1 中,

$$\overline{\boldsymbol{A}}\rightarrow\cdots\rightarrow\begin{pmatrix}1&0&0&1\\0&1&0&1\\0&0&1&2\end{pmatrix}=\overline{\boldsymbol{B}},$$

线性方程组有唯一解

$$\begin{cases}x_1=1,\\x_2=1,\\x_3=2.\end{cases}$$

第二节例 2 中,

$$\overline{\boldsymbol{A}}\rightarrow\cdots\rightarrow\begin{pmatrix}1&0&0&0&-1&0&1&300\\0&1&0&0&1&0&-1&300\\0&0&1&0&0&1&1&200\\0&0&0&1&-1&-1&0&0\\0&0&0&0&0&0&0&0\end{pmatrix}=\overline{\boldsymbol{B}},$$

线性方程组有无穷多解,且解满足

$$\begin{cases}x_1=300+x_5-x_7,\\x_2=300-x_5+x_7,\\x_3=200-x_6-x_7,\\x_4=x_5+x_6.\end{cases}$$

第二节例 3 中,

$$\overline{\boldsymbol{A}}\rightarrow\cdots\rightarrow\begin{pmatrix}1&1&-2&0&1\\0&-3&3&0&0\\0&0&0&1&0\\0&0&0&0&-1\end{pmatrix}=\overline{\boldsymbol{B}},$$

方程无解.

从中可以看出:

(1) 当增广矩阵化为行阶梯形矩阵时,如果系数矩阵对应部分(去掉最后 1 列剩下部分构成的矩阵)的台阶数与增广矩阵对应部分的台阶数相同,则方程组有解;

(2) 当增广矩阵化为行阶梯形矩阵时,如果系数矩阵对应部分的台阶数与增广矩阵对应部分的台阶数不相同，就出现了 $0=d(d\neq 0)$ 这样的矛盾方程，则原方程组无解.

矩阵行阶梯形中的台阶数是矩阵的一个非常重要的量. 这里，首先给出这个量的一个直观概念，在后面章节里会进一步讨论和使用这个量.

定义 1 矩阵 $\boldsymbol{A}$ 经初等行变换化为行阶梯形矩阵，$\boldsymbol{A}$ 的行阶梯形矩阵的台阶数称为矩阵 $\boldsymbol{A}$ 的秩.

定理 1 矩阵的初等行变换不改变矩阵的秩.（本定理证明详见第三章）

该定理说明矩阵的秩是由矩阵本身唯一确定的，与所进行的初等行变换的过程无关. 记矩阵 $\boldsymbol{A}$ 的秩为 $r(\boldsymbol{A})$.

由于矩阵的行阶梯形和行最简形的台阶数是相同的，$\boldsymbol{A}$ 的行阶梯形矩阵的台阶数也是 $\boldsymbol{A}$ 的行最简形矩阵的台阶数.

例 1 求下列矩阵的秩：

(1) $\begin{pmatrix} 1 & 1 & 2 & 2 & 1 \\ 0 & 2 & 1 & 5 & -1 \\ 2 & 0 & 3 & -1 & 3 \\ 1 & 1 & 0 & 4 & -1 \end{pmatrix}$；　　(2) $\begin{pmatrix} a & 1 & 1 & 1 \\ 1 & a & 1 & 1 \\ 1 & 1 & a & 1 \\ 1 & 1 & 1 & a \end{pmatrix}$.

解 (1) $$\boldsymbol{A}=\begin{pmatrix} 1 & 1 & 2 & 2 & 1 \\ 0 & 2 & 1 & 5 & -1 \\ 2 & 0 & 3 & -1 & 3 \\ 1 & 1 & 0 & 4 & -1 \end{pmatrix} \xrightarrow[r_4-r_1]{r_3-2r_1} \begin{pmatrix} 1 & 1 & 2 & 2 & 1 \\ 0 & 2 & 1 & 5 & -1 \\ 0 & -2 & -1 & -5 & 1 \\ 0 & 0 & -2 & 2 & -2 \end{pmatrix}$$

$$\xrightarrow[r_4\times\left(-\frac{1}{2}\right)]{r_3+r_2} \begin{pmatrix} 1 & 1 & 2 & 2 & 1 \\ 0 & 2 & 1 & 5 & -1 \\ 0 & 0 & 0 & 0 & 0 \\ 0 & 0 & 1 & -1 & 1 \end{pmatrix} \xrightarrow{r_3\leftrightarrow r_4} \begin{pmatrix} 1 & 1 & 2 & 2 & 1 \\ 0 & 2 & 1 & 5 & -1 \\ 0 & 0 & 1 & -1 & 1 \\ 0 & 0 & 0 & 0 & 0 \end{pmatrix}=\boldsymbol{B},$$

则 $\boldsymbol{B}$ 是 $\boldsymbol{A}$ 的一个行阶梯形矩阵，它有 3 个台阶，所以 $r(\boldsymbol{A})=3$.

(2) $$\boldsymbol{A}=\begin{pmatrix} a & 1 & 1 & 1 \\ 1 & a & 1 & 1 \\ 1 & 1 & a & 1 \\ 1 & 1 & 1 & a \end{pmatrix} \xrightarrow{r_1\leftrightarrow r_4} \begin{pmatrix} 1 & 1 & 1 & a \\ 1 & a & 1 & 1 \\ 1 & 1 & a & 1 \\ a & 1 & 1 & 1 \end{pmatrix} \xrightarrow[\substack{r_3-r_1\\ r_4-ar_1}]{r_2-r_1} \begin{pmatrix} 1 & 1 & 1 & a \\ 0 & a-1 & 0 & 1-a \\ 0 & 0 & a-1 & 1-a \\ 0 & 1-a & 1-a & 1-a^2 \end{pmatrix}$$

$$\xrightarrow{r_4+r_2+r_3} \begin{pmatrix} 1 & 1 & 1 & a \\ 0 & a-1 & 0 & 1-a \\ 0 & 0 & a-1 & 1-a \\ 0 & 0 & 0 & -(a+3)(a-1) \end{pmatrix}=\boldsymbol{B}.$$

当 $a=1$ 时，

$$A\to\begin{pmatrix}1&1&1&1\\0&0&0&0\\0&0&0&0\\0&0&0&0\end{pmatrix},$$

$r(\mathbf{A})=1$.

当 $a\neq1$ 时,则 $a-1\neq0$,

$$A\to B=\begin{pmatrix}1&1&1&a\\0&a-1&0&1-a\\0&0&a-1&1-a\\0&0&0&-(a+3)(a-1)\end{pmatrix}\xrightarrow[r_4\times\frac{1}{1-a}]{r_3\times\frac{1}{a-1}\ \ r_2\times\frac{1}{a-1}}\begin{pmatrix}1&1&1&a\\0&1&0&-1\\0&0&1&-1\\0&0&0&a+3\end{pmatrix}.$$

当 $a+3=0$,即 $a=-3$ 时，

$$A\to\begin{pmatrix}1&1&1&-3\\0&1&0&-1\\0&0&1&-1\\0&0&0&0\end{pmatrix},$$

则 $r(\mathbf{A})=3$.

当 $a\neq1$ 且 $a\neq-3$ 时

$$A\to\begin{pmatrix}1&1&1&a\\0&1&0&-1\\0&0&1&-1\\0&0&0&a+3\end{pmatrix},$$

则 $r(\mathbf{A})=4$.

综上，

$$r(\mathbf{A})=\begin{cases}1, & a=1,\\3, & a=-3,\\4, & a\neq1 \text{ 且 } a\neq-3.\end{cases}$$

下面我们利用矩阵的秩给出线性方程组解的存在条件.

线性方程组

$$\begin{cases}a_{11}x_1+a_{12}x_2+\cdots+a_{1n}x_n=b_1,\\a_{21}x_1+a_{22}x_2+\cdots+a_{2n}x_n=b_2,\\\cdots\cdots\cdots\cdots\\a_{m1}x_1+a_{m2}x_2+\cdots+a_{mn}x_n=b_m\end{cases}\tag{1}$$

的系数矩阵和增广矩阵分别为：

$$\boldsymbol{A}=\begin{pmatrix} a_{11} & a_{12} & \cdots & a_{1n} \\ a_{21} & a_{22} & \cdots & a_{2n} \\ \vdots & \vdots & & \vdots \\ a_{m1} & a_{m2} & \cdots & a_{mn} \end{pmatrix},\ \overline{\boldsymbol{A}}=\begin{pmatrix} a_{11} & a_{12} & \cdots & a_{1n} & b_1 \\ a_{21} & a_{22} & \cdots & a_{2n} & b_2 \\ \vdots & \vdots & & \vdots & \vdots \\ a_{m1} & a_{m2} & \cdots & a_{mn} & b_m \end{pmatrix}.$$

由于增广矩阵 $\overline{\boldsymbol{A}}$ 的前 n 列就是系数矩阵 $\boldsymbol{A}$，用初等行变换将 $\overline{\boldsymbol{A}}$ 化为行阶梯形矩阵时，$\boldsymbol{A}$ 也同时化为行阶梯形矩阵. 因此，$\overline{\boldsymbol{A}}$ 的行阶梯形矩阵的台阶数不小于 $\boldsymbol{A}$ 的行阶梯形矩阵的台阶数. 即

$$r(\boldsymbol{A})\leqslant r(\overline{\boldsymbol{A}}).$$

从例 1 可以看出：

(1) 如果增广矩阵的秩 $r(\overline{\boldsymbol{A}})$ 和系数矩阵的秩 $r(\boldsymbol{A})$ 相同，并等于未知量的个数，即

$$r(\boldsymbol{A})=r(\overline{\boldsymbol{A}})=n,$$

则方程组有解，且没有自由的未知量，此时方程组有唯一解.

(2) 如果增广矩阵的秩 $r(\overline{\boldsymbol{A}})$ 和系数矩阵的秩 $r(\boldsymbol{A})$ 相同，并小于未知量的个数，即

$$r(\boldsymbol{A})=r(\overline{\boldsymbol{A}})=r<n,$$

则方程组有解，且有自由的未知量，此时方程组有无穷多解，解中自由未知量的个数为 $n-r$；

(3) 如果增广矩阵的秩 $r(\overline{\boldsymbol{A}})$ 和系数矩阵的秩 $r(\boldsymbol{A})$ 不同，即

$$r(\boldsymbol{A})<r(\overline{\boldsymbol{A}})$$

化简后的增广矩阵有一行的前面的元素都为零，而最后一个元素为非零数 d，则这一行对应的方程为 $0=d(d\neq0)$ 形式，方程组无解.

综上，可以得到如下定理：

定理 2　线性方程组(1)的系数矩阵为 $\boldsymbol{A}$，增广矩阵为 $\overline{\boldsymbol{A}}$，则

(1) 当 $r(\boldsymbol{A})=r(\overline{\boldsymbol{A}})$ 时，线性方程组(1)有解，且 $r(\boldsymbol{A})=r(\overline{\boldsymbol{A}})=n$ 时，解唯一；$r(\boldsymbol{A})=r(\overline{\boldsymbol{A}})=r<n$ 时，解无穷多；

(2) 当 $r(\boldsymbol{A})<r(\overline{\boldsymbol{A}})$ 时，线性方程组(1)无解.

由定理 2 可以得出，线性方程组有解的充分必要条件是系数矩阵与增广矩阵秩相同.

如第二节例 5 中，

$$\overline{\boldsymbol{A}}=\begin{pmatrix} \lambda-1 & 1 & 1 & \lambda-4 \\ 1 & \lambda-1 & 1 & -2 \\ 1 & 1 & \lambda-1 & -2 \end{pmatrix}\rightarrow\cdots\rightarrow\begin{pmatrix} 1 & 1 & \lambda-1 & -2 \\ 0 & \lambda-2 & 2-\lambda & 0 \\ 0 & 0 & -(\lambda-2)(\lambda+1) & 3(\lambda-2) \end{pmatrix}.$$

当 $\lambda=-1$ 时，$r(\boldsymbol{A})=2$，$r(\overline{\boldsymbol{A}})=3$，$r(\boldsymbol{A})<r(\overline{\boldsymbol{A}})$，方程组无解；

当 $\lambda=2$ 时，$r(\boldsymbol{A})=r(\overline{\boldsymbol{A}})=1<3$，方程组有无穷多解，且方程组解中有 $3-1=2$

个自由未知量；

当 $\lambda\neq-1$ 且 $\lambda\neq2$ 时，$r(\mathbf{A})=r(\bar{\mathbf{A}})=3$，方程组有唯一解.

由定理 1，系数矩阵和增广矩阵的秩不因变换过程不同而改变，所以有无穷多解时，自由未知量的个数是唯一的，但自由未知量的选取却不一定唯一.

例 2 解线性方程组

$$\begin{cases}2x_1-x_2+3x_3=1,\\4x_1+2x_2+5x_3=4,\\2x_1+3x_2+2x_3=3.\end{cases}$$

解 $$\bar{\mathbf{A}}=\begin{pmatrix}2&-1&3&1\\4&2&5&4\\2&3&2&3\end{pmatrix}\xrightarrow[r_3-r_1]{r_2-2r_1}\begin{pmatrix}2&-1&3&1\\0&4&-1&2\\0&4&-1&2\end{pmatrix}$$

$$\xrightarrow{r_3-r_2}\begin{pmatrix}2&-1&3&1\\0&4&-1&2\\0&0&0&0\end{pmatrix}\xrightarrow{r_2\times\frac{1}{4}}\begin{pmatrix}2&-1&3&1\\0&1&-\frac{1}{4}&\frac{1}{2}\\0&0&0&0\end{pmatrix}$$

$$\xrightarrow{r_1+r_2}\begin{pmatrix}2&0&\frac{11}{4}&\frac{3}{2}\\0&1&-\frac{1}{4}&\frac{1}{2}\\0&0&0&0\end{pmatrix}\xrightarrow{r_1\times\frac{1}{2}}\begin{pmatrix}1&0&\frac{11}{8}&\frac{3}{4}\\0&1&-\frac{1}{4}&\frac{1}{2}\\0&0&0&0\end{pmatrix}=\bar{\boldsymbol{B}}.$$

则对应的方程组为

$$\begin{cases}x_1+\dfrac{11}{8}x_3=\dfrac{3}{4},\\x_2-\dfrac{1}{4}x_3=\dfrac{1}{2},\end{cases}$$

即

$$\begin{cases}x_1=\dfrac{3}{4}-\dfrac{11}{8}x_3,\\x_2=\dfrac{1}{2}+\dfrac{1}{4}x_3\end{cases}\quad(x_3\text{ 是自由未知量}).$$

此时 $r(\mathbf{A})=r(\bar{\mathbf{A}})=2<3$，方程组有无穷多解. 令 $x_3=k$，则方程组的通解为

$$\begin{cases}x_1=\dfrac{3}{4}-\dfrac{11}{8}k,\\x_2=\dfrac{1}{2}+\dfrac{1}{4}k,\\x_3=k\end{cases}\quad(k\text{ 为任意数}).$$

如果对上题进行如下初等行变换，

$$\overline{\boldsymbol{A}}\to\begin{pmatrix}2&-1&3&1\\0&4&-1&2\\0&0&0&0\end{pmatrix}\xrightarrow{r_1+3r_2}\begin{pmatrix}2&11&0&7\\0&4&-1&2\\0&0&0&0\end{pmatrix}\xrightarrow[r_2\times(-1)]{r_1\times\frac{1}{2}}\begin{pmatrix}1&\frac{11}{2}&0&\frac{7}{2}\\0&-4&1&-2\\0&0&0&0\end{pmatrix}.$$

则对应的方程组为

$$\begin{cases}x_1+\dfrac{11}{2}x_2\qquad=\dfrac{7}{2},\\ \qquad-4x_2+x_3=-2,\end{cases}$$

即

$$\begin{cases}x_1=-\dfrac{11}{2}x_2+\dfrac{7}{2},\\ x_3=\quad 4x_2-2\end{cases}\quad(x_2\text{ 为自由未知量}).$$

令 $x_2=k$,则方程组的通解为

$$\begin{cases}x_1=-\dfrac{11}{2}k+\dfrac{7}{2},\\ x_2=\qquad k,\\ x_3=\quad 4k-2\end{cases}\quad(k\text{ 为任意数}).$$

适当选择自由未知量可以使通解表达式简单,做题时可灵活掌握.

如果几个线性方程组具有相同的系数矩阵,则可以建立一个大的增广矩阵,同时求解这些方程组.

例 3　解下列线性方程组:

$$(1)\begin{cases}x_1+\qquad x_3=1,\\ \qquad x_2+x_3=0,\\ x_1+x_2-x_3=0;\end{cases}\quad(2)\begin{cases}y_1+\qquad y_3=0,\\ \qquad y_2+y_3=1,\\ y_1+y_2-y_3=0;\end{cases}\quad(3)\begin{cases}z_1+\qquad z_3=0,\\ \qquad z_2+z_3=0,\\ z_1+z_2-z_3=1.\end{cases}$$

解　通过观察,可以看到这 3 个线性方程组的系数矩阵相同,只是增广矩阵对应的常数列不同,则可把上述方程组联合在一起求解.

$$\overline{\boldsymbol{A}}=\begin{pmatrix}1&0&1&1&0&0\\0&1&1&0&1&0\\1&1&-1&0&0&1\end{pmatrix}\xrightarrow{r_3-r_1}\begin{pmatrix}1&0&1&1&0&0\\0&1&1&0&1&0\\0&1&-2&-1&0&1\end{pmatrix}$$

$$\xrightarrow{r_3-r_2}\begin{pmatrix}1&0&1&1&0&0\\0&1&1&0&1&0\\0&0&-3&-1&-1&1\end{pmatrix}\xrightarrow{r_3\times\left(-\frac{1}{3}\right)}\begin{pmatrix}1&0&1&1&0&0\\0&1&1&0&1&0\\0&0&1&\frac{1}{3}&\frac{1}{3}&-\frac{1}{3}\end{pmatrix}$$

$$\xrightarrow[r_2-r_3]{r_1-r_3}\begin{pmatrix}1&0&0&\frac{2}{3}&-\frac{1}{3}&\frac{1}{3}\\0&1&0&-\frac{1}{3}&\frac{2}{3}&\frac{1}{3}\\0&0&1&\frac{1}{3}&\frac{1}{3}&-\frac{1}{3}\end{pmatrix}.$$

所以

$$\begin{cases}x_1=\frac{2}{3},\\x_2=-\frac{1}{3},\\x_3=\frac{1}{3};\end{cases}\quad\begin{cases}y_1=-\frac{1}{3},\\y_2=\frac{2}{3},\\y_3=\frac{1}{3};\end{cases}\quad\begin{cases}z_1=\frac{1}{3},\\z_2=\frac{1}{3},\\z_3=-\frac{1}{3}.\end{cases}$$

定义 2 称线性方程组

$$\begin{cases}a_{11}x_1+a_{12}x_2+\cdots+a_{1n}x_n=0,\\a_{21}x_1+a_{22}x_2+\cdots+a_{2n}x_n=0,\\\cdots\cdots\cdots\cdots\\a_{m1}x_1+a_{m2}x_2+\cdots+a_{mn}x_n=0\end{cases}\tag{2}$$

为齐次线性方程组.

$x_1=x_2=\cdots=x_n=0$ 永远是齐次线性方程组(2)的解,称 $x_1=x_2=\cdots=x_n=0$ 为方程组(2)的零解. 如果存在不全为零的数 $k_1,k_2,\cdots,k_n$,使得 $x_1=k_1,x_2=k_2,\cdots,x_n=k_n$ 是齐次线性方程组(2)的解,则称 $x_1=k_1,x_2=k_2,\cdots,x_n=k_n$ 为方程组(2)的非零解.

研究齐次线性方程组主要解决如下两个问题:

(1) 齐次线性方程组有非零解的条件;

(2) 齐次线性方程组有非零解时,解的形式.

齐次线性方程组(2)是线性方程组(1)中 $b_i=0(i=1,2,\cdots,m)$ 的特殊情况. 将定理 2 用于方程组(2)就得到如下定理:

定理 3 齐次线性方程组(2)只有零解的充分必要条件是 $r(\mathbf{A})=n$;齐次线性方程组(2)有非零解的充分必要条件是 $r(\mathbf{A})<n$.

例 4 解下列齐次线性方程组:

(1) $\begin{cases}x_1-2x_2+x_3=0,\\2x_1+x_2-3x_3=0,\\-x_1+x_2-x_3=0;\end{cases}$ (2) $\begin{cases}x_1-x_2+5x_3-x_4=0,\\x_1+x_2-2x_3+3x_4=0,\\3x_1-x_2+8x_3+x_4=0,\\x_1+3x_2-9x_3+7x_4=0.\end{cases}$

解 由于常数项都为零,在对增广矩阵进行初等行变换时常数项始终是零,所以为书写简便，只对系数矩阵进行初等行变换，最后写出解时注意常数项为零即可.

$$(1)\ \boldsymbol{A}=\begin{pmatrix}1&-2&1\\2&1&-3\\-1&1&-1\end{pmatrix}\xrightarrow[r_3+r_1]{r_2-2r_1}\begin{pmatrix}1&-2&1\\0&5&-5\\0&-1&0\end{pmatrix}\xrightarrow[r_2\times\frac{1}{5}]{r_3\times(-1)}\begin{pmatrix}1&-2&1\\0&1&-1\\0&1&0\end{pmatrix}$$

$$\xrightarrow{r_2\leftrightarrow r_3}\begin{pmatrix}1&-2&1\\0&1&0\\0&1&-1\end{pmatrix}\xrightarrow[r_3-r_2]{r_1+2r_2}\begin{pmatrix}1&0&1\\0&1&0\\0&0&-1\end{pmatrix}\xrightarrow[r_3\times(-1)]{r_1+r_3}\begin{pmatrix}1&0&0\\0&1&0\\0&0&1\end{pmatrix},$$

方程组只有零解 $x_1=x_2=x_3=0$.

$$(2)\ \boldsymbol{A}=\begin{pmatrix}1&-1&5&-1\\1&1&-2&3\\3&-1&8&1\\1&3&-9&7\end{pmatrix}\xrightarrow[r_4-r_1]{\substack{r_2-r_1\\r_3-3r_1}}\begin{pmatrix}1&-1&5&-1\\0&2&-7&4\\0&2&-7&4\\0&4&-14&8\end{pmatrix}$$

$$\xrightarrow[r_4-2r_2]{r_3-r_2}\begin{pmatrix}1&-1&5&-1\\0&2&-7&4\\0&0&0&0\\0&0&0&0\end{pmatrix}\xrightarrow{r_2\times\frac{1}{2}}\begin{pmatrix}1&-1&5&-1\\0&1&-\frac{7}{2}&2\\0&0&0&0\\0&0&0&0\end{pmatrix}$$

$$\xrightarrow{r_1+r_2}\begin{pmatrix}1&0&\frac{3}{2}&1\\0&1&-\frac{7}{2}&2\\0&0&0&0\\0&0&0&0\end{pmatrix}.$$

所以

$$\begin{cases}x_1\quad+\dfrac{3}{2}x_3+\ x_4=0,\\ \quad x_2-\dfrac{7}{2}x_3+2x_4=0,\end{cases}$$

即

$$\begin{cases}x_1=-\dfrac{3}{2}x_3-\ x_4,\\ x_2=\quad\dfrac{7}{2}x_3-2x_4,\end{cases}$$

其中，x_3，x_4 为自由未知量.

令 $x_3=k_1$，$x_4=k_2$，则方程组的通解为

$$\begin{cases} x_1 = -\dfrac{3}{2}k_1 - k_2, \\ x_2 = \dfrac{7}{2}k_1 - 2k_2, \\ x_3 = k_1, \\ x_4 = k_2 \end{cases} \quad (k_1, k_2 \text{ 为任意数}).$$

例 5 讨论 λ 取何值时线性方程组

$$\begin{cases} (\lambda-1)x_1 + x_2 + x_3 = 0, \\ x_1 + (\lambda-1)x_2 + x_3 = 0, \\ x_1 + x_2 + (\lambda-1)x_3 = 0 \end{cases}$$

有非零解,并在有非零解时,求通解.

解 $$\boldsymbol{A} = \begin{pmatrix} \lambda-1 & 1 & 1 \\ 1 & \lambda-1 & 1 \\ 1 & 1 & \lambda-1 \end{pmatrix} \xrightarrow{r_1 \leftrightarrow r_3} \begin{pmatrix} 1 & 1 & \lambda-1 \\ 1 & \lambda-1 & 1 \\ \lambda-1 & 1 & 1 \end{pmatrix}$$

$$\xrightarrow[r_3 - r_1 \times (\lambda-1)]{r_2 - r_1} \begin{pmatrix} 1 & 1 & \lambda-1 \\ 0 & \lambda-2 & 2-\lambda \\ 0 & 2-\lambda & \lambda(2-\lambda) \end{pmatrix} \xrightarrow{r_3 + r_2} \begin{pmatrix} 1 & 1 & \lambda-1 \\ 0 & \lambda-2 & 2-\lambda \\ 0 & 0 & (\lambda+1)(2-\lambda) \end{pmatrix} = \boldsymbol{B}.$$

$\lambda = -1$ 时,

$$\boldsymbol{A} \to \boldsymbol{B} = \begin{pmatrix} 1 & 1 & -2 \\ 0 & -3 & 3 \\ 0 & 0 & 0 \end{pmatrix} \xrightarrow{r_3 \times \left(-\frac{1}{3}\right)} \begin{pmatrix} 1 & 1 & -2 \\ 0 & 1 & -1 \\ 0 & 0 & 0 \end{pmatrix} \xrightarrow{r_1 - r_2} \begin{pmatrix} 1 & 0 & -1 \\ 0 & 1 & -1 \\ 0 & 0 & 0 \end{pmatrix},$$

所以

$$\begin{cases} x_1 = x_3, \\ x_2 = x_3 \end{cases} \quad (x_3 \text{ 为自由未知量}),$$

此时,$r(A) = 2 < 3$,方程组有无穷多解,令 $x_3 = k$,则方程组的通解为

$$\begin{cases} x_1 = k, \\ x_2 = k, \\ x_3 = k \end{cases} \quad (k \text{ 为任意数}).$$

$\lambda = 2$ 时,

$$\boldsymbol{A} \to \boldsymbol{B} = \begin{pmatrix} 1 & 1 & 1 \\ 0 & 0 & 0 \\ 0 & 0 & 0 \end{pmatrix},$$

所以 $x_1 = -x_2 - x_3$(x_2, x_3 为自由未知量),此时,$r(\boldsymbol{A}) = 1 < 3$,方程组有无穷多解,令 $x_2 = k_1, x_3 = k_2$,则方程组的通解为

$$\begin{cases}x_1=-k_1-k_2,\\x_2=k_1, & (k_1,k_2\text{ 为任意数}).\\x_3=k_2\end{cases}$$

读一读

线性方程组解的情况的几何解释

线性方程组

$$\begin{cases}a_{11}x+a_{12}y=b_1,\\a_{21}x+a_{22}y=b_2\end{cases}$$

的系数矩阵

$$\mathbf{A}=\begin{pmatrix}a_{11} & a_{12}\\a_{21} & a_{22}\end{pmatrix},$$

增广矩阵

$$\bar{\mathbf{A}}=\begin{pmatrix}a_{11} & a_{12} & b_1\\a_{21} & a_{22} & b_2\end{pmatrix}.$$

每个系数不全为零的二元一次方程都表示二维平面 $\mathbf{R}^2$ 中的一条直线.

设 $l_1:a_{11}x+a_{12}y=b_1$，$l_2:a_{21}x+a_{22}y=b_2$，其中，a_{11},a_{12} 不全为 0，a_{21},a_{22} 不全为 0.

(1) 当 $\frac{a_{11}}{a_{21}}=\frac{a_{12}}{a_{22}}\neq\frac{b_1}{b_2}$ 时，不妨设 $a_{21}=ka_{11}$，$a_{22}=ka_{12}$，由于 a_{21},a_{22} 不全为 0，所以 $k\neq0$，则

$$\begin{pmatrix}a_{11} & a_{12} & b_1\\a_{21} & a_{22} & b_2\end{pmatrix}\xrightarrow{r_2-kr_1}\begin{pmatrix}a_{11} & a_{12} & b_1\\0 & 0 & b_2-kb_1\end{pmatrix},$$

此时 $b_2-kb_1\neq0$，$r(\mathbf{A})=1$，$r(\bar{\mathbf{A}})=2$，所以

$$\begin{cases}a_{11}x+a_{12}y=b_1,\\a_{21}x+a_{22}y=b_2\end{cases}$$

无解. 即两条直线没有交点，两直线平行.

(2) 当 $\frac{a_{11}}{a_{21}}=\frac{a_{12}}{a_{22}}=\frac{b_1}{b_2}$ 时，不妨设 $a_{21}=ka_{11}$，$a_{22}=ka_{12}$，$b_2=kb_1$，由于 a_{21},a_{22} 不全为 0，所以 $k\neq0$，则

$$\begin{pmatrix}a_{11} & a_{12} & b_1\\a_{21} & a_{22} & b_2\end{pmatrix}\xrightarrow{r_2-kr_1}\begin{pmatrix}a_{11} & a_{12} & b_1\\0 & 0 & 0\end{pmatrix},$$

此时 $r(\mathbf{A})=r(\bar{\mathbf{A}})=1$，所以

$$\begin{cases}a_{11}x+a_{12}y=b_1,\\ a_{21}x+a_{22}y=b_2\end{cases}$$

有无穷多解. 即两直线重合.

(3) 当$\frac{a_{11}}{a_{21}}\neq\frac{a_{12}}{a_{22}}$时，由于 a_{11}，a_{12}不全为零，不妨设 $a_{11}\neq 0$，$a_{21}=ka_{11}$，所以

$$\begin{pmatrix}a_{11} & a_{12} & b_1\\ a_{21} & a_{22} & b_2\end{pmatrix}\xrightarrow{r_2-kr_1}\begin{pmatrix}a_{11} & a_{12} & b_1\\ 0 & a_{22}-ka_{12} & b_2-kb_1\end{pmatrix},$$

此时 $a_{22}-ka_{12}\neq 0$，$r(\mathbf{A})=r(\bar{\mathbf{A}})=2$，所以

$$\begin{cases}a_{11}x+a_{12}y=b_1,\\ a_{21}x+a_{22}y=b_2\end{cases}$$

有唯一解. 即两直线相交.

可以类似讨论含多个方程的二元线性方程组中直线的位置关系.

每个系数不全为零的三元一次方程都表示三维平面 $\mathbf{R}^3$ 中的一个平面. 同样可以利用线性方程组讨论三元线性方程组中各平面的位置关系.

习 题 1-3

1. 求下列矩阵的秩：

(1) $\mathbf{A}=\begin{pmatrix}1 & 0 & 1 & 4\\ 3 & -1 & -3 & 0\\ 1 & 2 & 1 & -2\end{pmatrix}$；　(2) $\mathbf{A}=\begin{pmatrix}2 & -1 & -1 & 1 & 2\\ 1 & 1 & -2 & 1 & 4\\ 4 & -6 & 2 & -2 & 4\\ 3 & 6 & -9 & 7 & 9\end{pmatrix}$；

(3) $\mathbf{A}=\begin{pmatrix}1 & 3 & 1\\ 3 & 0 & -2\\ -2 & 3 & 3\end{pmatrix}$.

2. 设 $\mathbf{A}=\begin{pmatrix}1 & -2 & 1 & a\\ -2 & 1 & 1 & -2\\ 1 & 1 & -2 & a^2\end{pmatrix}$，讨论 a 取何值时，可使(1) $r(\mathbf{A})=2$；(2) $r(\mathbf{A})=3$.

3. 设 $\mathbf{A}=\begin{pmatrix}1 & -2 & 3k\\ -1 & 2k & -3\\ k & -2 & 3\end{pmatrix}$，讨论 k 取何值时，可使(1) $r(\mathbf{A})=1$；(2) $r(\mathbf{A})=2$；(3) $r(\mathbf{A})=3$.

4. 用矩阵初等行变换求解下列齐次线性方程组：

(1) $\begin{cases}x_1+2x_2+3x_3+4x_4=0,\\ 2x_1+3x_2+4x_3+5x_4=0,\\ 3x_1+4x_2+5x_3+6x_4=0,\\ 4x_1+5x_2+6x_3+7x_4=0;\end{cases}$　(2) $\begin{cases}x_2+x_3+x_5+x_6=0,\\ -x_1+3x_2+x_3+x_4-3x_5=0,\\ x_1+2x_3-x_4+6x_5+3x_6=0,\\ -x_1+5x_2+3x_3+x_4-x_5+2x_6=0.\end{cases}$

5. 讨论 λ 取何值时线性方程组 $\begin{cases} x_1 + \lambda x_3 = 0, \\ 2x_1 - x_4 = 0, \\ \lambda x_1 + x_2 = 0, \\ x_3 + 2x_4 = 0 \end{cases}$ 有非零解. 有非零解时, 求其通解.

第一章补充题

1. 讨论 a, b 取何值时, 线性方程组 $\begin{cases} x_1 + x_2 + x_3 + x_4 = 0, \\ x_2 + 2x_3 + 2x_4 = 1, \\ -x_2 + (a-3)x_3 - 2x_4 = b, \\ 3x_1 + 2x_2 + x_3 + ax_4 = -1 \end{cases}$ 有解, 并在有解的情况下求其通解.

2. 讨论 λ 取何值时线性方程组 $\begin{cases} (2-\lambda)x_1 + 2x_2 - 2x_3 = 1, \\ 2x_1 + (5-\lambda)x_2 - 4x_3 = 2, \\ -2x_1 - 4x_2 + (5-\lambda)x_3 = -\lambda - 1 \end{cases}$ 有唯一解, 无解, 有无穷解, 并在有无穷解时求通解.

自 测 题 1

1. 判断题(每题 3 分, 共 15 分):

(1) 零矩阵都是相等矩阵; ( )

(2) 单位矩阵都是相等矩阵; ( )

(3) $\mathbf{A}$ 是 $m \times n$ 矩阵, 则 $r(\mathbf{A}) \leqslant m$; ( )

(4) 齐次线性方程组均有解; ( )

(5) 方程个数小于未知量个数的齐次线性方程组必有非零解. ( )

2. 填空题(每题 4 分, 共 16 分):

(1) 设 $\begin{pmatrix} x_1 - 4x_2 \\ -x_1 - x_2 \end{pmatrix} = \begin{pmatrix} 3 \\ 2 \end{pmatrix}$, 则 $x_1 =$ ________, $x_2 =$ ________.

(2) 设 $\begin{pmatrix} x+y & -2 & 1 \\ 1 & 0 & y \end{pmatrix} = \begin{pmatrix} 2 & x-y & 1 \\ z & 0 & u \end{pmatrix}$, 则 $x =$ ________, $y =$ ________, $z =$ ________, $u =$ ________.

(3) $\mathbf{A} = \begin{pmatrix} 1 & -1 & 2 & -3 \\ 0 & 1 & 1 & 4 \\ 0 & 0 & 2 & 6 \end{pmatrix}$ 的行最简形矩阵为 ________________.

(4) $\mathbf{A}$ 是 $m \times n$ 矩阵, 且 $m < n$, 以 $\mathbf{A}$ 为系数矩阵的非齐次线性方程组是否必

有唯一解？________.是否必有无穷多解？________.(填是或否)

3. 求下列矩阵的秩(第1题7分,第2题12分,共19分)：

(1) $\boldsymbol{A}=\begin{pmatrix}3&2&1&4\\1&1&1&1\\0&1&2&-1\end{pmatrix}$；　　(2) $\boldsymbol{A}=\begin{pmatrix}\lambda&1&1\\1&\lambda&1\\1&1&\lambda\end{pmatrix}$.

4. 用初等行变换求解下列线性方程组(每题10分,共20分)：

(1) $\begin{cases}x_1+x_2+x_3=1,\\x_1+2x_2+3x_3=-1,\\3x_1+x_2+2x_3=5;\end{cases}$　　(2) $\begin{cases}2x_1+x_2=3,\\x_1+x_2+x_3=1,\\4x_1+3x_2+2x_3=5.\end{cases}$

5. 讨论 a 取何值时,线性方程组 $\begin{cases}x_1+x_2-x_3=1,\\2x_1+3x_2+ax_3=3,\\x_1+ax_2+3x_3=2\end{cases}$ (1) 有唯一解;(2) 没有解;(3) 有无穷多个解？并在有解时求解.(18分)

6. 讨论 t 取何值时,齐次线性方程组 $\begin{cases}x_1+x_2+x_3=0,\\x_1+2x_2+3x_3=0,\\x_1+3x_2+tx_3=0\end{cases}$ (1) 只有零解;(2) 有非零解;(3) 并在有非零解时求通解.(12分)

第二章　矩阵及其运算

矩阵一词是由西尔维斯特(Sylvester，1814—1897)于 1850 年首先提出的 A·凯莱(A. Cayley,1821—1895)建立了矩阵较完整的运算规则,以及相应理论.第一章只介绍了矩阵在解线性方程组时的应用,实际上矩阵在自然科学、工程技术、社会科学等许多领域有着广泛的应用,尤其是伴随计算机的发展,矩阵成为了现代科技不可缺少的工具.

矩阵本身就是一个数表,人们可以根据解决问题的需要赋予它不同的运算.矩阵的运算是矩阵理论的基础,本章主要介绍矩阵的一些常用运算.

第一节　矩阵的运算

一、矩阵的线性运算

例 1　某汽车品牌针对其高、中、低档 3 款车在甲、乙、丙、丁 4 个消费水平不同的城市的销售情况进行调查,销售情况如下表所示：

1 月份销售情况　　（单位:辆）

	甲	乙	丙	丁
高档车	25	10	8	5
中档车	20	22	16	15
低档车	6	18	19	20

2 月份销售情况　　（单位:辆）

	甲	乙	丙	丁
高档车	23	10	10	7
中档车	24	18	16	13
低档车	10	20	21	22

如果1,2两个月的销售情况分别用矩阵

$$A=\begin{pmatrix}25&10&8&5\\20&22&16&15\\6&18&19&20\end{pmatrix} \text{ 和 } B=\begin{pmatrix}23&10&10&7\\24&18&16&13\\10&20&21&22\end{pmatrix}$$

表示,则1,2两个月总的销售情况可以用矩阵

$$\begin{pmatrix}25+23&10+10&8+10&5+7\\20+24&22+18&16+16&15+13\\6+10&18+20&19+21&20+22\end{pmatrix}=\begin{pmatrix}48&20&18&12\\44&40&32&28\\16&38&40&42\end{pmatrix}$$

表示,这两个月的平均销售情况可以用矩阵

$$\begin{pmatrix}\frac{48}{2}&\frac{20}{2}&\frac{18}{2}&\frac{12}{2}\\\frac{44}{2}&\frac{40}{2}&\frac{32}{2}&\frac{28}{2}\\\frac{16}{2}&\frac{38}{2}&\frac{40}{2}&\frac{42}{2}\end{pmatrix}=\begin{pmatrix}24&10&9&6\\22&20&16&14\\8&19&20&21\end{pmatrix}$$

表示.

定义1 设 $A=(a_{ij})_{m\times n}$,$B=(b_{ij})_{m\times n}$ 是两个 $m\times n$ 矩阵,称矩阵

$$C=(a_{ij}+b_{ij})_{m\times n}$$

为 A 与 B 的和,记为 $C=A+B$.

注意 两个矩阵必须是同型矩阵才能相加.

定义2 设 $A=(a_{ij})_{m\times n}$ 是一个 $m\times n$ 矩阵,k 是一个数,称 $C=(ka_{ij})_{m\times n}$ 为数 k 与矩阵 $A=(a_{ij})_{m\times n}$ 的数量乘积,记为 $C=kA$.

我们将矩阵的加法和数乘运算统称为矩阵的线性运算.

在例1中,这3款车1,2两个月的销售情况分别对应矩阵 A 和 B,则1,2两个月总的销售情况对应的矩阵为 $A+B$,两个月的平均销售情况对应的矩阵为 $\frac{1}{2}(A+B)$.

例2 设

$$A=\begin{pmatrix}3&4&0\\7&-3&1\\5&6&-2\end{pmatrix},\ B=\begin{pmatrix}2&5&1\\-4&8&3\\-3&-9&0\end{pmatrix},$$

求 $A+B$ 及 $3A$.

解

$$A+B=\begin{pmatrix}3+2&4+5&0+1\\7-4&-3+8&1+3\\5-3&6-9&-2+0\end{pmatrix}=\begin{pmatrix}5&9&1\\3&5&4\\2&-3&-2\end{pmatrix},$$

$$3A=\begin{pmatrix}9&12&0\\21&-9&3\\15&18&-6\end{pmatrix}.$$

利用矩阵加法和数乘的定义，容易得到矩阵线性运算满足如下运算律.

定理 1　设 $\boldsymbol{A},\boldsymbol{B},\boldsymbol{C}$ 都是 $m\times n$ 矩阵，k,l 都是数，则矩阵线性运算满足：

(1) 加法交换律　$\boldsymbol{A}+\boldsymbol{B}=\boldsymbol{B}+\boldsymbol{A}$；

(2) 加法结合律　$(\boldsymbol{A}+\boldsymbol{B})+\boldsymbol{C}=\boldsymbol{A}+(\boldsymbol{B}+\boldsymbol{C})$；

(3) 设 $\boldsymbol{O}$ 为 $m\times n$ 零矩阵，对任意 $m\times n$ 矩阵 $\boldsymbol{A}$，均有 $\boldsymbol{A}+\boldsymbol{O}=\boldsymbol{A}$；

(4) 对任意矩阵 $\boldsymbol{A}=(a_{ij})_{m\times n}$ 存在 $-\boldsymbol{A}=(-a_{ij})_{m\times n}$，使得 $\boldsymbol{A}+(-\boldsymbol{A})=\boldsymbol{O}_{m\times n}$；

(5) 数乘运算对矩阵加法的分配律　$k(\boldsymbol{A}+\boldsymbol{B})=k\boldsymbol{A}+k\boldsymbol{B}$；

(6) 数乘运算对数的加法的分配律　$(k+l)\boldsymbol{A}=k\boldsymbol{A}+l\boldsymbol{A}$；

(7) $(kl)\boldsymbol{A}=k(l\boldsymbol{A})$；

(8) $1\boldsymbol{A}=\boldsymbol{A}$.

我们只需按照定义就可以直接证明这些性质.

利用上面性质(4)，可以定义矩阵的减法：$\boldsymbol{A}-\boldsymbol{B}=\boldsymbol{A}+(-\boldsymbol{B})$.

例 3　矩阵

$$\boldsymbol{A}=\begin{pmatrix}2&3&6\\-1&3&5\end{pmatrix},\quad \boldsymbol{B}=\begin{pmatrix}3&2&4\\1&-3&5\end{pmatrix},$$

满足 $3(\boldsymbol{X}-\boldsymbol{A})=-2(\boldsymbol{B}+\boldsymbol{X})$，求 $\boldsymbol{X}$.

解　由 $3(\boldsymbol{X}-\boldsymbol{A})=-2(\boldsymbol{B}+\boldsymbol{X})$，有

$$3\boldsymbol{X}-3\boldsymbol{A}=-2\boldsymbol{B}-2\boldsymbol{X},$$

即 $5\boldsymbol{X}=3\boldsymbol{A}-2\boldsymbol{B}$. 所以

$$\boldsymbol{X}=\frac{1}{5}(3\boldsymbol{A}-2\boldsymbol{B})=\frac{1}{5}\left[\begin{pmatrix}6&9&18\\-3&9&15\end{pmatrix}-\begin{pmatrix}6&4&8\\2&-6&10\end{pmatrix}\right]=\begin{pmatrix}0&1&2\\-1&3&1\end{pmatrix}.$$

二、矩阵的乘法运算

例 4　表 a 与表 b 分别给出了从甲、乙、丙 3 个城市出发到 D,E 两个城市的航班数和从 D,E 两个城市出发到 F,G 两个城市的航班数，表 c 表示从甲、乙、丙出发经 D,E 两个城市中转一次到达 F,G 两个城市的航班数(假设中转时间都能赶上出发的飞机).

	D 城市	E 城市
甲城市	3	1
乙城市	4	2
丙城市	3	2

(a)

	F 城市	G 城市
D 城市	2	3
E 城市	1	4

(b)

下面利用加法原理和乘法原理计算 $m_{ij}(i=1,2;j=1,2)$.

用 m_{11} 表示从 A 城市出发经 D,E 两个城市中转一次到达 F 城市的航班数，则

$$m_{11}=3\times2+1\times1=7,$$

其中 3×2 表示从 A 城市出发经 D 城市中转一次到达 F 城市的航班数，1×1 表示从 A 城市出发经 E 城市中转一次到达 F 城市的航班数.

	F 城市	G 城市
甲城市	m_{11}	m_{12}
乙城市	m_{21}	m_{22}
丙城市	m_{31}	m_{32}

(c)

同理可计算其他 $m_{ij}(i=1,2;j=1,2)$ 如下：

$m_{11}=3\times2+1\times1=7$； $m_{12}=3\times3+1\times4=13$；

$m_{21}=4\times2+2\times1=10$； $m_{22}=4\times3+2\times4=20$；

$m_{31}=3\times2+2\times1=8$； $m_{32}=3\times3+2\times4=17$.

下面分析表 c 中元素 $m_{ij}(i=1,2;j=1,2)$ 的构成. 表 a，b，c 分别用矩阵 $\boldsymbol{A},\boldsymbol{B},\boldsymbol{C}$ 表示，即

$$\boldsymbol{A}=\begin{pmatrix}3&1\\4&2\\3&2\end{pmatrix},\ \boldsymbol{B}=\begin{pmatrix}2&3\\1&4\end{pmatrix},\ \boldsymbol{C}=\begin{pmatrix}m_{11}&m_{12}\\m_{21}&m_{22}\\m_{31}&m_{32}\end{pmatrix}.$$

图 2-1 给出了从甲出发经 D,E 城市中转一次到达 F,G 城市的航班情况，即 m_{11},m_{12} 的构成情况. 用带(　)的数字表示到达 G 城市的航班数据.

从甲城市出发到 $F(G)$ 城市可以分成转机前和转机后两个过程，转机前从甲城市出发到 D,E 城市的数据由矩阵 $\boldsymbol{A}$ 的第 1 行给出，转机后从 D,E 城市再到 $F(G)$ 城市的航班情况由矩阵 $\boldsymbol{B}$ 的第 1 列(第 2 列)给出，$\boldsymbol{C}$ 的第 1 行元素 m_{11},m_{12} 分别是 $\boldsymbol{A}$ 的第 1 行与 $\boldsymbol{B}$ 的第 1 列和第 2 列对应元素乘积之和.

同理可以分析 $\boldsymbol{C}$ 的第 2 行和第 3 行元素的构成，可得：

(1) $\boldsymbol{C}$ 的第 $i(i=1,2,3)$ 行中的元素 m_{i1},m_{i2} 分别是 $\boldsymbol{A}$ 的第 i 行与 $\boldsymbol{B}$ 的第 1 列和第 2 列对应元素乘积之和；

图 2-2 给出了从甲、乙、丙城市出发经 D,E 城市中转一次到达 F 城市的航班情况，即 m_{11},m_{21},m_{31} 的构成情况. 分别用带[　]和{　}的数字表示从乙、丙两地出发的航班数据.

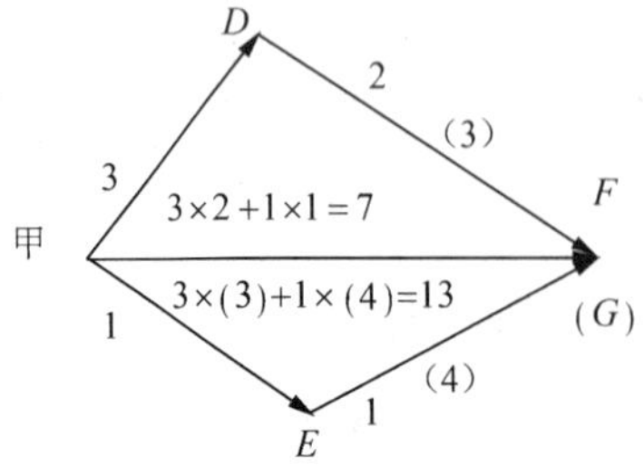

图 2-1

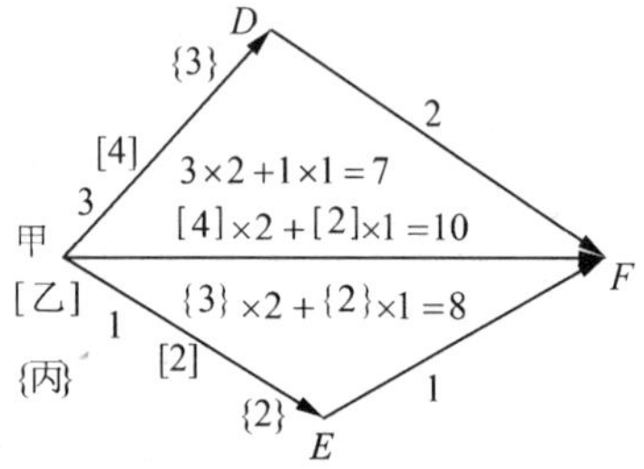

图 2-2

从出发地到 F 也可以分成转机前和转机后两个过程，转机前从甲、乙、丙出发到 D,E 城市的过程的数据分别由矩阵 $\boldsymbol{A}$ 的第 1,2,3 行给出，转机后从 D,E 城市再到 F 城市的航班情况由矩阵 $\boldsymbol{B}$ 的第 1 列给出，所以 $\boldsymbol{C}$ 的第 1 列元素 m_{11}, m_{21}, m_{31} 分别是 $\boldsymbol{A}$ 的第 1,2,3 行与 $\boldsymbol{B}$ 的第 1 列对应元素乘积之和.

同理可以分析 $\boldsymbol{C}$ 的第 2 列元素的构成，可得：

(2) 第 $j(j=1,2)$ 列中的元素 m_{1j}, m_{2j}, m_{3j} 分别是 A 的第 1,2,3 行元素与 $\boldsymbol{B}$ 的第 j 列对应元素乘积之和.

定义 3　设 $\boldsymbol{A}=(a_{ik})_{m\times n}$，$\boldsymbol{B}=(b_{kj})_{n\times s}$，称 $m\times s$ 矩阵 $\boldsymbol{C}=(c_{ij})_{m\times s}$ 为矩阵 $\boldsymbol{A}$ 与 $\boldsymbol{B}$ 的乘积，其中 $\boldsymbol{C}$ 的 (i,j) 位置的元素为：

$$c_{ij}=a_{i1}b_{1j}+a_{i2}b_{2j}+\cdots+a_{in}b_{nj} \xlongequal{\text{记为}} \sum_{k=1}^{n} a_{ik}b_{kj} (i=1,2,\cdots,m; j=1,2,\cdots,s).$$

将矩阵 $\boldsymbol{A}$ 与矩阵 $\boldsymbol{B}$ 的乘积 $\boldsymbol{C}$ 记为 $\boldsymbol{AB}$，即 $\boldsymbol{C}=\boldsymbol{AB}$.

在例 4 中，分别用矩阵

$$\boldsymbol{A}=\begin{pmatrix}3&1\\4&2\\3&2\end{pmatrix},\ \boldsymbol{B}=\begin{pmatrix}2&3\\1&4\end{pmatrix}$$

表示从甲、乙、丙城市出发到 D,E 城市的航班数据和从 D,E 城市出发到 F,G 城市的航班数据. 从甲、乙、丙城市出发经 D,E 城市中转一次到达 F,G 城市的航班数据用矩阵 $\boldsymbol{C}$ 表示，则

$$\boldsymbol{C}=\boldsymbol{AB}=\begin{pmatrix}3&1\\4&2\\3&2\end{pmatrix}\begin{pmatrix}2&3\\1&4\end{pmatrix}=\begin{pmatrix}3\times2+1\times1&3\times3+1\times4\\4\times2+2\times1&4\times3+2\times4\\3\times2+2\times1&3\times3+2\times4\end{pmatrix}=\begin{pmatrix}7&13\\10&20\\8&17\end{pmatrix}.$$

从矩阵乘积的定义中可以看出：

(1) 第 1 个矩阵的列数与第 2 个矩阵的行数相等时两矩阵乘积才有意义；

(2) 两矩阵乘积的行数等于第 1 个矩阵的行数，乘积的列数等于第 2 个矩阵的列数；

(3) $\boldsymbol{AB}$ 的 (i,j) 位置元素 c_{ij} 等于 $\boldsymbol{A}$ 的第 i 行与 $\boldsymbol{B}$ 的第 j 列的对应位置元素的乘积之和.

类似这样可以用元素乘积之和表示的量还有很多.

例 5　给定直角坐标系 xOy（如图 2-3 所示），将平面绕坐标原点逆时针旋转 θ 角，向量 $\overrightarrow{OP}$ 旋转为 $\overrightarrow{OP_1}$. 设 $\overrightarrow{OP}$ 的坐标为 (x,y)，$\overrightarrow{OP_1}$ 的坐标为 (x_1,y_1)，则

$$\begin{cases}x_1=x\cos\theta-y\sin\theta,\\y_1=x\sin\theta+y\cos\theta.\end{cases}$$

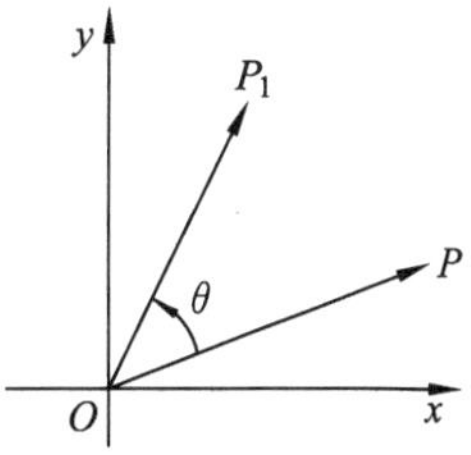

图 2-3

利用矩阵乘积则有

$$\begin{pmatrix} x_1 \\ y_1 \end{pmatrix} = \begin{pmatrix} \cos\theta & -\sin\theta \\ \sin\theta & \cos\theta \end{pmatrix} \begin{pmatrix} x \\ y \end{pmatrix}.$$

一般地,两组变量 $x_1,x_2,\cdots,x_n$ 与 $y_1,y_2.\cdots,y_s$ 之间的关系:

$$\begin{cases} y_1 = a_{11}x_1 + a_{12}x_2 + \cdots + a_{1n}x_n, \\ y_2 = a_{21}x_1 + a_{22}x_2 + \cdots + a_{2n}x_n, \\ \cdots\cdots\cdots\cdots \\ y_s = a_{s1}x_1 + a_{s2}x_2 + \cdots + a_{sn}x_n, \end{cases}$$

称为由变量 $x_1,x_2,\cdots,x_n$ 到 $y_1,y_2.\cdots,y_s$ 的线性替换或线性变换.

用矩阵乘法可以表示为 $\boldsymbol{Y}=\boldsymbol{AX}$,其中

$$\boldsymbol{A}=\begin{pmatrix} a_{11} & a_{12} & \cdots & a_{1n} \\ a_{21} & a_{22} & \cdots & a_{2n} \\ \vdots & \vdots & & \vdots \\ a_{s1} & a_{s2} & \cdots & a_{sn} \end{pmatrix},\ \boldsymbol{X}=\begin{pmatrix} x_1 \\ x_2 \\ \vdots \\ x_n \end{pmatrix},\ \boldsymbol{Y}=\begin{pmatrix} y_1 \\ y_2 \\ \vdots \\ y_s \end{pmatrix}.$$

例 6 设

$$\boldsymbol{A}=\begin{pmatrix} 2 & 3 & 6 \\ -1 & 3 & 5 \end{pmatrix}, \boldsymbol{B}=\begin{pmatrix} 3 & 1 \\ 2 & -1 \\ 4 & 2 \end{pmatrix},$$

求 $\boldsymbol{AB}$ 与 $\boldsymbol{BA}$.

解
$$\boldsymbol{AB}=\begin{pmatrix} 2 & 3 & 6 \\ -1 & 3 & 5 \end{pmatrix}\begin{pmatrix} 3 & 1 \\ 2 & -1 \\ 4 & 2 \end{pmatrix}$$

$$=\begin{pmatrix} 2\times3+3\times2+6\times4 & 2\times1+3\times(-1)+6\times2 \\ (-1)\times3+3\times2+5\times4 & (-1)\times1+3\times(-1)+5\times2 \end{pmatrix}=\begin{pmatrix} 36 & 11 \\ 23 & 6 \end{pmatrix};$$

$$\boldsymbol{BA}=\begin{pmatrix} 3 & 1 \\ 2 & -1 \\ 4 & 2 \end{pmatrix}\begin{pmatrix} 2 & 3 & 6 \\ -1 & 3 & 5 \end{pmatrix}$$

$$=\begin{pmatrix} 3\times2+1\times(-1) & 3\times3+1\times3 & 3\times6+1\times5 \\ 2\times2+(-1)\times(-1) & 2\times3+(-1)\times3 & 2\times6+(-1)\times5 \\ 4\times2+2\times(-1) & 4\times3+2\times3 & 4\times6+2\times5 \end{pmatrix}$$

$$=\begin{pmatrix} 5 & 12 & 23 \\ 5 & 3 & 7 \\ 6 & 18 & 34 \end{pmatrix}.$$

例 7 设

$$\boldsymbol{A}=\begin{pmatrix} 1 & -1 \\ 0 & 0 \end{pmatrix},\ \boldsymbol{B}=\begin{pmatrix} 0 & 3 \\ 0 & 1 \end{pmatrix},$$

求 $\boldsymbol{AB}$ 与 $\boldsymbol{BA}$.

解

$$\boldsymbol{AB}=\begin{pmatrix}1 & -1\\ 0 & 0\end{pmatrix}\begin{pmatrix}0 & 3\\ 0 & 1\end{pmatrix}=\begin{pmatrix}0 & 2\\ 0 & 0\end{pmatrix},$$

$$\boldsymbol{BA}=\begin{pmatrix}0 & 3\\ 0 & 1\end{pmatrix}\begin{pmatrix}1 & -1\\ 0 & 0\end{pmatrix}=\begin{pmatrix}0 & 0\\ 0 & 0\end{pmatrix}.$$

从上面例子中,可以看到:

(1) 矩阵的乘法不满足交换律. 即 $\boldsymbol{AB}$ 与 $\boldsymbol{BA}$ 不一定都存在,即使 $\boldsymbol{AB}$ 与 $\boldsymbol{BA}$ 都存在,也不一定满足 $\boldsymbol{AB}=\boldsymbol{BA}$.

由于矩阵乘法不存在交换律,在计算矩阵乘法时,尤其要注意乘积中各矩阵因子的顺序是不能变动的.

(2) 矩阵的乘法不满足消去律. 即 $\boldsymbol{AB}=\boldsymbol{AC}$ 且 $\boldsymbol{A}\neq\boldsymbol{O}$,不一定有 $\boldsymbol{B}=\boldsymbol{C}$;$\boldsymbol{BA}=\boldsymbol{CA}$ 且 $\boldsymbol{A}\neq\boldsymbol{O}$,不一定有 $\boldsymbol{B}=\boldsymbol{C}$.

特别地,$\boldsymbol{AB}=\boldsymbol{O}$, 且 $\boldsymbol{A}\neq\boldsymbol{O}$,不一定有 $\boldsymbol{B}=\boldsymbol{O}$。

矩阵乘法和数的乘法不同,有一些我们熟悉的运算律不再成立.

定理 2　矩阵乘法满足如下运算律:

(1) 乘法结合律　$\boldsymbol{A}(\boldsymbol{BC})=(\boldsymbol{AB})\boldsymbol{C}$(其中 $\boldsymbol{A},\boldsymbol{B},\boldsymbol{C}$ 分别是 $m\times n,n\times s,s\times t$矩阵);

(2) 乘法对加法的分配律

左分配律　$\boldsymbol{A}(\boldsymbol{B}+\boldsymbol{C})=\boldsymbol{AB}+\boldsymbol{AC}$(其中 $\boldsymbol{A},\boldsymbol{B},\boldsymbol{C}$ 分别是 $m\times n,n\times s,n\times s$ 矩阵);

右分配律　$(\boldsymbol{B}+\boldsymbol{C})\boldsymbol{A}=\boldsymbol{BA}+\boldsymbol{CA}$(其中 $\boldsymbol{A},\boldsymbol{B},\boldsymbol{C}$ 分别是 $n\times s,m\times n,m\times n$ 矩阵);

(3) $k(\boldsymbol{AB})=(k\boldsymbol{A})\boldsymbol{B}=\boldsymbol{A}(k\boldsymbol{B})$(其中 $\boldsymbol{A},\boldsymbol{B}$ 分别是 $m\times n,n\times s$ 矩阵,k 是一个数);

(4) $\boldsymbol{E}_m\boldsymbol{A}=\boldsymbol{A}\boldsymbol{E}_n=\boldsymbol{A}$(其中 A 是 $m\times n$ 矩阵,$\boldsymbol{E}_m,\boldsymbol{E}_n$ 分别是 m 阶和 n 阶单位矩阵).

证明思路　对每条性质的证明都只需要证明两条:①上面各等式两端的矩阵是同型矩阵(行数、列数分别相同);② 利用定义证明两边对应位置的元素相同即可.

注意　由于矩阵乘法没有交换律,所以我们给出了左分配律和右分配律两个分配律.

定义 4　设 $\boldsymbol{A}$ 是 n 阶方阵,我们称 $\boldsymbol{A}^k=\overbrace{\boldsymbol{AA}\cdots\boldsymbol{A}}^{k个}$为 $\boldsymbol{A}$ 的 k 次幂,特别规定 $\boldsymbol{A}^0=\boldsymbol{E}$.

显然,$\boldsymbol{A}$ 的方幂运算具有运算律:

$$\boldsymbol{A}^k\boldsymbol{A}^l=\boldsymbol{A}^{k+l},\ (\boldsymbol{A}^k)^l=\boldsymbol{A}^{kl}(其中\ k,l\ 为非负整数).$$

进一步,$\boldsymbol{A}$ 是 n 阶方阵,$f(x)=a_mx^m+a_{m-1}x^{m-1}+\cdots+a_1x+a_0$ 是多项式,

定义

$$f(\mathbf{A})=a_m\mathbf{A}^m+a_{m-1}\mathbf{A}^{m-1}+\cdots+a_1\mathbf{A}+a_0\mathbf{E}$$

为方阵 $\mathbf{A}$ 的多项式.

例 8 设 $f(x)=x^2-2x+2$,

$$\mathbf{A}=\begin{pmatrix}1&-1&1\\1&1&1\\0&1&3\end{pmatrix},$$

求 $\mathbf{A}^2$ 及 $f(\mathbf{A})$.

解 $$\mathbf{A}^2=\begin{pmatrix}1&-1&1\\1&1&1\\0&1&3\end{pmatrix}\begin{pmatrix}1&-1&1\\1&1&1\\0&1&3\end{pmatrix}=\begin{pmatrix}0&-1&3\\2&1&5\\1&4&10\end{pmatrix}.$$

$$f(\mathbf{A})=\mathbf{A}^2-2\mathbf{A}+2\mathbf{E}$$

$$=\begin{pmatrix}0&-1&3\\2&1&5\\1&4&10\end{pmatrix}-2\begin{pmatrix}1&-1&1\\1&1&1\\0&1&3\end{pmatrix}+2\begin{pmatrix}1&0&0\\0&1&0\\0&0&1\end{pmatrix}=\begin{pmatrix}0&1&1\\0&1&3\\1&2&6\end{pmatrix}.$$

例 9 设

$$\mathbf{A}=\begin{pmatrix}\lambda_1&&&\\&\lambda_2&&\\&&\ddots&\\&&&\lambda_n\end{pmatrix},\ \mathbf{B}=\begin{pmatrix}\mu_1&&&\\&\mu_2&&\\&&\ddots&\\&&&\mu_n\end{pmatrix},$$

(1) 求 $\mathbf{AB}$ 及 $\mathbf{BA}$. (2) 求 $\mathbf{A}^k$ 及 $f(\mathbf{A})$,其中 $f(x)=a_mx^m+\cdots+a_1x+a_0$.

解 (1) $$\mathbf{AB}=\mathbf{BA}=\begin{pmatrix}\lambda_1\mu_1&&&\\&\lambda_2\mu_2&&\\&&\ddots&\\&&&\lambda_n\mu_n\end{pmatrix}.$$

(2) 利用(1)易得 $\mathbf{A}^k=\begin{pmatrix}\lambda_1{}^k&&&\\&\lambda_2{}^k&&\\&&\ddots&\\&&&\lambda_n{}^k\end{pmatrix}$,则

$$f(\mathbf{A})=a_m\mathbf{A}^m+\cdots+a_1\mathbf{A}+a_0\mathbf{E}$$

$$=\begin{pmatrix}a_m\lambda_1{}^m&&&\\&a_m\lambda_2{}^m&&\\&&\ddots&\\&&&a_m\lambda_n^m\end{pmatrix}+\cdots+\begin{pmatrix}a_1\lambda_1&&&\\&a_1\lambda_2&&\\&&\ddots&\\&&&a_1\lambda_n\end{pmatrix}+$$

$$
\begin{pmatrix} a_0 & & & \\ & a_0 & & \\ & & \ddots & \\ & & & a_0 \end{pmatrix}
$$

$$
=\begin{pmatrix} f(\lambda_1) & & & \\ & f(\lambda_2) & & \\ & & \ddots & \\ & & & f(\lambda_n) \end{pmatrix}.
$$

三、矩阵的转置与共轭运算

定义 5　设 $m\times n$ 矩阵

$$
\boldsymbol{A}=\begin{pmatrix} a_{11} & a_{12} & \cdots & a_{1n} \\ a_{21} & a_{22} & \cdots & a_{2n} \\ \vdots & \vdots & & \vdots \\ a_{m1} & a_{m2} & \cdots & a_{mn} \end{pmatrix},
$$

称以 $\boldsymbol{A}$ 的行为列,以列为行构成的 $n\times m$ 矩阵

$$
\begin{pmatrix} a_{11} & a_{21} & \cdots & a_{m1} \\ a_{12} & a_{22} & \cdots & a_{m2} \\ \cdots & \cdots & \cdots & \cdots \\ a_{1n} & a_{2n} & \cdots & a_{mn} \end{pmatrix}
$$

为 $\boldsymbol{A}$ 的转置矩阵,记为 $\boldsymbol{A}^{\mathrm{T}}$.

即如果 $\boldsymbol{A}=(a_{ij})_{m\times n}$,则 $\boldsymbol{A}^{\mathrm{T}}=(a_{ji})_{n\times m}$.

定理 3　转置矩阵具有如下的运算律:

(1) 对任意矩阵 $\boldsymbol{A}$,则 $(\boldsymbol{A}^{\mathrm{T}})^{\mathrm{T}}=\boldsymbol{A}$;

(2) 对任意矩阵 $\boldsymbol{A}$ 及数字 k,则 $(k\boldsymbol{A})^{\mathrm{T}}=k\boldsymbol{A}^{\mathrm{T}}$;

(3) $\boldsymbol{A},\boldsymbol{B}$ 都是 $m\times n$ 矩阵,则 $(\boldsymbol{A}+\boldsymbol{B})^{\mathrm{T}}=\boldsymbol{A}^{\mathrm{T}}+\boldsymbol{B}^{\mathrm{T}}$;

(4) $\boldsymbol{A},\boldsymbol{B}$ 分别是 $m\times n,n\times s$ 矩阵,则 $(\boldsymbol{AB})^{\mathrm{T}}=\boldsymbol{B}^{\mathrm{T}}\boldsymbol{A}^{\mathrm{T}}$.

证　只需要证明:① 上面各等式两端的矩阵是同型矩阵(行数、列数分别相同);② 利用定义证明两边对应位置的元素相同即可.

推广　$(\boldsymbol{A}_1\boldsymbol{A}_2\cdots\boldsymbol{A}_k)^{\mathrm{T}}=\boldsymbol{A}_k^{\mathrm{T}}\cdots\boldsymbol{A}_2^{\mathrm{T}}\boldsymbol{A}_1^{\mathrm{T}}$,其中 $\boldsymbol{A}_i(i=1,2,\cdots,k-1)$ 的列数等于 $\boldsymbol{A}_{i+1}$ 的行数.

由于

$$(b_1,b_2,\cdots,b_n)^{\mathrm{T}}=\begin{pmatrix}b_1\\b_2\\\vdots\\b_n\end{pmatrix}$$,所以经常将列向量 $\begin{pmatrix}b_1\\b_2\\\vdots\\b_n\end{pmatrix}$ 记为 $(b_1,b_2,\cdots,b_n)^{\mathrm{T}}$.

例 10 设

$$\boldsymbol{\alpha}=\begin{pmatrix}1\\2\\2\end{pmatrix},\ \boldsymbol{\beta}=\begin{pmatrix}1\\-2\\1\end{pmatrix},$$

求 $\boldsymbol{\alpha}^{\mathrm{T}}\boldsymbol{\beta},\boldsymbol{\beta}\boldsymbol{\alpha}^{\mathrm{T}},(\boldsymbol{\beta}\boldsymbol{\alpha}^{\mathrm{T}})^{100}$.

解

$$\boldsymbol{\alpha}^{\mathrm{T}}\boldsymbol{\beta}=(1,2,2)\begin{pmatrix}1\\-2\\1\end{pmatrix}=(-1)=-1,$$

$$\boldsymbol{\beta}\boldsymbol{\alpha}^{\mathrm{T}}=\begin{pmatrix}1\\-2\\1\end{pmatrix}(1,2,2)=\begin{pmatrix}1&2&2\\-2&-4&-4\\1&2&2\end{pmatrix},$$

利用矩阵乘法的结合律有

$$\begin{aligned}(\boldsymbol{\beta}\boldsymbol{\alpha}^{\mathrm{T}})^{100}&=\underbrace{(\boldsymbol{\beta}\boldsymbol{\alpha}^{\mathrm{T}})(\boldsymbol{\beta}\boldsymbol{\alpha}^{\mathrm{T}})\cdots(\boldsymbol{\beta}\boldsymbol{\alpha}^{\mathrm{T}})}_{100\text{个}}=\boldsymbol{\beta}\underbrace{(\boldsymbol{\alpha}^{\mathrm{T}}\boldsymbol{\beta})\cdots(\boldsymbol{\alpha}^{\mathrm{T}}\boldsymbol{\beta})}_{99\text{个}}\boldsymbol{\alpha}^{\mathrm{T}}\\&=\boldsymbol{\beta}(-1)^{99}\boldsymbol{\alpha}^{\mathrm{T}}=-\boldsymbol{\beta}\boldsymbol{\alpha}^{\mathrm{T}}=\begin{pmatrix}-1&-2&-2\\2&4&4\\-1&-2&-2\end{pmatrix}.\end{aligned}$$

定义 6 $\boldsymbol{A}$ 是 n 阶方阵,如果 $\boldsymbol{A}^{\mathrm{T}}=\boldsymbol{A}$,称 $\boldsymbol{A}$ 为对称矩阵;如果 $\boldsymbol{A}^{\mathrm{T}}=-\boldsymbol{A}$,称 $\boldsymbol{A}$ 为反对称矩阵.

由定义易知:

n 阶方阵 $\boldsymbol{A}$ 为对称矩阵当且仅当 $a_{ij}=a_{ji}(i,j=1,2,\cdots,n)$;

n 阶方阵 $\boldsymbol{A}$ 为反对称矩阵当且仅当 $a_{ij}=-a_{ji}(i,j=1,2,\cdots,n)$.

即,n 阶对称矩阵 $\boldsymbol{A}$ 具有形式

$$\boldsymbol{A}=\begin{pmatrix}a_{11}&a_{12}&\cdots&a_{1n}\\a_{12}&a_{22}&\cdots&a_{2n}\\\vdots&\vdots&&\vdots\\a_{1n}&a_{2n}&\cdots&a_{nn}\end{pmatrix}.$$

n 阶反对称矩阵 $\boldsymbol{A}$ 具有形式

$$\boldsymbol{A}=\begin{pmatrix}0&a_{12}&\cdots&a_{1n}\\-a_{12}&0&\cdots&a_{2n}\\\vdots&\vdots&&\vdots\\-a_{1n}&-a_{2n}&\cdots&0\end{pmatrix}.$$

例 11　设 $\boldsymbol{A}=\begin{pmatrix} a_{11} & a_{12} & a_{13} \\ a_{12} & a_{22} & a_{23} \\ a_{13} & a_{23} & a_{33} \end{pmatrix}$是三阶对称矩阵，$\boldsymbol{X}=\begin{pmatrix} x \\ y \\ z \end{pmatrix}$，求 $\boldsymbol{X}^{\mathrm{T}}\boldsymbol{A}\boldsymbol{X}$.

解　$$\boldsymbol{X}^{\mathrm{T}}\boldsymbol{A}\boldsymbol{X}=(x,y,z)\begin{pmatrix} a_{11} & a_{12} & a_{13} \\ a_{12} & a_{22} & a_{23} \\ a_{13} & a_{23} & a_{33} \end{pmatrix}\begin{pmatrix} x \\ y \\ z \end{pmatrix}$$

$$=(a_{11}x+a_{12}y+a_{13}z,a_{12}x+a_{22}y+a_{23}z,a_{13}x+a_{23}y+a_{33}z)\begin{pmatrix} x \\ y \\ z \end{pmatrix}$$

$$=a_{11}x^2+2a_{12}xy+2a_{13}xz+a_{22}y^2+2a_{23}yz+a_{33}z^2.$$

例 12　设矩阵 $\boldsymbol{A}$ 是 n 阶方阵，证明：(1) $\boldsymbol{S}=\frac{1}{2}(\boldsymbol{A}+\boldsymbol{A}^{\mathrm{T}})$是对称矩阵，且 $\boldsymbol{T}=\frac{1}{2}(\boldsymbol{A}-\boldsymbol{A}^{\mathrm{T}})$是反对称矩阵；(2) $\boldsymbol{A}=\boldsymbol{S}+\boldsymbol{T}$.

证　(1) 由于

$$\boldsymbol{S}^{\mathrm{T}}=\left[\frac{1}{2}(\boldsymbol{A}+\boldsymbol{A}^{\mathrm{T}})\right]^{\mathrm{T}}=\frac{1}{2}[\boldsymbol{A}^{\mathrm{T}}+(\boldsymbol{A}^{\mathrm{T}})^{\mathrm{T}}]=\frac{1}{2}(\boldsymbol{A}^{\mathrm{T}}+\boldsymbol{A})=\boldsymbol{S},$$

$$\boldsymbol{T}^{\mathrm{T}}=\left[\frac{1}{2}(\boldsymbol{A}-\boldsymbol{A}^{\mathrm{T}})\right]^{\mathrm{T}}=\frac{1}{2}[\boldsymbol{A}^{\mathrm{T}}-(\boldsymbol{A}^{\mathrm{T}})^{\mathrm{T}}]=\frac{1}{2}(\boldsymbol{A}^{\mathrm{T}}-\boldsymbol{A})=-\frac{1}{2}(\boldsymbol{A}-\boldsymbol{A}^{\mathrm{T}})=-\boldsymbol{T}.$$

所以 S 是对称矩阵，T 是反对称矩阵.

(2) $\boldsymbol{S}+\boldsymbol{T}=\frac{1}{2}(\boldsymbol{A}+\boldsymbol{A}^{\mathrm{T}})+\frac{1}{2}(\boldsymbol{A}-\boldsymbol{A}^{\mathrm{T}})=\boldsymbol{A}$.

例 13　设矩阵 $\boldsymbol{A}$ 是 n 阶对称矩阵，证明对任意的 $n\times m$ 矩阵 $\boldsymbol{B}$，$\boldsymbol{B}^{\mathrm{T}}\boldsymbol{A}\boldsymbol{B}$ 是 m 阶对称阵.

证　$\boldsymbol{B}$ 是 $n\times m$ 矩阵，所以 $\boldsymbol{B}^{\mathrm{T}}$ 是 $m\times n$ 矩阵，所以 $\boldsymbol{B}^{\mathrm{T}}\boldsymbol{A}\boldsymbol{B}$ 是 m 阶方阵. 又 $\boldsymbol{A}$ 是对称矩阵，$\boldsymbol{A}^{\mathrm{T}}=\boldsymbol{A}$，所以

$$(\boldsymbol{B}^{\mathrm{T}}\boldsymbol{A}\boldsymbol{B})^{\mathrm{T}}=\boldsymbol{B}^{\mathrm{T}}\boldsymbol{A}^{\mathrm{T}}(\boldsymbol{B}^{\mathrm{T}})^{\mathrm{T}}=\boldsymbol{B}^{\mathrm{T}}\boldsymbol{A}\boldsymbol{B},$$

所以 $\boldsymbol{B}^{\mathrm{T}}\boldsymbol{A}\boldsymbol{B}$ 是 m 阶对称阵.

定义 7　设 $\boldsymbol{A}=(a_{ij})_{m\times n}$，如果 a_{ij} 取自复数集，则称 $\boldsymbol{A}$ 是复矩阵，称由 a_{ij} 的共轭复数为元素构成的矩阵 $\overline{\boldsymbol{A}}=(\overline{a_{ij}})_{m\times n}$ 为 $\boldsymbol{A}$ 的共轭矩阵.

例如，$\boldsymbol{A}=\begin{pmatrix} 1 & \mathrm{i} & 1+2\mathrm{i} \\ 2-\mathrm{i} & 2 & 0 \end{pmatrix}$，则　$\overline{\boldsymbol{A}}=\begin{pmatrix} 1 & -\mathrm{i} & 1-2\mathrm{i} \\ 2+\mathrm{i} & 2 & 0 \end{pmatrix}$.

利用复数的运算性质易得共轭矩阵具有以下性质：

(1) $\overline{\overline{\boldsymbol{A}}}=\boldsymbol{A}$；

(2) $\overline{\boldsymbol{A}+\boldsymbol{B}}=\overline{\boldsymbol{A}}+\overline{\boldsymbol{B}}$；

(3) $\overline{\lambda\boldsymbol{A}}=\overline{\lambda}\,\overline{\boldsymbol{A}}$($\lambda$ 是复数)；

(4) $\overline{\boldsymbol{AB}}=\overline{\boldsymbol{A}}\,\overline{\boldsymbol{B}}$;

(5) $\overline{\boldsymbol{A}^{\mathrm{T}}}=(\overline{\boldsymbol{A}})^{\mathrm{T}}$.

四、利用矩阵运算表示线性方程组

设线性方程组为

$$\begin{cases} a_{11}x_1+a_{12}x_2+\cdots+a_{1n}x_n=b_1, \\ a_{21}x_1+a_{22}x_2+\cdots+a_{2n}x_n=b_2, \\ \cdots\cdots\cdots\cdots \\ a_{m1}x_1+a_{m2}x_2+\cdots+a_{mn}x_n=b_m. \end{cases} \tag{1}$$

利用矩阵的线性运算和矩阵相等定义,方程组(1)可以改写为

$$x_1\begin{pmatrix} a_{11} \\ a_{21} \\ \vdots \\ a_{m1} \end{pmatrix}+x_2\begin{pmatrix} a_{12} \\ a_{22} \\ \vdots \\ a_{m2} \end{pmatrix}+\cdots+x_n\begin{pmatrix} a_{1n} \\ a_{2n} \\ \vdots \\ a_{mn} \end{pmatrix}=\begin{pmatrix} b_1 \\ b_2 \\ \vdots \\ b_m \end{pmatrix}. \tag{2}$$

利用矩阵乘积和矩阵相等定义方程组(1)还可以改写为

$$\begin{pmatrix} a_{11} & a_{12} & \cdots & a_{1n} \\ a_{21} & a_{22} & \cdots & a_{2n} \\ \vdots & \vdots & & \vdots \\ a_{m1} & a_{m2} & \cdots & a_{mn} \end{pmatrix}\begin{pmatrix} x_1 \\ x_2 \\ \vdots \\ x_n \end{pmatrix}=\begin{pmatrix} b_1 \\ b_2 \\ \vdots \\ b_m \end{pmatrix}. \tag{3}$$

定义 8 称式(2)为线性方程组(1)的向量线性组合表示法,简记为

$$x_1\alpha_1+x_2\alpha_2\cdots+x_n\alpha_n=\beta;$$

称式(3)为线性方程组(1)的矩阵乘积表示法,简记为

$$\boldsymbol{AX}=\boldsymbol{\beta}.$$

其中,$\boldsymbol{A}$ 是线性方程组(1)的系数矩阵,$\boldsymbol{\alpha}_j=(a_{1j},a_{2j},\cdots,a_{mj})^{\mathrm{T}}(j=1,2,\cdots,n)$是系数矩阵 $\boldsymbol{A}$ 的第 j 列,是由各方程中 x_j 的系数构成的. $\boldsymbol{\beta}$ 是由各方程中常数项构成的列向量,简称为常数列,$\boldsymbol{X}=(x_1,x_2,\cdots,x_n)^{\mathrm{T}}$ 是未知量构成的列向量.

如果 $x_1=k_1,x_1=k_2,\cdots,x_n=k_n$ 是线性方程组(1)的一组解,则有 $\boldsymbol{A\xi}=\boldsymbol{\beta}$,此时,称列向量 $\boldsymbol{\xi}=(k_1,k_2,\cdots,k_n)^{\mathrm{T}}$ 为 $\boldsymbol{AX}=\boldsymbol{\beta}$ 的一个解向量.

例 14 设线性方程组为

$$\begin{cases} 2x-\ \ y+3z=1, \\ 4x-2y+5z=4, \\ 6x-3y+8z=5, \end{cases}$$

则该方程组的向量线性组合表示为

$$x\begin{pmatrix}2\\4\\6\end{pmatrix}+y\begin{pmatrix}-1\\-2\\-3\end{pmatrix}+z\begin{pmatrix}3\\5\\8\end{pmatrix}=\begin{pmatrix}1\\4\\5\end{pmatrix},$$

矩阵乘积表示为

$$\begin{pmatrix}2&-1&3\\4&-2&5\\6&-3&8\end{pmatrix}\begin{pmatrix}x\\y\\z\end{pmatrix}=\begin{pmatrix}1\\4\\5\end{pmatrix}.$$

由于

$$\begin{pmatrix}2&-1&3\\4&-2&5\\6&-3&8\end{pmatrix}\begin{pmatrix}0\\-7\\-2\end{pmatrix}=\begin{pmatrix}1\\4\\5\end{pmatrix},$$

所以 $\boldsymbol{\xi}_1=\begin{pmatrix}0\\-7\\-2\end{pmatrix}$ 是该方程组的一个解向量.

又线性方程组的增广矩阵

$$\overline{\boldsymbol{A}}=\begin{pmatrix}2&-1&3&1\\4&-2&5&4\\6&-3&8&5\end{pmatrix}\xrightarrow[r_3-3r_1]{r_2-2r_1}\begin{pmatrix}2&-1&3&1\\0&0&-1&2\\0&0&-1&2\end{pmatrix}\xrightarrow[r_3-r_2]{r_1+3r_2}\begin{pmatrix}2&-1&0&7\\0&0&-1&2\\0&0&0&0\end{pmatrix},$$

所以 $\begin{cases}y=2x-7,\\z=-2\end{cases}$（$x$ 是自由未知量），方程组有无穷多解.

如果令 $x=k$，该方程组的通解为

$$\begin{cases}x=k,\\y=2k-7,\\z=-2\end{cases}\quad(k\text{ 为任意数}).$$

利用矩阵运算，该方程组的通解可以表示为

$$\begin{pmatrix}x\\y\\z\end{pmatrix}=\begin{pmatrix}0\\-7\\-2\end{pmatrix}+\begin{pmatrix}1\\2\\0\end{pmatrix}k\quad(k\text{ 为任意数}).$$

线性方程组的几何意义如下：

线性方程组

$$\begin{cases}2x-\ y+3z=1,\\4x-2y+5z=4,\\6x-3y+8z=5,\end{cases}$$

其中每个方程都对应着 $Oxyz$ 空间内的一个平面，通解

$$\begin{pmatrix} x \\ y \\ z \end{pmatrix} = \begin{pmatrix} 0 \\ -7 \\ -2 \end{pmatrix} + \begin{pmatrix} 1 \\ 2 \\ 0 \end{pmatrix} k \quad (k\text{ 为任意数})$$

表示 3 个平面交于过点$(0,-7,-2)$与定方向$\boldsymbol{v}=(1,2,0)$平行的直线.

读一读

方程组的向量线性组合写法更能突出不同未知量系数构成的向量之间的线性关系(由加法和数乘法确定的关系).

例如,齐次线性方程组

$$\begin{cases} x_1 - x_2 - \ x_3 = 0, \\ x_1 + x_2 + 3x_3 = 0, \end{cases}$$

用向量线性组合写法将方程组表示为

$$x_1\alpha_1 + x_2\alpha_2 + x_3\alpha_3 = 0, \tag{4}$$

其中,

$$\alpha_1 = \begin{pmatrix} 1 \\ 1 \end{pmatrix},\ \alpha_2 = \begin{pmatrix} -1 \\ 1 \end{pmatrix},\ \alpha_3 = \begin{pmatrix} -1 \\ 3 \end{pmatrix}.$$

由$\begin{pmatrix} 1 & -1 & -1 \\ 1 & 1 & 3 \end{pmatrix} \to \cdots \to \begin{pmatrix} 1 & 0 & 1 \\ 0 & 1 & 2 \end{pmatrix}$知,方程组的通解为

$$\begin{cases} x_1 = -k_1, \\ x_2 = -2k_2, \\ x_3 = k_1 \end{cases} \quad (k_1\text{ 为任意数}).$$

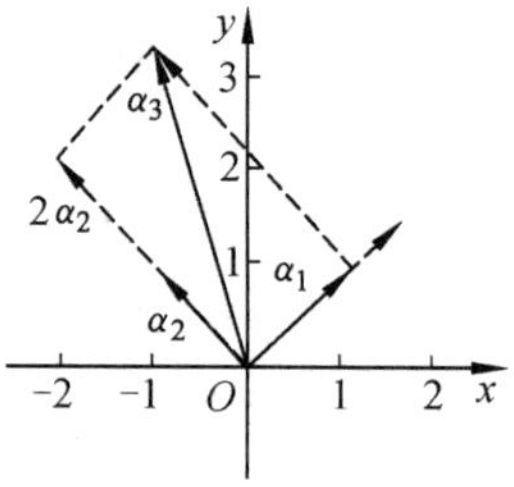

图 2-4

如取 $k_1=1$,则可以得解 $x_1=-1, x_2=-2, x_3=1$. 代入式(4)有

$$-\boldsymbol{\alpha}_1 - 2\boldsymbol{\alpha}_2 + \boldsymbol{\alpha}_3 = \mathbf{0},\ \text{即}\ \boldsymbol{\alpha}_3 = \boldsymbol{\alpha}_1 + 2\boldsymbol{\alpha}_2 \ (\text{如图 2-4 所示}).$$

讨论向量之间的线性关系是第四章研究的重要内容.

习 题 2-1

1. 已知 $\boldsymbol{A}=\begin{pmatrix} 0 & -3 & 2 & 0 \\ 4 & -2 & -1 & 1 \end{pmatrix}$, $\boldsymbol{B}=\begin{pmatrix} 3 & 0 & 1 & 0 \\ -1 & 2 & 1 & 2 \end{pmatrix}$,且 $\boldsymbol{X}+\boldsymbol{A}=2(\boldsymbol{B}-\boldsymbol{X})$,求 $\boldsymbol{X}$.

2. 计算:

(1) $\boldsymbol{\alpha}=(1,2,1)^{\mathrm{T}}$,求 $\boldsymbol{\alpha}^{\mathrm{T}}\boldsymbol{\alpha}$, $\boldsymbol{\alpha}\boldsymbol{\alpha}^{\mathrm{T}}$, $\boldsymbol{\alpha}\boldsymbol{\alpha}^{\mathrm{T}}\boldsymbol{\alpha}$ 及 $(\boldsymbol{\alpha}\boldsymbol{\alpha}^{\mathrm{T}})^{101}$;

(2) $(x \quad y \quad 1)\begin{pmatrix} a_{11} & a_{12} & b_1 \\ a_{12} & a_{22} & b_2 \\ b_1 & b_2 & c \end{pmatrix}\begin{pmatrix} x \\ y \\ 1 \end{pmatrix}$;

(3) $\boldsymbol{A}=\begin{pmatrix}\lambda & 1 & 0\\ 0 & \lambda & 1\\ 0 & 0 & \lambda\end{pmatrix}$，求 $\boldsymbol{A}^2,\boldsymbol{A}^3$；

(4) $\boldsymbol{A}=\begin{pmatrix}\cos\theta & -\sin\theta\\ \sin\theta & \cos\theta\end{pmatrix}^n$，求 $\boldsymbol{A}^2$.

3. $\boldsymbol{A}=\begin{pmatrix}3 & 1 & 1\\ 2 & 1 & 2\\ 1 & 2 & 3\end{pmatrix}$，$\boldsymbol{B}=\begin{pmatrix}1 & 1 & -1\\ 2 & -1 & 0\\ 1 & 0 & 1\end{pmatrix}$，求 $\boldsymbol{AB},\boldsymbol{BA},\boldsymbol{B}^{\mathrm{T}}\boldsymbol{A}^{\mathrm{T}}$ 及 $\boldsymbol{AB}-\boldsymbol{BA}$.

4. $\boldsymbol{A}=\begin{pmatrix}1 & & \\ & 2 & \\ & & 3\end{pmatrix}$，$\boldsymbol{B}=\begin{pmatrix}2 & 0 & 0\\ 0 & 1 & 1\\ 0 & 0 & 1\end{pmatrix}$，$f(x)=x^3-2x+5$，求 $f(\boldsymbol{A})$ 及 $f(\boldsymbol{B})$.

5. 已知 3 个线性替换分别为

$$\begin{cases}y_1=x_1-x_2+x_3,\\ y_2=x_1+x_2+x_3,\\ y_3=x_2+3x_3,\end{cases}\quad \begin{cases}z_1=y_1-y_2,\\ z_2=2y_1-y_2+y_3,\\ z_3=y_1+y_2-y_3,\end{cases}\quad \begin{cases}w_1=z_1-z_2+z_3,\\ w_2=z_1-2z_2-z_3,\end{cases}$$

求从 x_1,x_2,x_3 到 w_1,w_2 的线性替换.

6. 将下列线性方程组写成矩阵乘积表示和向量线性组合表示：

(1) $\begin{cases}2x_1-x_2+3x_3=1,\\ 4x_1+2x_2+5x_3=4,\\ 2x_1+2x_3=6;\end{cases}$　　(2) $\begin{cases}x_1+x_2+x_3+x_4+x_5=1,\\ 3x_1+2x_2+x_3+x_4-3x_5=0,\\ x_2+2x_3+2x_4+6x_5=3,\\ 5x_1+4x_2+3x_3+3x_4-x_5=2.\end{cases}$

**7. 如果 $\boldsymbol{AB}=\boldsymbol{BA}$，则称矩阵 $\boldsymbol{B}$ 与 $\boldsymbol{A}$ 可交换，求与下列矩阵可交换的矩阵具有的形式：

(1) $\boldsymbol{A}=\begin{pmatrix}1 & 1\\ 0 & 1\end{pmatrix}$；

(2) $\boldsymbol{A}=\begin{pmatrix}a_1 & 0 & \cdots & 0\\ 0 & a_2 & \cdots & 0\\ \vdots & \vdots & \ddots & \vdots\\ 0 & 0 & \cdots & a_n\end{pmatrix}$，其中，当 $i\neq j$ 时 $a_i\neq a_j\ (i,j=1,2,\cdots,n)$.

8. 如果 $\boldsymbol{A}=\dfrac{1}{2}(\boldsymbol{B}+\boldsymbol{E})$，证明：$\boldsymbol{A}^2=\boldsymbol{A}$ 当且仅当 $\boldsymbol{B}^2=\boldsymbol{E}$.

9. 设 $\boldsymbol{A},\boldsymbol{B}$ 都是 n 阶对称矩阵，证明：$\boldsymbol{AB}$ 仍是对称矩阵当且仅当 $\boldsymbol{AB}=\boldsymbol{BA}$.

10. 设 n 维列向量 $\boldsymbol{\alpha}$ 满足 $\boldsymbol{\alpha}^{\mathrm{T}}\boldsymbol{\alpha}=\dfrac{1}{2}$，$\boldsymbol{B}=\boldsymbol{E}+2\boldsymbol{\alpha}\boldsymbol{\alpha}^{\mathrm{T}}$，$\boldsymbol{C}=\boldsymbol{E}-\boldsymbol{\alpha}\boldsymbol{\alpha}^{\mathrm{T}}$，证明：(1) $\boldsymbol{B}$ 是对称矩阵；(2) $\boldsymbol{BC}=\boldsymbol{E}$.

第二节　分块矩阵及其运算

一、矩阵分块的概念

在处理阶数较高的矩阵时，把一个大矩阵分成一些小矩阵，将这些小矩阵看成是组成这个大矩阵的元素.以小矩阵为元素处理矩阵的思想就是矩阵分块的思想.

例如,

$$\boldsymbol{A}=\begin{pmatrix}1&0&0&0\\0&1&0&0\\0&0&1&0\\1&1&0&1\end{pmatrix}=\begin{pmatrix}\boldsymbol{E}_3&\boldsymbol{O}\\\boldsymbol{A}_{21}&E_1\end{pmatrix}.$$

其中,$\boldsymbol{E}_3$ 表示三阶单位矩阵,而 $\boldsymbol{A}_{21}=(1,1,0)$,$\boldsymbol{O}=(0,0,0)^{\mathrm{T}}$.另外,也可进行分块

$$\boldsymbol{A}=\begin{pmatrix}\boldsymbol{\alpha}_1\\\boldsymbol{\alpha}_2\\\boldsymbol{\alpha}_3\\\boldsymbol{\alpha}_4\end{pmatrix},$$

其中,$\boldsymbol{\alpha}_1=(1,0,0,0)$,$\boldsymbol{\alpha}_2=(0,1,0,0)$,$\boldsymbol{\alpha}_3=(0,0,1,0)$,$\boldsymbol{\alpha}_4=(1,1,0,1)$都是 $\boldsymbol{A}$ 的行向量.或者也可以进行分块

$$\boldsymbol{A}=(\boldsymbol{\beta}_1\quad\boldsymbol{\beta}_2\quad\boldsymbol{\beta}_3\quad\boldsymbol{\beta}_4),$$

其中,$\boldsymbol{\beta}_1=(1,0,0,1)^{\mathrm{T}}$,$\boldsymbol{\beta}_2=(0,1,0,1)^{\mathrm{T}}$,$\boldsymbol{\beta}_3=(0,0,1,0)^{\mathrm{T}}$,$\boldsymbol{\beta}_4=(0,0,0,1)^{\mathrm{T}}$ 都是 $\boldsymbol{A}$ 的列向量.

我们通常将$(\boldsymbol{\beta}_1\quad\boldsymbol{\beta}_2\quad\boldsymbol{\beta}_3\quad\boldsymbol{\beta}_4)$记为$(\boldsymbol{\beta}_1,\boldsymbol{\beta}_2,\boldsymbol{\beta}_3,\boldsymbol{\beta}_4)$,加在列之间的逗号只起分隔列的作用,没有其他意义.

像这样用若干条横线和纵线将矩阵分成若干小矩阵,以小矩阵为元素的矩阵表示形式称为分块矩阵,这些小矩阵称为矩阵的子块.

二、分块矩阵的运算

利用分块矩阵表示矩阵或进行矩阵运算是为了表达简便.分块矩阵的运算与普通数字元素构成的矩阵的运算法则和运算律是类似的.

(1) 加法　对两个 $m\times n$ 矩阵 $\boldsymbol{A}=(a_{ij})_{m\times n}$,$\boldsymbol{B}=(b_{ij})_{m\times n}$进行同样分块,即

$$\boldsymbol{A}=\begin{pmatrix}\boldsymbol{A}_{11}&\boldsymbol{A}_{12}&\cdots&\boldsymbol{A}_{1t}\\\boldsymbol{A}_{21}&\boldsymbol{A}_{22}&\cdots&\boldsymbol{A}_{2t}\\\vdots&\vdots&&\vdots\\\boldsymbol{A}_{s1}&\boldsymbol{A}_{s2}&\cdots&\boldsymbol{A}_{st}\end{pmatrix},\ \boldsymbol{B}=\begin{pmatrix}\boldsymbol{B}_{11}&\boldsymbol{B}_{12}&\cdots&\boldsymbol{B}_{1t}\\\boldsymbol{B}_{21}&\boldsymbol{B}_{22}&\cdots&\boldsymbol{B}_{2t}\\\vdots&\vdots&&\vdots\\\boldsymbol{B}_{s1}&\boldsymbol{B}_{s2}&\cdots&\boldsymbol{B}_{st}\end{pmatrix},$$

其中,$\boldsymbol{A}_{ij}$ 与 $\boldsymbol{B}_{ij}$ 都是 $m_i\times n_j(i=1,\cdots,s;j=1,\cdots,t)$阵,且 $m_1+\cdots+m_s=m$,$n_1+\cdots+n_t=n$,则

$$\boldsymbol{A}+\boldsymbol{B}=\begin{pmatrix}\boldsymbol{A}_{11}+\boldsymbol{B}_{11} & \boldsymbol{A}_{12}+\boldsymbol{B}_{12} & \cdots & \boldsymbol{A}_{1t}+\boldsymbol{B}_{1t}\\ \boldsymbol{A}_{21}+\boldsymbol{B}_{21} & \boldsymbol{A}_{22}+\boldsymbol{B}_{22} & \cdots & \boldsymbol{A}_{2t}+\boldsymbol{B}_{2t}\\ \vdots & \vdots & & \vdots\\ \boldsymbol{A}_{s1}+\boldsymbol{B}_{s1} & \boldsymbol{A}_{s2}+\boldsymbol{B}_{s2} & \cdots & \boldsymbol{A}_{st}+\boldsymbol{B}_{st}\end{pmatrix}.$$

注 两个矩阵的分块必须满足对应块的行数、列数分别相同才能相加，否则不能相加.

(2) 数乘法 设 $\boldsymbol{A}=(a_{ij})_{m\times n}$ 是一个 $m\times n$ 矩阵，k 是一个数，将 $\boldsymbol{A}$ 分块为

$$\boldsymbol{A}=\begin{pmatrix}\boldsymbol{A}_{11} & \boldsymbol{A}_{12} & \cdots & \boldsymbol{A}_{1t}\\ \boldsymbol{A}_{21} & \boldsymbol{A}_{22} & \cdots & \boldsymbol{A}_{2t}\\ \vdots & \vdots & & \vdots\\ \boldsymbol{A}_{s1} & \boldsymbol{A}_{s2} & \cdots & \boldsymbol{A}_{st}\end{pmatrix},$$

则

$$k\boldsymbol{A}=\begin{pmatrix}k\boldsymbol{A}_{11} & k\boldsymbol{A}_{12} & \cdots & k\boldsymbol{A}_{1t}\\ k\boldsymbol{A}_{21} & k\boldsymbol{A}_{22} & \cdots & k\boldsymbol{A}_{2t}\\ \vdots & \vdots & & \vdots\\ k\boldsymbol{A}_{s1} & k\boldsymbol{A}_{s2} & \cdots & k\boldsymbol{A}_{st}\end{pmatrix}.$$

(3) 乘法 设 $\boldsymbol{A}=(a_{ik})_{m\times n}$，$\boldsymbol{B}=(b_{kj})_{n\times t}$，将 $\boldsymbol{A},\boldsymbol{B}$ 分块为

$$\boldsymbol{A}=\begin{pmatrix}\boldsymbol{A}_{11} & \boldsymbol{A}_{12} & \cdots & \boldsymbol{A}_{1p}\\ \boldsymbol{A}_{21} & \boldsymbol{A}_{22} & \cdots & \boldsymbol{A}_{2p}\\ \vdots & \vdots & & \vdots\\ \boldsymbol{A}_{s1} & \boldsymbol{A}_{s2} & \cdots & \boldsymbol{A}_{sp}\end{pmatrix},\ \boldsymbol{B}=\begin{pmatrix}\boldsymbol{B}_{11} & \boldsymbol{B}_{12} & \cdots & \boldsymbol{B}_{1q}\\ \boldsymbol{B}_{21} & \boldsymbol{B}_{22} & \cdots & \boldsymbol{B}_{2q}\\ \vdots & \vdots & & \vdots\\ \boldsymbol{B}_{p1} & \boldsymbol{B}_{p2} & \cdots & \boldsymbol{B}_{pq}\end{pmatrix},$$

则

$$\boldsymbol{AB}=\begin{pmatrix}\boldsymbol{C}_{11} & \boldsymbol{C}_{12} & \cdots & \boldsymbol{C}_{1q}\\ \boldsymbol{C}_{21} & \boldsymbol{C}_{22} & \cdots & \boldsymbol{C}_{2q}\\ \vdots & \vdots & & \vdots\\ \boldsymbol{C}_{s1} & \boldsymbol{C}_{s2} & \cdots & \boldsymbol{C}_{sq}\end{pmatrix}.$$

其中，$\boldsymbol{A}_{ik}$ 为 $m_i\times n_k$ 矩阵，$\boldsymbol{B}_{kj}$ 为 $n_k\times t_j$ 矩阵，

$$\boldsymbol{C}_{ij}=\boldsymbol{A}_{i1}\boldsymbol{B}_{1j}+\boldsymbol{A}_{i2}\boldsymbol{B}_{2j}+\cdots+\boldsymbol{A}_{ip}\boldsymbol{B}_{pj}$$

为 $m_i\times t_j$ 矩阵($i=1,2,\cdots,s;k=1,2,\cdots,p;j=1,2,\cdots,q$)，且

$$m_1+\cdots m_s=m,n_1+\cdots n_p=n,\ t_1+\cdots t_q=t.$$

注 ① 在作矩阵乘法时，第一个矩阵列的分块方式与第二个矩阵行的分块方式必须相同，即 $\boldsymbol{A}_{ik}$ 列数必须等于 $\boldsymbol{B}_{kj}$ 的行数，这时两个分块矩阵的乘积才能进行；

② 由于矩阵乘法没有交换律，作分块矩阵乘法时，一定要注意子块的前后顺序不能换. 即上面的 $\boldsymbol{A}_{ik}\boldsymbol{B}_{kj}$ 绝对不能写成 $\boldsymbol{B}_{kj}\boldsymbol{A}_{ik}$.

(4) 转置　设 $\boldsymbol{A}=(a_{ij})_{m\times n}$ 是一个 $m\times n$ 矩阵，将 $\boldsymbol{A}$ 分块表示为

$$\boldsymbol{A}=\begin{pmatrix}\boldsymbol{A}_{11} & \boldsymbol{A}_{12} & \cdots & \boldsymbol{A}_{1t}\\ \boldsymbol{A}_{21} & \boldsymbol{A}_{22} & \cdots & \boldsymbol{A}_{2t}\\ \vdots & \vdots & & \vdots\\ \boldsymbol{A}_{s1} & \boldsymbol{A}_{s2} & \cdots & \boldsymbol{A}_{st}\end{pmatrix},$$

则

$$\boldsymbol{A}^{\mathrm{T}}=\begin{pmatrix}\boldsymbol{A}_{11}^{\mathrm{T}} & \boldsymbol{A}_{21}^{\mathrm{T}} & \cdots & \boldsymbol{A}_{s1}^{\mathrm{T}}\\ \boldsymbol{A}_{12}^{\mathrm{T}} & \boldsymbol{A}_{22}^{\mathrm{T}} & \cdots & \boldsymbol{A}_{s2}^{\mathrm{T}}\\ \vdots & \vdots & & \vdots\\ \boldsymbol{A}_{1t}^{\mathrm{T}} & \boldsymbol{A}_{2t}^{\mathrm{T}} & \cdots & \boldsymbol{A}_{st}^{\mathrm{T}}\end{pmatrix}.$$

注　分块矩阵的转置不仅要将子块为元素构成的矩阵看成普通矩阵进行转置，还要将每个子块转置.

例 1　将矩阵

$$\boldsymbol{A}=\begin{pmatrix}1 & 0 & 0 & 0\\ 0 & 1 & 0 & 0\\ 0 & 0 & 1 & 0\\ 1 & 1 & 0 & 1\end{pmatrix},\quad \boldsymbol{B}=\begin{pmatrix}1 & 0 & 0 & 0\\ -1 & 2 & 0 & 0\\ 1 & 0 & 4 & 1\\ -1 & -1 & 2 & 0\end{pmatrix}$$

进行适当分块，并计算 $\boldsymbol{A}+\boldsymbol{B}$，$\boldsymbol{AB}$，$\boldsymbol{A}^{\mathrm{T}}$.

解

$$\boldsymbol{A}=\begin{pmatrix}1 & 0 & 0 & 0\\ 0 & 1 & 0 & 0\\ 0 & 0 & 1 & 0\\ 1 & 1 & 0 & 1\end{pmatrix}=\begin{pmatrix}\boldsymbol{E}_2 & \boldsymbol{O}_{2\times 2}\\ \boldsymbol{A}_{21} & \boldsymbol{E}_2\end{pmatrix},$$

$$\boldsymbol{B}=\begin{pmatrix}1 & 0 & 0 & 0\\ -1 & 2 & 0 & 0\\ 1 & 0 & 4 & 1\\ -1 & -1 & 2 & 0\end{pmatrix}=\begin{pmatrix}\boldsymbol{B}_{11} & \boldsymbol{O}_{2\times 2}\\ \boldsymbol{B}_{21} & \boldsymbol{B}_{22}\end{pmatrix},$$

其中，

$$\boldsymbol{E}_2=\begin{pmatrix}1 & \\ & 1\end{pmatrix},\quad \boldsymbol{A}_{21}=\begin{pmatrix}0 & 0\\ 1 & 1\end{pmatrix},\quad \boldsymbol{O}_{2\times 2}=\begin{pmatrix}0 & 0\\ 0 & 0\end{pmatrix}$$

$$\boldsymbol{B}_{11}=\begin{pmatrix}1 & 0\\ -1 & 2\end{pmatrix},\quad \boldsymbol{B}_{21}=\begin{pmatrix}1 & 0\\ -1 & -1\end{pmatrix},\boldsymbol{B}_{22}=\begin{pmatrix}4 & 1\\ 2 & 0\end{pmatrix}.$$

则

$$\boldsymbol{A}+\boldsymbol{B}=\begin{pmatrix}\boldsymbol{E}_2 & \boldsymbol{O}\\ \boldsymbol{A}_{21} & \boldsymbol{E}_2\end{pmatrix}+\begin{pmatrix}\boldsymbol{B}_{11} & \boldsymbol{O}\\ \boldsymbol{B}_{21} & \boldsymbol{B}_{22}\end{pmatrix}=\begin{pmatrix}\boldsymbol{E}_2+\boldsymbol{B}_{11} & \boldsymbol{O}+\boldsymbol{O}\\ \boldsymbol{A}_{21}+\boldsymbol{B}_{21} & \boldsymbol{E}_2+\boldsymbol{B}_{22}\end{pmatrix}.$$

$$E_2+B_{11}=\begin{pmatrix}2&0\\-1&3\end{pmatrix},\ A_{21}+B_{21}=\begin{pmatrix}1&0\\0&0\end{pmatrix},$$

$$E_2+B_{22}=\begin{pmatrix}5&1\\2&1\end{pmatrix},\ O+O=\begin{pmatrix}0&0\\0&0\end{pmatrix}.$$

所以，

$$A+B=\begin{pmatrix}2&0&0&0\\-1&3&0&0\\1&0&5&1\\0&0&2&1\end{pmatrix}.$$

又 $AB=\begin{pmatrix}E_2&O\\A_{21}&E_2\end{pmatrix}\begin{pmatrix}B_{11}&O\\B_{21}&B_{22}\end{pmatrix}=\begin{pmatrix}E_2B_{11}&O\\A_{21}B_{11}+E_2B_{21}&E_2B_{22}\end{pmatrix}=\begin{pmatrix}B_{11}&O\\A_{21}B_{11}+B_{21}&B_{22}\end{pmatrix}$,

$$A_{21}B_{11}+B_{21}=\begin{pmatrix}0&0\\1&1\end{pmatrix}\begin{pmatrix}1&0\\-1&2\end{pmatrix}+\begin{pmatrix}1&0\\-1&-1\end{pmatrix}$$

$$=\begin{pmatrix}0&0\\0&2\end{pmatrix}+\begin{pmatrix}1&0\\-1&-1\end{pmatrix}=\begin{pmatrix}1&0\\-1&1\end{pmatrix},$$

所以，

$$AB=\begin{pmatrix}1&0&0&0\\-1&2&0&0\\1&0&4&1\\-1&1&2&0\end{pmatrix}.$$

$$A^{\mathrm T}=\begin{pmatrix}E_2^{\mathrm T}&A_{21}^{\mathrm T}\\O^{\mathrm T}&E_2^{\mathrm T}\end{pmatrix}=\begin{pmatrix}E_2&A_{21}^{\mathrm T}\\O&E_2\end{pmatrix}=\begin{pmatrix}1&0&0&1\\0&1&0&1\\0&0&1&0\\0&0&0&1\end{pmatrix}.$$

也可以对矩阵 A,B 进行如下分块，然后再进行相乘.

$$A=\begin{pmatrix}1&0&0&0\\0&1&0&0\\0&0&1&0\\1&1&0&1\end{pmatrix}=\begin{pmatrix}E_3&O\\A_{21}&E_1\end{pmatrix},\ B=\begin{pmatrix}1&0&0&0\\-1&2&0&0\\1&0&4&1\\-1&-1&2&0\end{pmatrix}=\begin{pmatrix}B_{11}\\B_{21}\end{pmatrix},$$

其中，$A_{21}=(1,1,0)$，$O=\begin{pmatrix}0\\0\\0\end{pmatrix}$，$B_{11}=\begin{pmatrix}1&0&0&0\\-1&2&0&0\\1&0&4&1\end{pmatrix}$，$B_{21}=(-1,-1,2,0)$.

$$AB=\begin{pmatrix}E_3&O\\A_{21}&E_1\end{pmatrix}\begin{pmatrix}B_{11}\\B_{21}\end{pmatrix}=\begin{pmatrix}B_{11}\\A_{21}B_{11}+B_{21}\end{pmatrix},$$

$$A_{21}B_{11}+B_{21}=(1,1,0)\begin{pmatrix}1&0&0&0\\-1&2&0&0\\1&0&4&1\end{pmatrix}+(-1,-1,2,0)=(-1,1,2,0).$$

所以，

$$AB=\begin{pmatrix}1&0&0&0\\-1&2&0&0\\1&0&4&1\\-1&1&2&0\end{pmatrix}.$$

在利用分块矩阵进行矩阵运算时，分块的方法并不唯一，只要满足可以进行运算的条件即可.一般分块的原则是使运算表达简单.

三、一些常用的矩阵分块方式.

1. 准对角形分块矩阵

形如

$$\begin{pmatrix}A_1&&&\\&A_2&&\\&&\ddots&\\&&&A_s\end{pmatrix}(A_i(i=1,2,\cdots,s)\text{为 }n_i\text{ 阶方阵})$$

的分块矩阵称为准对角形矩阵.

设

$$A=\begin{pmatrix}A_1&&&\\&A_2&&\\&&\ddots&\\&&&A_s\end{pmatrix},\ B=\begin{pmatrix}B_1&&&\\&B_2&&\\&&\ddots&\\&&&B_s\end{pmatrix}$$

是两个准对角矩阵，且它们的对应块 A_i 与 $B_i(i=1,2,\cdots,s)$都为 n_i 阶方阵.则有

(1) $A+B=\begin{pmatrix}A_1+B_1&&&\\&A_2+B_2&&\\&&\ddots&\\&&&A_s+B_s\end{pmatrix}$;

(2) $kA=\begin{pmatrix}kA_1&&&\\&kA_2&&\\&&\ddots&\\&&&kA_s\end{pmatrix}$;

(3) $\boldsymbol{AB}=\begin{pmatrix}\boldsymbol{A}_1\boldsymbol{B}_1 & & & \\ & \boldsymbol{A}_2\boldsymbol{B}_2 & & \\ & & \ddots & \\ & & & \boldsymbol{A}_s\boldsymbol{B}_s\end{pmatrix}$;

(4) $\boldsymbol{A}^{\mathrm{T}}=\begin{pmatrix}\boldsymbol{A}_1^{\mathrm{T}} & & & \\ & \boldsymbol{A}_2^{\mathrm{T}} & & \\ & & \ddots & \\ & & & \boldsymbol{A}_s^{\mathrm{T}}\end{pmatrix}$.

2. 按行或列进行分块

设

$$\boldsymbol{A}=\begin{pmatrix}a_{11} & a_{12} & \cdots & a_{1n}\\ a_{21} & a_{22} & \cdots & a_{2n}\\ \vdots & \vdots & & \vdots\\ a_{m1} & a_{m2} & \cdots & a_{mn}\end{pmatrix}=(\boldsymbol{\alpha}_1,\boldsymbol{\alpha}_2,\cdots,\boldsymbol{\alpha}_n)=\begin{pmatrix}\boldsymbol{\gamma}_1\\ \boldsymbol{\gamma}_2\\ \vdots\\ \boldsymbol{\gamma}_m\end{pmatrix},$$

$$\boldsymbol{B}=\begin{pmatrix}b_{11} & b_{12} & \cdots & b_{1s}\\ b_{21} & b_{22} & \cdots & b_{2s}\\ \vdots & \vdots & & \vdots\\ b_{n1} & b_{n2} & \cdots & b_{ns}\end{pmatrix}=(\boldsymbol{b}_1,\boldsymbol{b}_2,\cdots,\boldsymbol{b}_s)=\begin{pmatrix}\boldsymbol{\beta}_1\\ \boldsymbol{\beta}_2\\ \vdots\\ \boldsymbol{\beta}_n\end{pmatrix},$$

其中,$\boldsymbol{\alpha}_j=(a_{1j},a_{2j},\cdots,a_{mj})^{\mathrm{T}}(j=1,2,\cdots,n)$为 $\boldsymbol{A}$ 的第 j 列;$\boldsymbol{\gamma}_k=(a_{k1},a_{k2},\cdots,a_{kn})$ $(k=1,2,\cdots,m)$为 $\boldsymbol{A}$ 的第 k 行;$\boldsymbol{\beta}_i=(b_{i1},b_{i1},\cdots,b_{is})(i=1,2,\cdots,n)$为 $\boldsymbol{B}$ 的第 i 行;$\boldsymbol{b}_t=(b_{1t},b_{2t},\cdots,b_{nt})^{\mathrm{T}}(t=1,2,\cdots,s)$为 $\boldsymbol{B}$ 的第 t 列.

利用矩阵的不同分块方法,$\boldsymbol{AB}$ 可以分别表示为

$$(1)\ \boldsymbol{AB}=(\boldsymbol{\alpha}_1,\boldsymbol{\alpha}_2,\cdots,\boldsymbol{\alpha}_n)\begin{pmatrix}b_{11} & b_{12} & \cdots & b_{1s}\\ b_{21} & b_{22} & \cdots & b_{2s}\\ \vdots & \vdots & & \vdots\\ b_{n1} & b_{n2} & \cdots & b_{ns}\end{pmatrix}$$
$$=(b_{11}\boldsymbol{\alpha}_1+b_{21}\boldsymbol{\alpha}_2+\cdots+b_{n1}\boldsymbol{\alpha}_n,\ b_{12}\boldsymbol{\alpha}_1+b_{22}\boldsymbol{\alpha}_2+\cdots+b_{n2}\boldsymbol{\alpha}_n,\ \cdots,\ b_{1s}\boldsymbol{\alpha}_1+b_{2s}\boldsymbol{\alpha}_2+\cdots+b_{ns}\boldsymbol{\alpha}_n).$$

$$(2)\ \boldsymbol{AB}=\begin{pmatrix}a_{11} & a_{12} & \cdots & a_{1n}\\ a_{21} & a_{22} & \cdots & a_{2n}\\ \vdots & \vdots & & \vdots\\ a_{m1} & a_{m2} & \cdots & a_{mn}\end{pmatrix}\begin{pmatrix}\boldsymbol{\beta}_1\\ \boldsymbol{\beta}_2\\ \vdots\\ \boldsymbol{\beta}_n\end{pmatrix}=\begin{pmatrix}a_{11}\boldsymbol{\beta}_1+a_{12}\boldsymbol{\beta}_2+\cdots+a_{1n}\boldsymbol{\beta}_n\\ a_{21}\boldsymbol{\beta}_1+a_{22}\boldsymbol{\beta}_2+\cdots+a_{2n}\boldsymbol{\beta}_n\\ \vdots\\ a_{m1}\boldsymbol{\beta}_1+a_{m2}\boldsymbol{\beta}_2+\cdots+a_{mn}\boldsymbol{\beta}_n\end{pmatrix}.$$

从这两个表达式中,可以清晰地看到矩阵乘积的行和列的构成.

特别地,我们将线性方程组 $\boldsymbol{AX}=\boldsymbol{\beta}$ 的系数矩阵按列分块,可得

$$A=\begin{pmatrix} a_{11} & a_{12} & \cdots & a_{1n} \\ a_{21} & a_{22} & \cdots & a_{2n} \\ \vdots & \vdots & & \vdots \\ a_{m1} & a_{m2} & \cdots & a_{mn} \end{pmatrix}=(\boldsymbol{\alpha}_1,\boldsymbol{\alpha}_2,\cdots,\boldsymbol{\alpha}_n),\quad X=\begin{pmatrix} x_1 \\ x_2 \\ \vdots \\ x_n \end{pmatrix},$$

则

$$AX=x_1\boldsymbol{\alpha}_1+x_2\boldsymbol{\alpha}_2+\cdots+x_n\boldsymbol{\alpha}_n=\boldsymbol{\beta}.$$

这恰好是线性方程组的向量线性组合表示.

(3) $\boldsymbol{AB}=\boldsymbol{A}(\boldsymbol{b}_1,\boldsymbol{b}_2,\cdots,\boldsymbol{b}_s)=(\boldsymbol{Ab}_1,\boldsymbol{Ab}_2,\cdots,\boldsymbol{Ab}_s)$.

$$AB=\begin{pmatrix} \boldsymbol{\gamma}_1 \\ \boldsymbol{\gamma}_2 \\ \vdots \\ \boldsymbol{\gamma}_m \end{pmatrix}B=\begin{pmatrix} \boldsymbol{\gamma}_1 B \\ \boldsymbol{\gamma}_2 B \\ \vdots \\ \boldsymbol{\gamma}_m B \end{pmatrix}.$$

(4) $$AB=\begin{pmatrix} \boldsymbol{\gamma}_1 \\ \boldsymbol{\gamma}_2 \\ \vdots \\ \boldsymbol{\gamma}_m \end{pmatrix}(\boldsymbol{b}_1,\boldsymbol{b}_2,\cdots,\boldsymbol{b}_s)=\begin{pmatrix} \boldsymbol{\gamma}_1\boldsymbol{b}_1 & \boldsymbol{\gamma}_1\boldsymbol{b}_2 & \cdots & \boldsymbol{\gamma}_1\boldsymbol{b}_s \\ \boldsymbol{\gamma}_2\boldsymbol{b}_1 & \boldsymbol{\gamma}_2\boldsymbol{b}_2 & \cdots & \boldsymbol{\gamma}_2\boldsymbol{b}_s \\ \vdots & \vdots & & \vdots \\ \boldsymbol{\gamma}_m\boldsymbol{b}_1 & \boldsymbol{\gamma}_m\boldsymbol{b}_2 & \cdots & \boldsymbol{\gamma}_m\boldsymbol{b}_s \end{pmatrix},$$

其中，$\boldsymbol{\gamma}_i\boldsymbol{b}_j=(a_{i1},a_{i2},\cdots,a_{in})\begin{pmatrix} b_{1j} \\ b_{2j} \\ \vdots \\ b_{nj} \end{pmatrix}=a_{i1}b_{ij}+a_{i2}b_{2j}+\cdots+a_{in}b_{nj}$，$\boldsymbol{\gamma}_i\boldsymbol{b}_j$ 称为 $\boldsymbol{AB}$ 的 (i,j)位置元素.

习 题 2-2

1. $\boldsymbol{A}=(\boldsymbol{A}_1,\boldsymbol{O})$，$\boldsymbol{B}=\begin{pmatrix} \boldsymbol{B}_1 \\ \boldsymbol{B}_2 \end{pmatrix}$都是 n 阶方阵，其中 $\boldsymbol{A}_1$ 为 $n\times m(m<n)$ 矩阵，$\boldsymbol{O}$ 为 $n\times(n-m)$ 零矩阵，$\boldsymbol{B}_1$ 为 $m\times n(m<n)$ 矩阵，$\boldsymbol{B}_2$ 为 $(n-m)\times n$ 矩阵，求 $\boldsymbol{AB}$ 及 $\boldsymbol{BA}$.

2. $\boldsymbol{A}=\begin{pmatrix} \boldsymbol{A}_1 \\ \boldsymbol{O} \end{pmatrix}$，$\boldsymbol{B}=(\boldsymbol{B}_1,\boldsymbol{B}_2)$都是 n 阶方阵，其中 $\boldsymbol{A}_1$ 为 $m\times n(m<n)$ 矩阵，$\boldsymbol{O}$ 为 $(n-m)\times n$ 零矩阵，$\boldsymbol{B}_1$ 为 $n\times m(m<n)$ 矩阵，$\boldsymbol{B}_2$ 为 $n\times(n-m)$ 矩阵，求 $\boldsymbol{A}^{\mathrm{T}}$，$\boldsymbol{AB}$ 及 $\boldsymbol{BA}$.

3. 已知 $\boldsymbol{A}=(\boldsymbol{A}_1\quad \boldsymbol{E}_2)$，$\boldsymbol{B}=(\boldsymbol{B}_1\quad \boldsymbol{B}_2)^{\mathrm{T}}$，其中，$\boldsymbol{A}_1=\begin{pmatrix} 1 & 1 & -1 \\ 0 & 2 & 1 \end{pmatrix}$，$\boldsymbol{E}_2$ 为二阶单位矩阵，$\boldsymbol{B}_1=\begin{pmatrix} 1 & 0 & 1 \\ 0 & 1 & 0 \\ 0 & 0 & 1 \end{pmatrix}$，$\boldsymbol{B}_2=\begin{pmatrix} 1 & 0 \\ -1 & 2 \\ 2 & 1 \end{pmatrix}$，求 $\boldsymbol{AB}$.

第三节　可逆矩阵

在数字运算中，我们知道如果 $a\neq 0$，则 a 有倒数$\frac{1}{a}$，这样就可以将乘法运算的逆运算——除法定义为$\frac{b}{a}=ba^{-1}=a^{-1}b$. 由第二节可知矩阵有加，减，乘运算，矩阵的乘法是否也类似数字乘法一样有逆运算——除法呢？事实上，根本无法定义矩阵的除法运算，但是对特殊矩阵可以定义类似非零数的倒数的概念——逆矩阵.

一、可逆矩阵的概念及性质

定义 1　设 $\boldsymbol{A}$ 是 n 阶方阵，如果存在 n 阶方阵 $\boldsymbol{B}$，使得 $\boldsymbol{AB}=\boldsymbol{BA}=\boldsymbol{E}$，则称 $\boldsymbol{A}$ 为可逆矩阵，$\boldsymbol{B}$ 为 $\boldsymbol{A}$ 的一个逆矩阵.

例如，(1) $\boldsymbol{A}=\begin{pmatrix}2&3\\1&2\end{pmatrix}$，$\boldsymbol{B}=\begin{pmatrix}2&-3\\-1&2\end{pmatrix}$，则 $\boldsymbol{AB}=\boldsymbol{BA}=\boldsymbol{E}$，所以 $\boldsymbol{A}=\begin{pmatrix}2&3\\1&2\end{pmatrix}$是可逆矩阵，且 $\boldsymbol{B}=\begin{pmatrix}2&-3\\-1&2\end{pmatrix}$为 $\boldsymbol{A}$ 的一个逆矩阵；

(2) $\boldsymbol{A}=\begin{pmatrix}2&0\\0&0\end{pmatrix}$，对任何二阶方阵 $\boldsymbol{B}=\begin{pmatrix}b_{11}&b_{12}\\b_{21}&b_{22}\end{pmatrix}$，$\boldsymbol{AB}=\begin{pmatrix}2b_{11}&2b_{12}\\0&0\end{pmatrix}\neq\boldsymbol{E}$，所以 $\boldsymbol{A}=\begin{pmatrix}2&0\\0&0\end{pmatrix}$是不可逆矩阵.

本节研究的主要问题如下：

① 方阵可逆的条件；

② 方阵可逆时，逆矩阵是否唯一；

③ 方阵可逆时，逆矩阵的求法.

首先讨论方阵可逆时，逆矩阵是否唯一.

设 n 阶方阵 $\boldsymbol{A}$ 是可逆矩阵，且 $\boldsymbol{B}_1$，$\boldsymbol{B}_2$ 都是 $\boldsymbol{A}$ 的逆矩阵，由定义可知 $\boldsymbol{B}_1$，$\boldsymbol{B}_2$ 都适合逆矩阵条件，即

$$\boldsymbol{AB}_1=\boldsymbol{B}_1\boldsymbol{A}=\boldsymbol{E},\ \boldsymbol{AB}_2=\boldsymbol{B}_2\boldsymbol{A}=\boldsymbol{E}.$$

所以

$$\boldsymbol{B}_1=\boldsymbol{B}_1\boldsymbol{E}=\boldsymbol{B}_1(\boldsymbol{AB}_2)=(\boldsymbol{B}_1\boldsymbol{A})\boldsymbol{B}_2=\boldsymbol{EB}_2=\boldsymbol{B}_2.$$

因而有：

定理 1　可逆矩阵的逆矩阵唯一.

n 阶可逆方阵 $\boldsymbol{A}$ 的逆矩阵记为 $\boldsymbol{A}^{-1}$.

定理 2　可逆矩阵具有如下运算性质：

性质 1　设 $\boldsymbol{A}$ 是 n 阶可逆矩阵，则 $\boldsymbol{A}$ 的逆矩阵 $\boldsymbol{A}^{-1}$ 也可逆，且 $(\boldsymbol{A}^{-1})^{-1}=\boldsymbol{A}$.

性质 2 设 $\boldsymbol{A}$ 是 n 阶可逆矩阵，k 是非零数，则 $k\boldsymbol{A}$ 可逆，且 $(k\boldsymbol{A})^{-1}=k^{-1}\boldsymbol{A}^{-1}$.

性质 3 设 $\boldsymbol{A},\boldsymbol{B}$ 都是 n 阶可逆矩阵，则 $\boldsymbol{AB}$ 也可逆，且 $(\boldsymbol{AB})^{-1}=\boldsymbol{B}^{-1}\boldsymbol{A}^{-1}$.

推广 $\boldsymbol{A}_1,\boldsymbol{A}_2,\cdots,\boldsymbol{A}_s$ 都是 n 阶可逆矩阵，则 $\boldsymbol{A}_1\boldsymbol{A}_2\cdots\boldsymbol{A}_s$ 也可逆，且

$$(\boldsymbol{A}_1\boldsymbol{A}_2\cdots\boldsymbol{A}_s)^{-1}=\boldsymbol{A}_s^{-1}\cdots\boldsymbol{A}_2^{-1}\boldsymbol{A}_1^{-1}.$$

特别地，$\boldsymbol{A}$ 为 n 阶可逆矩阵，我们定义 $\boldsymbol{A}^{-m}=\overbrace{\boldsymbol{A}^{-1}\boldsymbol{A}^{-1}\cdots\boldsymbol{A}^{-1}}^{m}$，则 $(\boldsymbol{A}^m)^{-1}=\boldsymbol{A}^{-m}$.

性质 4 设 $\boldsymbol{A}$ 是 n 阶可逆矩阵，则 $\boldsymbol{A}^{\mathrm{T}}$ 也可逆，且 $(\boldsymbol{A}^{\mathrm{T}})^{-1}=(\boldsymbol{A}^{-1})^{\mathrm{T}}$.

性质 5 设 $\boldsymbol{A}_i(i=1,2,\cdots,s)$ 为 n_i 阶可逆方阵，则准对角形矩阵 $\begin{pmatrix}\boldsymbol{A}_1 & & \\ & \ddots & \\ & & \boldsymbol{A}_s\end{pmatrix}$ 可逆，且

$$\begin{pmatrix}\boldsymbol{A}_1 & & \\ & \ddots & \\ & & \boldsymbol{A}_s\end{pmatrix}^{-1}=\begin{pmatrix}\boldsymbol{A}_1^{-1} & & \\ & \ddots & \\ & & \boldsymbol{A}_s^{-1}\end{pmatrix}.$$

特别地，对角形矩阵 $\begin{pmatrix}a_1 & & \\ & \ddots & \\ & & a_s\end{pmatrix}(a_i\neq 0,i=1,2,\cdots,s)$ 可逆，且

$$\begin{pmatrix}a_1 & & \\ & \ddots & \\ & & a_s\end{pmatrix}^{-1}=\begin{pmatrix}a_1^{-1} & & \\ & \ddots & \\ & & a_s^{-1}\end{pmatrix}.$$

性质 6 设 $\boldsymbol{A}$ 是 m 阶可逆矩阵，$\boldsymbol{B},\boldsymbol{C}$ 都是 $m\times n$ 矩阵，且 $\boldsymbol{AB}=\boldsymbol{AC}$，则 $\boldsymbol{B}=\boldsymbol{C}$.

设 $\boldsymbol{A}$ 是 n 阶可逆矩阵，$\boldsymbol{B},\boldsymbol{C}$ 都是 $m\times n$ 矩阵，且 $\boldsymbol{BA}=\boldsymbol{CA}$，则 $\boldsymbol{B}=\boldsymbol{C}$.

特别地：

设 $\boldsymbol{A}$ 是 m 阶可逆矩阵，$\boldsymbol{B}$ 是 $m\times n$ 矩阵，且 $\boldsymbol{AB}=\boldsymbol{O}$，则 $\boldsymbol{B}=\boldsymbol{O}$，

设 $\boldsymbol{A}$ 是 n 阶可逆矩阵，$\boldsymbol{B}$ 是 $m\times n$ 矩阵，且 $\boldsymbol{BA}=\boldsymbol{O}$，则 $\boldsymbol{B}=\boldsymbol{O}$.

由于性质 1～5 的证明均采用了类似方法，所以性质 1 到性质 5 中，只证性质 3.

性质 3 的证明 设 $\boldsymbol{A},\boldsymbol{B}$ 都是 n 阶可逆矩阵，利用矩阵乘法的结合律有

$$(\boldsymbol{AB})(\boldsymbol{B}^{-1}\boldsymbol{A}^{-1})=\boldsymbol{A}(\boldsymbol{BB}^{-1})\boldsymbol{A}^{-1}=\boldsymbol{AEA}^{-1}=\boldsymbol{AA}^{-1}=\boldsymbol{E},$$

$$(\boldsymbol{B}^{-1}\boldsymbol{A}^{-1})(\boldsymbol{AB})=\boldsymbol{B}^{-1}(\boldsymbol{A}^{-1}\boldsymbol{A})\boldsymbol{B}=\boldsymbol{B}^{-1}\boldsymbol{EB}=\boldsymbol{B}^{-1}\boldsymbol{B}=\boldsymbol{E},$$

按照定义，$\boldsymbol{AB}$ 可逆，且 $\boldsymbol{B}^{-1}\boldsymbol{A}^{-1}$ 就是 $\boldsymbol{AB}$ 的逆矩阵，即 $(\boldsymbol{AB})^{-1}=\boldsymbol{B}^{-1}\boldsymbol{A}^{-1}$.

性质 6 的证明 设 $\boldsymbol{A}$ 是 m 阶可逆矩阵，$\boldsymbol{B},\boldsymbol{C}$ 都是 $m\times n$ 矩阵，且 $\boldsymbol{AB}=\boldsymbol{AC}$，等式 $\boldsymbol{AB}=\boldsymbol{AC}$ 两端同时左乘 $\boldsymbol{A}^{-1}$，则

$$\boldsymbol{A}^{-1}(\boldsymbol{AB})=\boldsymbol{A}^{-1}(\boldsymbol{AC}).$$

由结合律有 $(\boldsymbol{A}^{-1}\boldsymbol{A})\boldsymbol{B}=(\boldsymbol{A}^{-1}\boldsymbol{A})\boldsymbol{C}$，即有 $\boldsymbol{B}=\boldsymbol{C}$.

同理可证：若 $\boldsymbol{A}$ 是 n 阶可逆矩阵，$\boldsymbol{B},\boldsymbol{C}$ 都是 $m\times n$ 矩阵，且 $\boldsymbol{BA}=\boldsymbol{CA}$，则 $\boldsymbol{B}=\boldsymbol{C}$.

一般地，矩阵的乘法没有消去律. 但在乘积等式中，乘在同侧相同的可逆矩阵可以消去.

特别地，对于线性方程组 $\boldsymbol{AX}=\boldsymbol{\beta}$，当 $\boldsymbol{A}$ 是 n 阶可逆矩阵时，方程组的解为 $\boldsymbol{X}=\boldsymbol{A}^{-1}\boldsymbol{\beta}$.

注意　$\boldsymbol{A},\boldsymbol{B}$ 都是 n 阶可逆矩阵，$\boldsymbol{A}+\boldsymbol{B}$ 不一定可逆.

例如，$\boldsymbol{A}=\begin{pmatrix}1&0\\0&1\end{pmatrix}$，$\boldsymbol{B}=\begin{pmatrix}1&0\\0&-1\end{pmatrix}$都是可逆矩阵，但是 $\boldsymbol{A}+\boldsymbol{B}=\begin{pmatrix}2&0\\0&0\end{pmatrix}$不可逆.

从性质 3 的证明可以看到，利用定义证明方阵 $\boldsymbol{A}$ 可逆的一种方法：找到一个方阵 $\boldsymbol{B}$，使得 $\boldsymbol{AB}=\boldsymbol{BA}=\boldsymbol{E}$.

例 1　矩阵 $\boldsymbol{A}$ 是 n 阶方阵，且满足 $\boldsymbol{A}^2-2\boldsymbol{A}+3\boldsymbol{E}=\boldsymbol{O}$，证明 $\boldsymbol{A}-3\boldsymbol{E}$ 可逆，并求$(\boldsymbol{A}-3\boldsymbol{E})^{-1}$.

证　由 $\boldsymbol{A}^2-2\boldsymbol{A}+3\boldsymbol{E}=\boldsymbol{O}$，有 $\boldsymbol{A}^2-2\boldsymbol{A}=-3\boldsymbol{E}$. 所以

$$(\boldsymbol{A}-3\boldsymbol{E})(\boldsymbol{A}+\boldsymbol{E})=\boldsymbol{A}^2-2\boldsymbol{A}-3\boldsymbol{E}=-6\boldsymbol{E},$$

同理

$$(\boldsymbol{A}+\boldsymbol{E})(\boldsymbol{A}-3\boldsymbol{E})=-6\boldsymbol{E},$$

所以

$$(\boldsymbol{A}-3\boldsymbol{E})(\boldsymbol{A}+\boldsymbol{E})=(\boldsymbol{A}+\boldsymbol{E})(\boldsymbol{A}-3\boldsymbol{E})=-6\boldsymbol{E},$$

即

$$(\boldsymbol{A}-3\boldsymbol{E})\left[-\frac{1}{6}(\boldsymbol{A}+\boldsymbol{E})\right]=\left[-\frac{1}{6}(\boldsymbol{A}+\boldsymbol{E})\right](\boldsymbol{A}-3\boldsymbol{E})=\boldsymbol{E},$$

因此 $\boldsymbol{A}-3\boldsymbol{E}$ 可逆，且

$$(\boldsymbol{A}-3\boldsymbol{E})^{-1}=\left[-\frac{1}{6}(\boldsymbol{A}+\boldsymbol{E})\right].$$

二、方阵可逆条件及逆矩阵的求法

定理 3　设 $\boldsymbol{A}$ 是 n 阶方阵，$\boldsymbol{\beta}=(b_1,b_2,\cdots,b_n)^{\mathrm{T}}$ 为 n 维列向量，$\boldsymbol{A}$ 为可逆矩阵的充分必要条件是线性方程组 $\boldsymbol{AX}=\boldsymbol{\beta}$ 有唯一解，且唯一解为 $\boldsymbol{X}=\boldsymbol{A}^{-1}\boldsymbol{\beta}$.

定理的证明见本节“读一读”.

推论 1　$\boldsymbol{A}$ 是 n 阶方阵，则 $\boldsymbol{A}$ 可逆的充分必要条件是齐次线性方程组 $\boldsymbol{AX}=\boldsymbol{O}$ 只有零解.

由于 $\boldsymbol{A}$ 是 n 阶方阵时，齐次线性方程组 $\boldsymbol{AX}=\boldsymbol{O}$ 只有零解的充分必要条件是 $\boldsymbol{A}$ 的秩 $r(\boldsymbol{A})=n$，所以有：

推论 2　$\boldsymbol{A}$ 是 n 阶方阵，则 $\boldsymbol{A}$ 可逆的充分必要条件是 $\boldsymbol{A}$ 的秩 $r(\boldsymbol{A})=n$.

又 $\boldsymbol{A}$ 的秩 $r(\boldsymbol{A})=n$ 的充分必要条件是 $\boldsymbol{A}$ 的行最简形有 n 个台阶，再由行最简

形的定义可得：

推论 3 $\boldsymbol{A}$ 是 n 阶方阵，则 $\boldsymbol{A}$ 可逆的充分必要条件是 $\boldsymbol{A}$ 的行最简形矩阵为 n 阶单位矩阵 $\boldsymbol{E}_n$.

例 2 证明二阶方阵 $\boldsymbol{A}=\begin{pmatrix}1&2\\1&3\end{pmatrix}$ 可逆，并求 $\boldsymbol{A}^{-1}$.

解 $$\boldsymbol{A}=\begin{pmatrix}1&2\\1&3\end{pmatrix}\xrightarrow{r_2-r_1}\begin{pmatrix}1&2\\0&1\end{pmatrix},\ r(\boldsymbol{A})=2,$$

所以 $\boldsymbol{A}$ 可逆.

设 $\boldsymbol{A}^{-1}=\begin{pmatrix}x&x_1\\y&y_1\end{pmatrix}$，由于

$$\boldsymbol{A}\boldsymbol{A}^{-1}=\boldsymbol{A}^{-1}\boldsymbol{A}=\boldsymbol{E},$$

所以

$$\boldsymbol{A}\boldsymbol{A}^{-1}=\begin{pmatrix}1&2\\1&3\end{pmatrix}\begin{pmatrix}x&x_1\\y&y_1\end{pmatrix}=\begin{pmatrix}x+2y&x_1+2y_1\\x+3y&x_1+3y_1\end{pmatrix}=\begin{pmatrix}1&0\\0&1\end{pmatrix},$$

则

$$\begin{cases}x+2y=1,\\x+3y=0,\end{cases}\quad\begin{cases}x_1+2y_1=0,\\x_1+3y_1=1,\end{cases}$$

解得

$$\begin{cases}x=3,\\y=-1,\end{cases}\quad\begin{cases}x_1=-2,\\y_1=1.\end{cases}$$

所以

$$\boldsymbol{A}^{-1}=\begin{pmatrix}3&-2\\-1&1\end{pmatrix}.$$

从例子中可以看到，方程组

$$\begin{cases}x+2y=1,\\x+3y=0,\end{cases}\quad\begin{cases}x_1+2y_1=0,\\x_1+3y_1=1\end{cases}$$

的系数矩阵均为

$$\boldsymbol{A}=\begin{pmatrix}1&2\\1&3\end{pmatrix},$$

常数列分别为 $\boldsymbol{\varepsilon}_1=(1,0)^{\mathrm{T}}$，$\boldsymbol{\varepsilon}_2=(0,1)^{\mathrm{T}}$，即 $\boldsymbol{A}^{-1}$ 的列是以 $\boldsymbol{AX}=\boldsymbol{\varepsilon}_i\,(i=1,2)$ 的解为列构成的矩阵.

上面两个线性方程组的系数矩阵相同，只是增广矩阵对应的常数列不同，可以把这两个方程组放在一起解. 即

$$\overline{\boldsymbol{A}}=\begin{pmatrix}1&2&1&0\\1&3&0&1\end{pmatrix}\xrightarrow{r_2-r_1}\begin{pmatrix}1&2&1&0\\0&1&-1&1\end{pmatrix}\xrightarrow{r_1-2r_2}\begin{pmatrix}1&0&3&-2\\0&1&-1&1\end{pmatrix}$$

所以两个方程组的解分别为

$$\begin{cases} x=3, \\ y=-1, \end{cases} \quad \begin{cases} x_1=-2, \\ y_1=1, \end{cases}$$

所以

$$A^{-1}=\begin{pmatrix} 3 & -2 \\ -1 & 1 \end{pmatrix}.$$

用初等行变换求可逆方阵 $\boldsymbol{A}$ 的逆矩阵 $\boldsymbol{A}^{-1}$ 的方法如下：

n 阶方阵 $\boldsymbol{A}$ 可逆时，$\boldsymbol{A}^{-1}$ 的列是以 $\boldsymbol{AX}=\boldsymbol{\varepsilon}_i(i=1,2,\cdots,n)$ 的解为列所构成的矩阵，其中，$\boldsymbol{\varepsilon}_1=(1,0,0,\cdots,0)^{\mathrm{T}}$，$\boldsymbol{\varepsilon}_2=(0,1,0,\cdots,0)^{\mathrm{T}}$，$\cdots$，$\boldsymbol{\varepsilon}_n=(0,\cdots,0,1)^{\mathrm{T}}$ 是 n 维单位坐标向量，分别是单位矩阵 $\boldsymbol{E}$ 的第 $1,2,\cdots,n$ 列. 将系数矩阵相同的 n 个 n 元线性方程组 $\boldsymbol{AX}_1=\boldsymbol{\varepsilon}_1$，$\boldsymbol{AX}_2=\boldsymbol{\varepsilon}_2$，$\cdots$，$\boldsymbol{AX}_n=\boldsymbol{\varepsilon}_n$ 放在一起解，就可得到 $\boldsymbol{A}^{-1}$，即

$$\bar{\boldsymbol{A}}=(\boldsymbol{A},\boldsymbol{E})\xrightarrow{\text{初等行变换}}(\boldsymbol{E},\boldsymbol{A}^{-1}).$$

例 3　已知

$$\boldsymbol{A}=\begin{pmatrix} 1 & 1 & 2 \\ 1 & 1 & 1 \\ 1 & -1 & 2 \end{pmatrix}$$

为可逆矩阵，求 $\boldsymbol{A}^{-1}$.

解　$$(\boldsymbol{A},\boldsymbol{E})=\begin{pmatrix} 1 & 1 & 2 & 1 & 0 & 0 \\ 1 & 1 & 1 & 0 & 1 & 0 \\ 1 & -1 & 2 & 0 & 0 & 1 \end{pmatrix}\xrightarrow[r_3-r_1]{r_2-r_1}\begin{pmatrix} 1 & 1 & 2 & 1 & 0 & 0 \\ 0 & 0 & -1 & -1 & 1 & 0 \\ 0 & -2 & 0 & -1 & 0 & 1 \end{pmatrix}$$

$$\xrightarrow[r_3\times(-1)]{\substack{r_2\leftrightarrow r_3 \\ r_2\times(-1)}}\begin{pmatrix} 1 & 1 & 2 & 1 & 0 & 0 \\ 0 & 2 & 0 & 1 & 0 & -1 \\ 0 & 0 & 1 & 1 & -1 & 0 \end{pmatrix}$$

$$\xrightarrow[r_2\times\frac{1}{2}]{r_1-\frac{1}{2}\times r_2-2r_3}\begin{pmatrix} 1 & 0 & 0 & -\frac{3}{2} & 2 & \frac{1}{2} \\ 0 & 1 & 0 & \frac{1}{2} & 0 & -\frac{1}{2} \\ 0 & 0 & 1 & 1 & -1 & 0 \end{pmatrix}.$$

所以

$$\boldsymbol{A}^{-1}=\begin{pmatrix} -\frac{3}{2} & 2 & \frac{1}{2} \\ \frac{1}{2} & 0 & -\frac{1}{2} \\ 1 & -1 & 0 \end{pmatrix}.$$

例 4 设

$$A=\begin{pmatrix}1&1&2\\1&1&1\\1&-1&2\end{pmatrix},\ B=\begin{pmatrix}1&2\\0&-1\\1&0\end{pmatrix},$$

求矩阵 X,使得 $AX=B$.

解一 由例 3 知道 A 可逆,由于 A 为可逆矩阵,且 $AX=B$,用 A^{-1} 左乘方程 $AX=B$ 两端可得

$$X=A^{-1}B.$$

由例 3 的方法可知,

$$A^{-1}=\begin{pmatrix}-\frac{3}{2}&2&\frac{1}{2}\\\frac{1}{2}&0&-\frac{1}{2}\\1&-1&0\end{pmatrix},$$

所以,

$$X=A^{-1}B=\begin{pmatrix}-\frac{3}{2}&2&\frac{1}{2}\\\frac{1}{2}&0&-\frac{1}{2}\\1&-1&0\end{pmatrix}\begin{pmatrix}1&2\\0&-1\\1&0\end{pmatrix}=\begin{pmatrix}-1&-5\\0&1\\1&3\end{pmatrix}.$$

解二 显然 X 应该是 3×2 矩阵,设

$$X=\begin{pmatrix}x_{11}&x_{12}\\x_{21}&x_{22}\\x_{31}&x_{32}\end{pmatrix}=(X_1,X_2).$$

由于

$$AX=A(X_1,X_2)=(AX_1,AX_2)=\begin{pmatrix}1&2\\0&-1\\1&0\end{pmatrix}\xlongequal{\text{记为}}(\beta_1,\beta_2),$$

所以

$$AX_1=\beta_1,AX_2=\beta_2,$$

其中

$$\beta_1=\begin{pmatrix}1\\0\\1\end{pmatrix},\beta_2=\begin{pmatrix}2\\-1\\0\end{pmatrix}.$$

这两个线性方程组的系数矩阵都是 A,只是增广矩阵对应的常数列不同,与前面例子的方法类似,可以将它们放在一起解.

$$\overline{A}=(A,\beta_1,\beta_2)=\begin{pmatrix}1&1&2&1&2\\1&1&1&0&-1\\1&-1&2&1&0\end{pmatrix}\xrightarrow[r_3-r_1]{r_2-r_1}\begin{pmatrix}1&1&2&1&2\\0&0&-1&-1&-3\\0&-2&0&0&-2\end{pmatrix}$$

$$\xrightarrow[r_3\times(-1)]{\substack{r_2\leftrightarrow r_3\\ r_2\times\left(-\frac{1}{2}\right)}}\begin{pmatrix}1&1&2&1&2\\0&1&0&0&1\\0&0&1&1&3\end{pmatrix}\xrightarrow{r_1-r_2-2r_3}\begin{pmatrix}1&0&0&-1&-5\\0&1&0&0&1\\0&0&1&1&3\end{pmatrix}.$$

所以

$$\begin{cases}x_1=-1,\\x_2=0,\\x_3=1,\end{cases}\quad\begin{cases}y_1=-5,\\y_2=1,\\y_3=3,\end{cases}$$

即

$$X=\begin{pmatrix}-1&-5\\0&1\\1&3\end{pmatrix}.$$

一般地，如果 A 是 n 阶可逆矩阵，B 是 $n\times m$ 矩阵，则矩阵方程 $AX=B$ 的解 $X=A^{-1}B$ 可通过对 $n\times(n+m)$ 矩阵 (A,B) 进行初等行变换得到. 即，

$$(A,B)\xrightarrow{\text{初等行变换}}(E,A^{-1}B).$$

例 5　解矩阵方程 $AX-E=A+X$，其中 $A=\begin{pmatrix}1&0&1\\0&2&0\\-1&0&2\end{pmatrix}$.

解　因为 $AX-E=A+X$，所以

$$(A-E)X=(A+E),$$

$$A-E=\begin{pmatrix}0&0&1\\0&1&0\\-1&0&1\end{pmatrix},\quad A+E=\begin{pmatrix}2&0&1\\0&3&0\\-1&0&3\end{pmatrix}.$$

显然，$r(A-E)=3$，所以 $A-E$ 可逆，因此 $X=(A-E)^{-1}(A+E)$.

$$(A-E,A+E)=\begin{pmatrix}0&0&1&2&0&1\\0&1&0&0&3&0\\-1&0&1&-1&0&3\end{pmatrix}\xrightarrow{r_1\leftrightarrow r_3}\begin{pmatrix}-1&0&1&-1&0&3\\0&1&0&0&3&0\\0&0&1&2&0&1\end{pmatrix}$$

$$\xrightarrow{r_1-r_3}\begin{pmatrix}-1&0&0&-3&0&2\\0&1&0&0&3&0\\0&0&1&2&0&1\end{pmatrix}$$

$$\xrightarrow{r_1\times(-1)}\begin{pmatrix}1&0&0&3&0&-2\\0&1&0&0&3&0\\0&0&1&2&0&1\end{pmatrix}.$$

所以

$$X=\begin{pmatrix}3 & 0 & -2\\ 0 & 3 & 0\\ 2 & 0 & 1\end{pmatrix}.$$

进一步地，$\boldsymbol{A}$ 是 n 阶方阵，$\boldsymbol{B}$ 是 $n\times m$ 矩阵，可以通过对矩阵$(\boldsymbol{A},\boldsymbol{B})$进行初等行变换求解矩阵方程 $\boldsymbol{AX}=\boldsymbol{B}$. 且

(1) $r(\boldsymbol{A},\boldsymbol{B})\neq r(\boldsymbol{A})$时，$\boldsymbol{AX}=\boldsymbol{B}$ 无解；

(2) $r(\boldsymbol{A},\boldsymbol{B})=r(\boldsymbol{A})$时，矩阵方程 $\boldsymbol{AX}=\boldsymbol{B}$ 有解. 如果 $r(\boldsymbol{A},\boldsymbol{B})=r(\boldsymbol{A})=n$，$\boldsymbol{AX}=\boldsymbol{B}$ 有唯一解；$r(\boldsymbol{A},\boldsymbol{B})=r(\boldsymbol{A})<n$，$\boldsymbol{AX}=\boldsymbol{B}$ 有无穷多解.

读一读

定理 3 及推论的证明

定理 3 设 $\boldsymbol{A}$ 是 n 阶方阵，$\boldsymbol{\beta}=(b_1,b_2,\cdots,b_n)^{\mathrm{T}}$ 为 n 维列向量，$\boldsymbol{A}$ 为可逆矩阵的充分必要条件是线性方程组 $\boldsymbol{AX}=\boldsymbol{\beta}$ 有唯一解，且唯一解为 $\boldsymbol{X}=\boldsymbol{A}^{-1}\boldsymbol{\beta}$.

先证必要条件.

设 $\boldsymbol{A}$ 是 n 阶可逆方阵，将 $\boldsymbol{X}=\boldsymbol{A}^{-1}\boldsymbol{\beta}$ 代入方程 $\boldsymbol{AX}=\boldsymbol{\beta}$ 有

$$\boldsymbol{AX}=\boldsymbol{A}(\boldsymbol{A}^{-1}\boldsymbol{\beta})=\boldsymbol{\beta},$$

所以 $\boldsymbol{X}=\boldsymbol{A}^{-1}\boldsymbol{\beta}$ 是 $\boldsymbol{AX}=\boldsymbol{\beta}$ 的解.

如果 $\boldsymbol{AX}=\boldsymbol{\beta}$ 还有另外一组解 $\boldsymbol{X}_1$，则 $\boldsymbol{AX}_1=\boldsymbol{\beta}$，两端左乘 $\boldsymbol{A}^{-1}$ 有

$$\boldsymbol{A}^{-1}\boldsymbol{AX}_1=\boldsymbol{A}^{-1}\boldsymbol{\beta},$$

即 $\boldsymbol{X}_1=\boldsymbol{A}^{-1}\boldsymbol{\beta}$，所以解唯一.

因此 $\boldsymbol{A}$ 可逆时，线性方程组 $\boldsymbol{AX}=\boldsymbol{\beta}$ 有唯一解 $\boldsymbol{X}=\boldsymbol{A}^{-1}\boldsymbol{\beta}$.

再证充分性.

设 $\boldsymbol{A}$ 是 n 阶方阵，且线性方程组 $\boldsymbol{AX}=\boldsymbol{\beta}$ 有唯一解，则 $r(\boldsymbol{A},\boldsymbol{\beta})=r(\boldsymbol{A})=n$，所以 $r(\boldsymbol{A})=n$.

对每个 n 维单位列向量 $\boldsymbol{\varepsilon}_i=(0,\cdots,0,1,0,\cdots,0)^{\mathrm{T}}(i=1,2,\cdots,n)$（列向量 $\boldsymbol{\varepsilon}_i$ 的第 i 个分量为 1，其余分量都为 0，即是单位矩阵的第 i 列），由于矩阵$(\boldsymbol{A},\boldsymbol{\varepsilon}_i)$只有 n 行，故

$$n=r(\boldsymbol{A})\leqslant r(\boldsymbol{A},\boldsymbol{\varepsilon}_i)\leqslant n,$$

即

$$r(\boldsymbol{A},\boldsymbol{\varepsilon}_i)=r(\boldsymbol{A})=n\quad(i=1,2,\cdots,n),$$

所以 n 个线性方程组 $\boldsymbol{AX}=\boldsymbol{\varepsilon}_i$ 都有唯一解，不妨设 $\boldsymbol{\xi}_i$ 为 $\boldsymbol{AX}=\boldsymbol{\varepsilon}_i$ 的解，即 $\boldsymbol{A\xi}_i=\boldsymbol{\varepsilon}_i$ $(i=1,2,\cdots,n)$，以 $\boldsymbol{\xi}_i$ 为列做矩阵 $\boldsymbol{B}=(\boldsymbol{\xi}_1,\boldsymbol{\xi}_2,\cdots,\boldsymbol{\xi}_n)$，则

$$\boldsymbol{AB}=(\boldsymbol{A\xi}_1,\boldsymbol{A\xi}_2,\cdots,\boldsymbol{A\xi}_n)=(\boldsymbol{\varepsilon}_1,\boldsymbol{\varepsilon}_2,\cdots,\boldsymbol{\varepsilon}_n)=E.$$

即存在 n 阶方阵 $\boldsymbol{B}$ 使得 $\boldsymbol{AB}=\boldsymbol{E}$.

由于 $r(\boldsymbol{A}^{\mathrm{T}})=r(\boldsymbol{A})=n$,由以上证明可知,存在 n 阶方阵 $\boldsymbol{C}$ 使得 $\boldsymbol{A}^{\mathrm{T}}\boldsymbol{C}=\boldsymbol{E}$,所以

$$(\boldsymbol{A}^{\mathrm{T}}\boldsymbol{C})^{\mathrm{T}}=\boldsymbol{E}^{\mathrm{T}}=\boldsymbol{E},$$

即 $\boldsymbol{C}^{\mathrm{T}}\boldsymbol{A}=\boldsymbol{E}$. 又

$$\boldsymbol{B}=\boldsymbol{EB}=(\boldsymbol{C}^{\mathrm{T}}\boldsymbol{A})\boldsymbol{B}=\boldsymbol{C}^{\mathrm{T}}(\boldsymbol{AB})=\boldsymbol{C}^{\mathrm{T}}\boldsymbol{E}=\boldsymbol{C}^{\mathrm{T}},$$

所以

$$\boldsymbol{AB}=\boldsymbol{BA}=\boldsymbol{E},$$

即 $\boldsymbol{A}$ 可逆,且由 $\boldsymbol{AX}=\boldsymbol{\varepsilon}_i\,(i=1,2,\cdots,n)$ 的解为列构成的矩阵 $\boldsymbol{B}$ 恰是 $\boldsymbol{A}$ 的逆矩阵 $\boldsymbol{A}^{-1}$.

习 题 2-3

1. 求下列矩阵的逆矩阵:

(1) $\boldsymbol{A}=\begin{pmatrix}1 & -2\\ -1 & 3\end{pmatrix}$; (2) $\boldsymbol{A}=\begin{pmatrix}1 & & \\ & 2 & \\ & & 3\end{pmatrix}$;

(3) $\boldsymbol{A}=\begin{pmatrix}1 & 0 & 1\\ 0 & 1 & 1\\ 1 & 1 & -1\end{pmatrix}$; (4) $\boldsymbol{A}=\begin{pmatrix}1 & 0 & 0 & 0\\ 2 & 1 & 0 & 0\\ 0 & 0 & 2 & 3\\ 0 & 0 & 1 & 2\end{pmatrix}$.

2. 设 $\boldsymbol{A}$ 是 n 阶方阵,且满足 $\boldsymbol{A}^2-5\boldsymbol{A}+\boldsymbol{E}=\boldsymbol{O}$,利用定义证明:$\boldsymbol{A}-3\boldsymbol{E}$ 可逆,并求 $(\boldsymbol{A}-3\boldsymbol{E})^{-1}$.

3. 设 $\boldsymbol{A}$ 是 n 阶方阵,且 $\boldsymbol{A}^k=\boldsymbol{O}$($k$ 为正整数),利用定义证明:$\boldsymbol{E}-\boldsymbol{A}$ 可逆,且 $(\boldsymbol{E}-\boldsymbol{A})^{-1}=\boldsymbol{E}+\boldsymbol{A}+\boldsymbol{A}^2+\cdots+\boldsymbol{A}^{k-1}$.

4. 设 $\boldsymbol{A}$ 是 n 阶方阵,$\boldsymbol{P}$ 是 n 阶可逆矩阵,$\boldsymbol{B}=\boldsymbol{P}^{-1}\boldsymbol{AP}$,证明:(1) $\boldsymbol{B}^k=\boldsymbol{P}^{-1}\boldsymbol{A}^k\boldsymbol{P}\,(k=1,2,\cdots)$;(2) 设 $f(x)=a_mx^m+a_{m-1}x^{m-1}+\cdots+a_1x+a_0$,则 $f(\boldsymbol{B})=\boldsymbol{P}^{-1}f(\boldsymbol{A})\boldsymbol{P}$.

5. 设 $\boldsymbol{A}=\begin{pmatrix}1 & 1 & 1\\ 1 & 0 & 0\\ 1 & -1 & 1\end{pmatrix}$,$\boldsymbol{B}=\begin{pmatrix}1 & 2 & 3\\ 2 & 3 & 4\\ 1 & 4 & 3\end{pmatrix}$,求矩阵 $\boldsymbol{X}$ 使得 $\boldsymbol{AX}=\boldsymbol{B}$.

6. 设 $\boldsymbol{A}=\begin{pmatrix}3 & -1 & 3\\ 1 & 2 & 0\\ 2 & 1 & 2\end{pmatrix}$,$\boldsymbol{B}=\begin{pmatrix}1 & 2 & 0\\ 1 & 2 & 1\\ 2 & 1 & 3\end{pmatrix}$,求矩阵 $\boldsymbol{X}$ 使得 $\boldsymbol{AX}=2\boldsymbol{X}+\boldsymbol{B}$.

7. 设 $\boldsymbol{A},\boldsymbol{B}$ 满足 $\boldsymbol{ABA}=2\boldsymbol{BA}-\boldsymbol{E}$,其中 $\boldsymbol{A}=\begin{pmatrix}1 & & \\ & -2 & \\ & & 1\end{pmatrix}$,求 $\boldsymbol{B}$.

第四节 矩阵的初等变换与初等矩阵

一、初等变换与矩阵的等价

前面已经介绍了矩阵的初等行变换在解方程组时的应用. 实际上,还可以相应定义矩阵的初等列变换.

定义1 称如下3种变换为矩阵的初等列变换:

(1) 交换矩阵中某两列对应元素的位置.

如交换矩阵 $\boldsymbol{A}$ 的 i,j 两列得到 $\boldsymbol{B}$,记为 $\boldsymbol{A}\xrightarrow{c_i\leftrightarrow c_j}\boldsymbol{B}$.

(2) 矩阵的某列的元素都乘一个非零数.

如矩阵 $\boldsymbol{A}$ 的第 i 列元素都乘 $k(k\neq0)$ 得到 $\boldsymbol{B}$,记为 $\boldsymbol{A}\xrightarrow{c_i\times k}\boldsymbol{B}$.

(3) 矩阵的某列元素乘一个数加到另一列对应位置的元素上.

矩阵 $\boldsymbol{A}$ 的第 j 列乘 k 加到第 i 列得到 $\boldsymbol{B}$,记为 $\boldsymbol{A}\xrightarrow{c_i+kc_j}\boldsymbol{B}$.

矩阵的初等行变换和初等列变换统称为矩阵的初等变换.

定义2 如果矩阵 $\boldsymbol{A}$ 经过一系列初等变换得到矩阵 $\boldsymbol{B}$,称矩阵 $\boldsymbol{B}$ 与矩阵 $\boldsymbol{A}$ 等价,记为 $\boldsymbol{B}\sim\boldsymbol{A}$.

显然,矩阵的等价关系具有如下性质.

① 反身性:$\boldsymbol{A}\sim\boldsymbol{A}$;

② 对称性:如果 $\boldsymbol{A}\sim\boldsymbol{B}$,则 $\boldsymbol{B}\sim\boldsymbol{A}$;

③ 传递性:如果 $\boldsymbol{A}\sim\boldsymbol{B}$,$\boldsymbol{B}\sim\boldsymbol{C}$,则 $\boldsymbol{A}\sim\boldsymbol{C}$.

例1 第一章第二节例4中,用初等行变换将给定的矩阵化为行最简形,如果再使用初等列变换,则有

(1) $$\begin{pmatrix}1&2&2&7\\1&1&1&4\\0&1&3&7\end{pmatrix}\xrightarrow{\text{初等行变换}}\begin{pmatrix}1&0&0&1\\0&1&0&1\\0&0&1&2\end{pmatrix}\xrightarrow{c_4-c_1-c_2-2c_3}\begin{pmatrix}1&0&0&0\\0&1&0&0\\0&0&1&0\end{pmatrix}.$$

(2) $$\begin{pmatrix}2&-1&3&1\\4&-2&5&4\\2&-1&4&-1\end{pmatrix}\xrightarrow{\text{初等行变换}}\begin{pmatrix}1&-\frac{1}{2}&0&\frac{7}{2}\\0&0&1&-2\\0&0&0&0\end{pmatrix}$$

$$\xrightarrow{c_2\leftrightarrow c_3}\begin{pmatrix}1&0&-\frac{1}{2}&\frac{7}{2}\\0&1&0&-2\\0&0&0&0\end{pmatrix}\xrightarrow[c_4-\frac{7}{2}c_1+2c_2]{c_3+\frac{1}{2}c_1}\begin{pmatrix}1&0&0&0\\0&1&0&0\\0&0&0&0\end{pmatrix}.$$

定理1 任何一个 $m\times n$ 矩阵 $\boldsymbol{A}$ 都可以通过初等变换化为

$$\begin{pmatrix} E_r & O_{r\times(n-r)} \\ O_{(m-r)\times r} & O_{(m-r)\times(n-r)} \end{pmatrix}$$

型矩阵，其中 r 为矩阵 $\boldsymbol{A}$ 的秩. 将其简记为 $\begin{pmatrix} E_r & O \\ O & O \end{pmatrix}$，称 $\begin{pmatrix} E_r & O \\ O & O \end{pmatrix}$ 为矩阵 $\boldsymbol{A}$ 的等价标准形.

显然 $r\leqslant m, r\leqslant n$.

如果 $r=m<n$，则矩阵 $\boldsymbol{A}$ 的等价标准形为 $(\boldsymbol{E}_m \quad \boldsymbol{O})$，则称 $\boldsymbol{A}$ 为行满秩矩阵；

如果 $r=n<m$，则矩阵 $\boldsymbol{A}$ 的等价标准形为 $\begin{pmatrix} E_n \\ O \end{pmatrix}$，则称 $\boldsymbol{A}$ 为列满秩矩阵；

如果 $r=m=n$，则矩阵 $\boldsymbol{A}$ 的等价标准形为 $\boldsymbol{E}_n$，则称 $\boldsymbol{A}$ 为满秩矩阵. 显然 $\boldsymbol{A}$ 为满秩矩阵的充分必要条件是 $\boldsymbol{A}$ 为可逆矩阵.

推论 1　两个 $m\times n$ 矩阵 $\boldsymbol{A}$ 和 $\boldsymbol{B}$ 等价当且仅当它们有相同的等价标准形.

推论 2　两个 $m\times n$ 矩阵 $\boldsymbol{A}$ 和 $\boldsymbol{B}$ 等价当且仅当它们有相同的秩.

二、初等矩阵介绍

在初等变换之下，一个矩阵与变换后的矩阵等价. 在一些问题的研究中，我们需要知道变换前后两个矩阵之间的具体等量关系.

例 2　已知

$$\boldsymbol{A}=\begin{pmatrix} a_{11} & a_{12} & a_{13} \\ a_{21} & a_{22} & a_{23} \\ a_{31} & a_{32} & a_{33} \end{pmatrix},\ \boldsymbol{P}(1,2)=\begin{pmatrix} 0 & 1 & 0 \\ 1 & 0 & 0 \\ 0 & 0 & 1 \end{pmatrix},$$

$$\boldsymbol{P}(3(c))=\begin{pmatrix} 1 & & \\ & 1 & \\ & & c \end{pmatrix}(c\neq 0),\ \boldsymbol{P}(1,3(k))=\begin{pmatrix} 1 & 0 & k \\ 0 & 1 & 0 \\ 0 & 0 & 1 \end{pmatrix},$$

求 $\boldsymbol{P}(1,2)\boldsymbol{A}, \boldsymbol{AP}(1,2), \boldsymbol{P}(3(c))\boldsymbol{A}, \boldsymbol{AP}(3(c)), \boldsymbol{P}(1,3(k))\boldsymbol{A}, \boldsymbol{AP}(1,3(k))$.

解　$$\boldsymbol{P}(1,2)\boldsymbol{A}=\begin{pmatrix} 0 & 1 & 0 \\ 1 & 0 & 0 \\ 0 & 0 & 1 \end{pmatrix}\begin{pmatrix} a_{11} & a_{12} & a_{13} \\ a_{21} & a_{22} & a_{23} \\ a_{31} & a_{32} & a_{33} \end{pmatrix}=\begin{pmatrix} a_{21} & a_{22} & a_{23} \\ a_{11} & a_{12} & a_{13} \\ a_{31} & a_{32} & a_{33} \end{pmatrix};$$

$$\boldsymbol{AP}(1,2)=\begin{pmatrix} a_{11} & a_{12} & a_{13} \\ a_{21} & a_{22} & a_{23} \\ a_{31} & a_{32} & a_{33} \end{pmatrix}\begin{pmatrix} 0 & 1 & 0 \\ 1 & 0 & 0 \\ 0 & 0 & 1 \end{pmatrix}=\begin{pmatrix} a_{12} & a_{11} & a_{13} \\ a_{22} & a_{21} & a_{23} \\ a_{32} & a_{31} & a_{33} \end{pmatrix};$$

$$\boldsymbol{P}(3(c))\boldsymbol{A}=\begin{pmatrix} 1 & & \\ & 1 & \\ & & c \end{pmatrix}\begin{pmatrix} a_{11} & a_{12} & a_{13} \\ a_{21} & a_{22} & a_{23} \\ a_{31} & a_{32} & a_{33} \end{pmatrix}=\begin{pmatrix} a_{11} & a_{12} & a_{13} \\ a_{21} & a_{22} & a_{23} \\ ca_{31} & ca_{32} & ca_{33} \end{pmatrix};$$

$$\boldsymbol{AP}(3(c))=\begin{pmatrix}a_{11}&a_{12}&a_{13}\\a_{21}&a_{22}&a_{23}\\a_{31}&a_{32}&a_{33}\end{pmatrix}\begin{pmatrix}1&&\\&1&\\&&c\end{pmatrix}=\begin{pmatrix}a_{11}&a_{12}&ca_{13}\\a_{21}&a_{22}&ca_{23}\\a_{31}&a_{32}&ca_{33}\end{pmatrix};$$

$$\boldsymbol{P}(1,3(k))\boldsymbol{A}=\begin{pmatrix}1&0&k\\0&1&0\\0&0&1\end{pmatrix}\begin{pmatrix}a_{11}&a_{12}&a_{13}\\a_{21}&a_{22}&a_{23}\\a_{31}&a_{32}&a_{33}\end{pmatrix}$$

$$=\begin{pmatrix}a_{11}+ka_{31}&a_{12}+ka_{32}&a_{13}+ka_{33}\\a_{21}&a_{22}&a_{23}\\a_{31}&a_{32}&a_{33}\end{pmatrix};$$

$$\boldsymbol{AP}(1,3(k))=\begin{pmatrix}a_{11}&a_{12}&a_{13}\\a_{21}&a_{22}&a_{23}\\a_{31}&a_{32}&a_{33}\end{pmatrix}\begin{pmatrix}1&0&k\\0&1&0\\0&0&1\end{pmatrix}=\begin{pmatrix}a_{11}&a_{12}&a_{13}+ka_{11}\\a_{21}&a_{22}&a_{23}+ka_{21}\\a_{31}&a_{32}&a_{33}+ka_{31}\end{pmatrix}.$$

上面的 6 个关于矩阵乘积的结果都是对矩阵 $\boldsymbol{A}$ 进行了一次初等变换的结果,而

$$\boldsymbol{P}(1,2)=\begin{pmatrix}0&1&0\\1&0&0\\0&0&1\end{pmatrix},\ \boldsymbol{P}(3(c))=\begin{pmatrix}1&&\\&1&\\&&c\end{pmatrix}(c\neq0),\ \boldsymbol{P}(1,3(k))=\begin{pmatrix}1&0&k\\0&1&0\\0&0&1\end{pmatrix}$$

也刚好是单位矩阵经过一次初等变换得到的矩阵,用它们左乘 $\boldsymbol{A}$ 相当于对 $\boldsymbol{A}$ 进行相应的初等行变换,用它们右乘 $\boldsymbol{A}$ 相当于对 $\boldsymbol{A}$ 进行相应的初等列变换.

定义 3 由单位矩阵 $\boldsymbol{E}$ 经过一次初等变换得到的矩阵称为初等矩阵.

相对于矩阵的 3 种初等变换,初等矩阵也有 3 种.

(1) $\boldsymbol{P}(i,j)$表示单位矩阵 $\boldsymbol{E}$ 交换 i,j 两行(或两列)得到的初等矩阵;

(2) $\boldsymbol{P}(i(c))$表示单位矩阵 $\boldsymbol{E}$ 的第 i 行(或第 i 列)乘一个非零常数 c 得到的初等矩阵;

(3) $\boldsymbol{P}(i,j(k))$表示单位矩阵 $\boldsymbol{E}$ 的第 j 行(第 i 列)元素乘以 k 加到第 i 行(第 j 列)对应位置的元素上得到的初等矩阵.

例如,4 阶初等矩阵

$$\boldsymbol{P}(2,1(k))=\begin{pmatrix}1&&&\\k&1&&\\&&1&\\&&&1\end{pmatrix}$$

是由 4 阶单位矩阵

$$\boldsymbol{E}_4=\begin{pmatrix}1&&&\\&1&&\\&&1&\\&&&1\end{pmatrix}$$

经过一次初等行变换——第 1 行元素乘以 k 加到第 2 行的对应位置元素上得到的；也是 $\boldsymbol{E}_4$ 经过一次初等列变换——第 2 列元素乘以 k 加到第 1 列的对应位置元素上得到的.

又如，三阶初等矩阵

$$\boldsymbol{P}(2,3)=\begin{pmatrix}1&0&0\\0&0&1\\0&1&0\end{pmatrix}$$

是由三阶单位矩阵

$$\boldsymbol{E}_3=\begin{pmatrix}1&&\\&1&\\&&1\end{pmatrix}$$

经过一次初等行变换——第 2 行元素与第 3 行对应位置元素互换得到的；也是 $\boldsymbol{E}_3$ 经过一次初等列变换——第 2 列元素与第 3 列对应位置元素互换得到的.

定理 2　初等矩阵都是可逆矩阵，它们的逆矩阵仍是初等矩阵，且

$\boldsymbol{P}(i,j)^{-1}=\boldsymbol{P}(i,j)$，$\boldsymbol{P}(i(c))^{-1}=\boldsymbol{P}(i(c^{-1}))$，$\boldsymbol{P}(i,j(k))^{-1}=\boldsymbol{P}(i,j(-k))$.

直接验证即可.

由例 2 可以看到初等矩阵与初等变换之间具有如下关系：

定理 3　设 $\boldsymbol{A}$ 是一个 $m\times n$ 矩阵，$\boldsymbol{A}$ 左乘一个 m 阶初等矩阵等价于对 $\boldsymbol{A}$ 作一次相应的初等行变换，$\boldsymbol{A}$ 右乘一个 n 阶初等矩阵等价于于对 $\boldsymbol{A}$ 作一次相应的初等列变换.

分别设出 3 种初等矩阵，直接利用矩阵乘积即可证得结论.

由定理 3 和定理 1 直接可得：

定理 4　设 $\boldsymbol{A}$ 是秩为 r 的 $m\times n$ 矩阵，则存在一系列的 m 阶初等矩阵 $\boldsymbol{F}_1$，$\boldsymbol{F}_2$，…，$\boldsymbol{F}_S$ 和 n 阶初等矩阵 $\boldsymbol{G}_1$，$\boldsymbol{G}_2$，…，$\boldsymbol{G}_t$，使得

$$\boldsymbol{F}_S\cdots\boldsymbol{F}_2\boldsymbol{F}_1\boldsymbol{A}\boldsymbol{G}_1\boldsymbol{G}_2\cdots\boldsymbol{G}_t=\begin{pmatrix}\boldsymbol{E}_r&\boldsymbol{O}\\\boldsymbol{O}&\boldsymbol{O}\end{pmatrix}.$$

因为初等矩阵都可逆，且初等矩阵的逆矩阵仍是初等矩阵，令

$$\boldsymbol{P}_k=\boldsymbol{F}_k^{-1}(k=1,2,\cdots,s),\quad \boldsymbol{Q}_i=\boldsymbol{G}_i^{-1}(i=1,2,\cdots,t),$$

就可以将定理叙述为：

推论 1　设 $\boldsymbol{A}$ 是秩为 r 的 $m\times n$ 矩阵，则存在一系列的 m 阶初等矩阵 $\boldsymbol{P}_1$，$\boldsymbol{P}_2$，…，$\boldsymbol{P}_S$ 和 n 阶初等矩阵 $\boldsymbol{Q}_1$，$\boldsymbol{Q}_2$，…，$\boldsymbol{Q}_t$，使得

$$A=P_1P_2\cdots P_S\begin{pmatrix}E_r & O\\ O & O\end{pmatrix}Q_t\cdots Q_2Q_1.$$

由于 n 阶方阵 A 可逆的充分必要条件是 A 的秩 $r(A)=n$，所以有如下推论：

推论 2 n 阶方阵 A 可逆当且仅当 A 可以写成一些初等矩阵的乘积.

由于可逆矩阵的乘积仍为可逆矩阵，令 $P=P_1P_2\cdots P_S$，$Q=Q_t\cdots Q_2Q_1$，则有：

推论 3 A 是秩为 r 的 $m\times n$ 矩阵，则存在 m 阶可逆矩阵 P 和 n 阶可逆矩阵 Q，使得

$$A=P\begin{pmatrix}E_r & O\\ O & O\end{pmatrix}Q.$$

推论 4 两个 $m\times n$ 矩阵 A 与 B 等价当且仅当存在 m 阶可逆矩阵 P 与 n 阶可逆矩阵 Q，使得 $A=PBQ$.

读一读

由定理 4 的推论 2 可得：如果 n 阶方阵 A 可逆，则存在一系列的初等矩阵 P_1，P_2，…，P_S，使得 $A=P_S\cdots P_2P_1$，由于初等矩阵 P_1，P_2，…，P_S 都可逆，即有

$$P_1^{-1}P_2^{-1}\cdots P_S^{-1}A=E.$$

令

$$P_s^{-1}=Q_1,P_{s-1}^{-1}=Q_2,\cdots,P_1^{-1}=Q_s,$$

它们还是初等矩阵，即存在初等矩阵 Q_1，Q_2，…，Q_S 使得 $(Q_S\cdots Q_2Q_1)A=E$，所以有 $A^{-1}=Q_S\cdots Q_2Q_1=Q_S\cdots Q_2Q_1E$.

比较 $(Q_S\cdots Q_2Q_1)A=E$ 和 $Q_S\cdots Q_2Q_1E=A^{-1}$ 可得：对 n 阶可逆方阵 A 作一系列初等行变换将 A 化为单位矩阵 E，而对单位矩阵 E 进行完全同样的初等行变换可将其化为 A^{-1}.

这与利用线性方程组得到求逆矩阵方法 $(A,E)\xrightarrow{\text{初等行变换}}(E,A^{-1})$ 是一致的.

习 题 2-4

1. 先用初等行变换化下列矩阵为行最简形，再用初等列变换将其化为等价标准形：

(1) $A=\begin{pmatrix}1&1&3&1\\1&3&2&5\\2&2&6&7\\2&4&5&6\end{pmatrix}$；　(2) $A=\begin{pmatrix}1&3&0&2\\-1&1&2&-1\\3&1&-4&4\end{pmatrix}$；

(3) $A=\begin{pmatrix}1&1&-1\\-1&1&1\\1&-1&1\end{pmatrix}$.

*2. 已知 $\boldsymbol{A}=\begin{pmatrix}1&1&0\\0&1&1\\1&0&1\end{pmatrix}$，$\boldsymbol{P}_1=\begin{pmatrix}0&1&0\\1&0&0\\0&0&1\end{pmatrix}$，$\boldsymbol{P}_2=\begin{pmatrix}1&&\\&1&\\&&2\end{pmatrix}$，$\boldsymbol{P}_3=\begin{pmatrix}1&2&0\\0&1&0\\0&0&1\end{pmatrix}$

求：(1) $\boldsymbol{P}_1^{2009}\boldsymbol{A}\boldsymbol{P}_3$；(2) $\boldsymbol{P}_2\boldsymbol{A}\boldsymbol{P}_1^{2009}$.

第二章补充题

1. 设 $\boldsymbol{A}^{-1}\boldsymbol{X}\boldsymbol{A}=6\boldsymbol{A}+\boldsymbol{X}\boldsymbol{A}$，其中 $\boldsymbol{A}=\begin{pmatrix}\frac{1}{3}&0&0\\0&\frac{1}{4}&0\\0&0&\frac{1}{7}\end{pmatrix}$，求 $\boldsymbol{X}$.

2. 设 $\boldsymbol{A}=\begin{pmatrix}2&0&0&0\\0&2&0&0\\1&0&2&0\\1&-3&0&2\end{pmatrix}$，且 $\boldsymbol{A}\boldsymbol{B}\boldsymbol{A}^{-1}=\boldsymbol{B}\boldsymbol{A}^{-1}+6\boldsymbol{E}$，求 $\boldsymbol{B}$.

3. $\boldsymbol{A}$，$\boldsymbol{B}$ 都为 n 阶方阵，且 $\boldsymbol{A}+\boldsymbol{B}=\boldsymbol{A}\boldsymbol{B}$，证明：(1) $\boldsymbol{A}-\boldsymbol{E}$ 可逆；(2) $\boldsymbol{A}\boldsymbol{B}=\boldsymbol{B}\boldsymbol{A}$.

4. 设 $\boldsymbol{A}$ 是秩为 1 的三阶方阵，证明：存在不全为零的数 a_1,a_2,a_3 和不全为零的数 b_1,b_2,b_3，使得 $\boldsymbol{A}=\begin{pmatrix}a_1b_1&a_1b_2&a_1b_3\\a_2b_1&a_2b_2&a_2b_3\\a_3b_1&a_3b_2&a_3b_3\end{pmatrix}$，并求 $\boldsymbol{A}^{100}$.

5. 设 $\boldsymbol{A}$ 是 n 阶可逆方阵，且各行元素之和都是 1，$\boldsymbol{\alpha}=(1,1,\cdots,1)^{\mathrm{T}}$，证明：(1) $\boldsymbol{A}\boldsymbol{\alpha}=\boldsymbol{\alpha}$；(2) $\boldsymbol{A}^{-1}$ 各行元素之和也都是 1；(3) 如果 $\boldsymbol{A}$ 是 n 阶可逆方阵，且各行元素之和都是 $k(k\neq 0)$，求 $\boldsymbol{A}\boldsymbol{\alpha}$ 及 $\boldsymbol{A}^{-1}\boldsymbol{\alpha}$.

6. 已知 $\boldsymbol{A}=(a_{ij})_{3\times 3}$ 可逆，将 $\boldsymbol{A}$ 的第 2 列加上第 3 列的 5 倍，然后第 1 列减去第 2 列的 2 倍得到 $\boldsymbol{B}$，求 $\boldsymbol{B}^{-1}\boldsymbol{A}$.

自　测　题　2

1. 判断题(每题 3 分，共 15 分)：

(1) $\boldsymbol{A}$ 是 n 阶方阵，如果 $\boldsymbol{A}^2=\boldsymbol{A}$，且 $\boldsymbol{A}\neq\boldsymbol{E}$，则 $\boldsymbol{A}=\boldsymbol{O}$；　(　　)

(2) $\boldsymbol{A}$ 是 n 阶方阵，则 $(\boldsymbol{A}+\boldsymbol{B})(\boldsymbol{A}-\boldsymbol{B})=\boldsymbol{A}^2-\boldsymbol{B}^2$；　(　　)

(3) $\boldsymbol{A}$ 是 n 阶方阵，则 $(\boldsymbol{A}+\boldsymbol{E})(\boldsymbol{A}-\boldsymbol{E})=\boldsymbol{A}^2-\boldsymbol{E}$；　(　　)

(4) $\boldsymbol{A}$，$\boldsymbol{B}$，$\boldsymbol{C}$ 都是 n 阶方阵，则 $\boldsymbol{A}(\boldsymbol{B}-\boldsymbol{C})=\boldsymbol{A}\boldsymbol{B}-\boldsymbol{C}\boldsymbol{A}$；　(　　)

(5) $\boldsymbol{A}$，$\boldsymbol{B}$，$\boldsymbol{C}$ 都是 n 阶方阵，满足 $\boldsymbol{A}\boldsymbol{B}=\boldsymbol{A}\boldsymbol{C}$，且 $\boldsymbol{A}$ 可逆，则 $\boldsymbol{B}=\boldsymbol{C}$.　(　　)

2. 填空题(每题 4 分,共 20 分):

(1) $\boldsymbol{\alpha}=(1,1,2)$, $\boldsymbol{\beta}=\begin{pmatrix}-1\\2\\-1\end{pmatrix}$, 则 $\boldsymbol{\alpha\beta}=$ ________, $\boldsymbol{\beta\alpha}=$ ________, $(\boldsymbol{\beta\alpha})^{2009}=$ ________.

(2) 已知 $\boldsymbol{A}=\begin{pmatrix}2&3&6\\-1&3&5\end{pmatrix}$, $\boldsymbol{B}=\begin{pmatrix}3&2&4\\1&-3&5\end{pmatrix}$, 且 $3(\boldsymbol{X}-\boldsymbol{A})=-2(\boldsymbol{B}+\boldsymbol{X})$, 则 $\boldsymbol{X}=$ ________.

(3) $\boldsymbol{A}=\begin{pmatrix}1&&\\&-2&\\&&0\end{pmatrix}$, $f(x)=2x^2-x+1$, 则 $f(\boldsymbol{A})=$ ________.

(4) 线性方程组 $\begin{cases}2x_1-x_2+3x_3=1\\x_1+2x_2-x_3=2\end{cases}$ 的矩阵乘积表示为________;向量线性组合表示为________.

(5) $\boldsymbol{B}=\begin{pmatrix}\boldsymbol{B}_1\\\boldsymbol{B}_2\end{pmatrix}$, 则 $\boldsymbol{B}^{\mathrm{T}}=$ ________.

3. 计算矩阵(各 5 分,共 15 分):

设 $\boldsymbol{A}=\begin{pmatrix}1&0&1\\0&1&1\\1&1&-1\end{pmatrix}$, $\boldsymbol{B}=\begin{pmatrix}1&-1&0\\0&1&2\\0&2&3\end{pmatrix}$, 求(1) $\boldsymbol{AB}$;(2) $\boldsymbol{BA}$;(3) $\boldsymbol{A}^{\mathrm{T}}\boldsymbol{B}^{\mathrm{T}}$.

4. 如果 $\boldsymbol{AB}=\boldsymbol{BA}$,则称矩阵 $\boldsymbol{B}$ 与 $\boldsymbol{A}$ 可交换,求与矩阵 $\boldsymbol{A}$ 可交换的矩阵具有的形式.(10 分)

$$\boldsymbol{A}=\begin{pmatrix}-1&0&0&0\\0&2&0&0\\0&0&1&0\\0&0&1&1\end{pmatrix}.$$

5. 求矩阵 $\boldsymbol{A}$ 的逆矩阵(10 分):

$$\boldsymbol{A}=\begin{pmatrix}0&1&1\\1&0&1\\1&1&0\end{pmatrix}.$$

6. 设 $\boldsymbol{A}^{-1}\boldsymbol{XA}=6\boldsymbol{A}+\boldsymbol{XA}$, 其中 $\boldsymbol{A}=\begin{pmatrix}\frac{1}{3}&0&0\\0&\frac{1}{4}&0\\0&0&\frac{1}{7}\end{pmatrix}$, 求 $\boldsymbol{X}$.(10 分)

7. 设 $\boldsymbol{A}$ 是 n 阶方阵，且满足 $\boldsymbol{A}^2-\boldsymbol{A}+\boldsymbol{E}=\boldsymbol{O}$，利用定义证明：$\boldsymbol{A}+2\boldsymbol{E}$ 可逆，并求 $(\boldsymbol{A}+2\boldsymbol{E})^{-1}$.（10 分）

8. 设 $\boldsymbol{A}=\begin{pmatrix} a_{11} & a_{12} & a_{13} \\ a_{21} & a_{22} & a_{23} \\ a_{31} & a_{32} & a_{33} \end{pmatrix}$，且 $\boldsymbol{A}^{\mathrm{T}}\boldsymbol{A}=\boldsymbol{O}$，证明 $\boldsymbol{A}=\boldsymbol{O}$. * 试将结论推广到 $\boldsymbol{A}$ 是 n 阶方阵的情况.（10 分）

第三章 行 列 式

行列式是线性代数的另一个基本工具，它产生于解线性方程组的过程之中，利用行列式可以给出一类特殊形式的线性方程组的公式解. 行列式不仅是研究线性方程组的基本工具，也是讨论向量、矩阵和二次型的重要工具之一.

第一节 二、三阶行列式

一、二阶行列式

设二元线性方程组为

$$\begin{cases} a_{11}x_1+a_{12}x_2=b_1, & ① \\ a_{21}x_1+a_{22}x_2=b_2, & ② \end{cases} \tag{1}$$

对方程组进行消元 $a_{22}\times①-a_{12}\times②$，有

$$(a_{11}a_{22}-a_{12}a_{21})x_1=b_1a_{22}-a_{12}b_2.$$

当 $a_{11}a_{22}-a_{12}a_{21}\neq 0$ 时，有

$$x_1=\frac{b_1a_{22}-a_{12}b_2}{a_{11}a_{22}-a_{12}a_{21}}.$$

类似地，对方程组进行消元 $a_{11}\times②-a_{21}\times①$，有

$$(a_{11}a_{22}-a_{12}a_{21})x_2=a_{11}b_2-a_{21}b_1.$$

当 $a_{11}a_{22}-a_{12}a_{21}\neq 0$ 时，有

$$x_2=\frac{a_{11}b_2-b_1a_{21}}{a_{11}a_{22}-a_{12}a_{21}}.$$

为了便于记忆，我们引入记号：

$$\begin{vmatrix} a_{11} & a_{12} \\ a_{21} & a_{22} \end{vmatrix}=a_{11}a_{22}-a_{12}a_{21},$$

这样，$b_1a_{22}-a_{12}b_2$ 可以记为 $\begin{vmatrix} b_1 & a_{12} \\ b_2 & a_{22} \end{vmatrix}$，$a_{11}b_2-b_1a_{21}$ 可以记为 $\begin{vmatrix} a_{11} & b_1 \\ a_{21} & b_2 \end{vmatrix}$.

定义 1　称 $\begin{vmatrix} a_{11} & a_{12} \\ a_{21} & a_{22} \end{vmatrix} = a_{11}a_{22} - a_{12}a_{21}$ 为二阶行列式.

注　二阶行列式是一个数值，这是行列式与矩阵的本质区别.

可以利用对角线记忆二阶行列式的定义：

$$\begin{vmatrix} a_{11} & a_{12} \\ a_{21} & a_{22} \end{vmatrix} = a_{11}a_{22} - a_{12}a_{21}.$$

归纳上面结论得：

定理 1　当方程组(1)的系数行列式 $\begin{vmatrix} a_{11} & a_{12} \\ a_{21} & a_{22} \end{vmatrix} \neq 0$ 时，方程组有唯一解：

$$x_1 = \frac{D_1}{D},\ x_2 = \frac{D_2}{D}, \tag{2}$$

其中，$D_1 = \begin{vmatrix} b_1 & a_{12} \\ b_2 & a_{22} \end{vmatrix}$，$D_2 = \begin{vmatrix} a_{11} & b_1 \\ a_{21} & b_2 \end{vmatrix}$ 分别是以 b_1，b_2 换掉 $\begin{vmatrix} a_{11} & a_{12} \\ a_{21} & a_{22} \end{vmatrix}$ 中的第 1 列和第 2 列元素得到的. 这组解称为方程组(1)的公式解.

例 1　计算下列行列式：

(1) $\begin{vmatrix} a & b \\ c & d \end{vmatrix}$；　　(2) $\begin{vmatrix} \cos\theta & \sin\theta \\ -\sin\theta & \cos\theta \end{vmatrix}$.

解　(1) $\begin{vmatrix} a & b \\ c & d \end{vmatrix} = ad - bc$；

(2) $\begin{vmatrix} \cos\theta & \sin\theta \\ -\sin\theta & \cos\theta \end{vmatrix} = \cos^2\theta + \sin^2\theta = 1.$

例 2　解线性方程组

$$\begin{cases} x_1 + 3x_2 = 1, \\ 2x_1 + 7x_2 = -2. \end{cases}$$

解

$$D = \begin{vmatrix} 1 & 3 \\ 2 & 7 \end{vmatrix} = 7 - 6 = 1 \neq 0,$$

$$D_1 = \begin{vmatrix} 1 & 3 \\ -2 & 7 \end{vmatrix} = 7 + 6 = 13,$$

$$D_2 = \begin{vmatrix} 1 & 1 \\ 2 & -2 \end{vmatrix} = -2 - 2 = -4,$$

所以 $x_1 = \frac{D_1}{D} = 13$，$x_2 = \frac{D_2}{D} = -4$.

二、三阶行列式

对于线性方程组

$$\begin{cases} a_{11}x_1+a_{12}x_2+a_{13}x_3=b_1, & ① \\ a_{21}x_1+a_{22}x_2+a_{23}x_3=b_2, & ② \\ a_{31}x_1+a_{32}x_2+a_{33}x_3=b_3, & ③ \end{cases} \tag{3}$$

也可以利用消元法给出方程组(3)的与公式(2)类似的公式解.

利用消元法在方程组(3)中消去 x_1, x_2 可以得到:

$$(a_{11}a_{22}a_{33}+a_{12}a_{23}a_{31}+a_{13}a_{21}a_{32}-a_{11}a_{23}a_{32}-a_{12}a_{21}a_{33}-a_{13}a_{22}a_{31})x_3=$$
$$a_{11}a_{22}b_3+a_{12}b_2a_{31}+b_1a_{21}a_{32}-a_{11}b_2a_{32}-a_{12}a_{21}b_3-b_1a_{22}a_{31}.$$

当 $a_{11}a_{22}a_{33}+a_{12}a_{23}a_{31}+a_{13}a_{21}a_{32}-a_{11}a_{23}a_{32}-a_{12}a_{21}a_{33}-a_{13}a_{22}a_{31}\neq 0$ 时,有

$$x_3=\frac{a_{11}a_{22}b_3+a_{12}b_2a_{31}+b_1a_{21}a_{32}-a_{11}b_2a_{32}-a_{12}a_{21}b_3-b_1a_{22}a_{31}}{a_{11}a_{22}a_{33}+a_{12}a_{23}a_{31}+a_{13}a_{21}a_{32}-a_{11}a_{23}a_{32}-a_{12}a_{21}a_{33}-a_{13}a_{22}a_{31}}. \tag{4}$$

表达式(4)的分子就是将分母中的 a_{13}, a_{23}, a_{33} 分别换为 b_1, b_2, b_3 得到的代数式. 我们引入三阶行列式定义表示式(4)分母和分子这样的乘积的代数和.

定义 2 称由 3 行 3 列构成的数表

$$D=\begin{vmatrix} a_{11} & a_{12} & a_{13} \\ a_{21} & a_{22} & a_{23} \\ a_{31} & a_{32} & a_{33} \end{vmatrix}$$

为三阶行列式,并定义其值为

$$D=a_{11}a_{22}a_{33}+a_{12}a_{23}a_{31}+a_{13}a_{21}a_{32}-a_{11}a_{23}a_{32}-a_{12}a_{21}a_{33}-a_{13}a_{22}a_{31}.$$

我们常将该三阶行列式简记为

$$D=|a_{ij}|_3.$$

为了便于大家记忆,也可以用对角线的方法记三阶行列式的值.

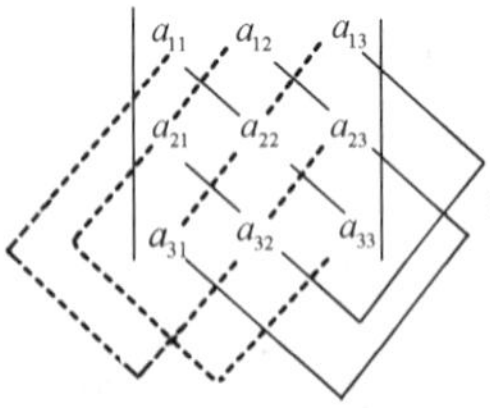

$$=a_{11}a_{22}a_{33}+a_{12}a_{23}a_{31}+a_{13}a_{21}a_{32}-$$
$$a_{11}a_{23}a_{32}-a_{12}a_{21}a_{33}-a_{13}a_{22}a_{31}.$$

例如，

$$\begin{vmatrix} 1 & 2 & 1 \\ -1 & 0 & 1 \\ 2 & 3 & 2 \end{vmatrix} = 1\cdot 0\cdot 2+2\cdot 1\cdot 2+1\cdot(-1)\cdot 3-1\cdot 0\cdot 2- 2\cdot(-1)\cdot 2-1\cdot 3\cdot 1 =4-3+2-3=2.$$

为了推广二、三阶行列式，得到 n 阶行列式的定义，需要先寻找二、三阶行列式之间的关系与二、三阶行列式的性质.

这里我们补充定义一阶行列式 $|a_{11}|$ 的值为 a_{11}，符号 $|a_{11}|$ 是行列式，不是绝对值，即 $|a_{11}|=a_{11}$.

定义 3 在二、三阶行列式中划去 a_{ij}（其中 $i,j=1,2$ 或 $i,j=1,2,3$）所在的行和列，剩下的元素按原来顺序构成的行列式称为元素 a_{ij} 的余子式，记为 M_{ij}. 称 $(-1)^{i+j}M_{ij}$ 为元素 a_{ij} 的代数余子式，记为 A_{ij}.

例如，在三阶行列式 $D=\begin{vmatrix} a_{11} & a_{12} & a_{13} \\ a_{21} & a_{22} & a_{23} \\ a_{31} & a_{32} & a_{33} \end{vmatrix}$ 中，

$$M_{23}=\begin{vmatrix} a_{11} & a_{12} \\ a_{31} & a_{32} \end{vmatrix},$$

$$A_{23}=(-1)^{2+3}\begin{vmatrix} a_{11} & a_{12} \\ a_{31} & a_{32} \end{vmatrix}=-\begin{vmatrix} a_{11} & a_{12} \\ a_{31} & a_{32} \end{vmatrix},$$

$$A_{21}=(-1)^{2+1}\begin{vmatrix} a_{12} & a_{13} \\ a_{32} & a_{33} \end{vmatrix}.$$

又如，在二阶行列式 $D=\begin{vmatrix} a_{11} & a_{12} \\ a_{21} & a_{22} \end{vmatrix}$ 中，

$$A_{12}=(-1)^{2+1}|a_{21}|=-a_{21},\ A_{22}=|a_{11}|=a_{11}.$$

注意 a_{ij} 的余子式（代数余子式）和 a_{ij} 所在行和所在列的元素取值无关，与 a_{ij} 在行列式中的位置有关.

例如，在行列式 $D_1=\begin{vmatrix} 1 & 2 & 1 \\ -1 & 4 & 0 \\ 2 & 3 & 2 \end{vmatrix}$ 与 $D_2=\begin{vmatrix} 1 & 2 & 1 \\ 5 & 6 & 8 \\ 2 & 3 & 2 \end{vmatrix}$ 中都有

$$A_{23}=-\begin{vmatrix} 1 & 2 \\ 2 & 3 \end{vmatrix}=1,$$

事实上这两个行列式的第 2 行所有对应元素的余子式（代数余子式）都相同.

将三阶行列式

$$D=\begin{vmatrix} a_{11} & a_{12} & a_{13} \\ a_{21} & a_{22} & a_{23} \\ a_{31} & a_{32} & a_{33} \end{vmatrix}$$

$$=a_{11}a_{22}a_{33}+a_{12}a_{23}a_{31}+a_{13}a_{21}a_{32}-a_{11}a_{23}a_{32}-a_{12}a_{21}a_{33}-a_{13}a_{22}a_{31},$$

按第 3 列元素重新整理则有：

$$D=a_{13}(a_{21}a_{32}-a_{22}a_{31})+a_{23}(a_{12}a_{31}-a_{11}a_{32})+a_{33}(a_{11}a_{22}-a_{12}a_{21})$$

$$=a_{13}\begin{vmatrix} a_{21} & a_{22} \\ a_{31} & a_{32} \end{vmatrix}-a_{23}\begin{vmatrix} a_{11} & a_{12} \\ a_{31} & a_{32} \end{vmatrix}+a_{33}\begin{vmatrix} a_{11} & a_{12} \\ a_{21} & a_{22} \end{vmatrix}$$

$$=a_{13}A_{13}+a_{23}A_{23}+a_{33}A_{33}.$$

在计算三阶行列式时，我们可以按照定义将三阶行列式展开成 6 个乘积项的代数和，即

$$D=\begin{vmatrix} a_{11} & a_{12} & a_{13} \\ a_{21} & a_{22} & a_{23} \\ a_{31} & a_{32} & a_{33} \end{vmatrix}$$

$$=a_{11}a_{22}a_{33}+a_{12}a_{23}a_{31}+a_{13}a_{21}a_{32}-a_{11}a_{23}a_{32}-a_{12}a_{21}a_{33}-a_{13}a_{22}a_{31};$$

也可以利用

$$D=\begin{vmatrix} a_{11} & a_{12} & a_{13} \\ a_{21} & a_{22} & a_{23} \\ a_{31} & a_{32} & a_{33} \end{vmatrix}=a_{13}A_{13}+a_{23}A_{23}+a_{33}A_{33},$$

将三阶行列式转化为二阶行列式的线性组合再计算.

例 3 计算下列行列式：

(1) $\begin{vmatrix} 1 & 1 & 1 \\ -1 & 0 & 1 \\ 0 & 3 & -2 \end{vmatrix}$；　　(2) $\begin{vmatrix} a & b & b \\ b & a & b \\ b & b & a \end{vmatrix}$.

解 (1)按定义计算，

$$\begin{vmatrix} 1 & 1 & 1 \\ -1 & 0 & 1 \\ 0 & 3 & -2 \end{vmatrix}=0+(-3)+0-0-2-3=-8.$$

也可利用如下方法计算，

$$\begin{vmatrix} 1 & 1 & 1 \\ -1 & 0 & 1 \\ 0 & 3 & -2 \end{vmatrix}=a_{13}A_{13}+a_{23}A_{23}+a_{33}A_{33}$$

$$=1\times(-1)^{1+3}\begin{vmatrix} -1 & 0 \\ 0 & 3 \end{vmatrix}+1\times(-1)^{2+3}\begin{vmatrix} 1 & 1 \\ 0 & 3 \end{vmatrix}+$$

$$(-2)\times(-1)^{3+3}\begin{vmatrix}1 & 1\\ -1 & 0\end{vmatrix}$$

$$=-3-3-2=-8.$$

(2) 按定义计算，

$$\begin{vmatrix}a & b & b\\ b & a & b\\ b & b & a\end{vmatrix}=a^3+b^3+b^3-ab^2-ab^2-ab^2=(a-b)^2(a+2b).$$

也可利用如下方法计算，

$$\begin{vmatrix}a & b & b\\ b & a & b\\ b & b & a\end{vmatrix}=b\times(-1)^{1+3}\begin{vmatrix}b & a\\ b & b\end{vmatrix}+b\times(-1)^{2+3}\begin{vmatrix}a & b\\ b & b\end{vmatrix}+a\times(-1)^{3+3}\begin{vmatrix}a & b\\ b & a\end{vmatrix}$$

$$=b(b^2-ab)-b(ab-b^2)+a(a^2-b^2)=(a-b)^2(a+2b).$$

如果将三阶行列式

$$D=\begin{vmatrix}a_{11} & a_{12} & a_{13}\\ a_{21} & a_{22} & a_{23}\\ a_{31} & a_{32} & a_{33}\end{vmatrix}$$

$$=a_{11}a_{22}a_{33}+a_{12}a_{23}a_{31}+a_{13}a_{21}a_{32}-a_{11}a_{23}a_{32}-a_{12}a_{21}a_{33}-a_{13}a_{22}a_{31}$$

按第 1 行元素重新整理，则有

$$D=a_{11}(a_{22}a_{33}-a_{23}a_{32})+a_{12}(a_{23}a_{31}-a_{21}a_{33})+a_{13}(a_{21}a_{32}-a_{22}a_{31})$$

$$=a_{11}\begin{vmatrix}a_{22} & a_{23}\\ a_{32} & a_{33}\end{vmatrix}-a_{12}\begin{vmatrix}a_{21} & a_{23}\\ a_{31} & a_{33}\end{vmatrix}+a_{13}\begin{vmatrix}a_{21} & a_{22}\\ a_{31} & a_{32}\end{vmatrix}$$

$$=a_{13}A_{13}+a_{23}A_{23}+a_{33}A_{33}.$$

下面求第 1 列元素与第 3 列元素对应的代数余子式乘积之和，

$$a_{11}A_{13}+a_{21}A_{23}+a_{31}A_{33}=a_{11}\begin{vmatrix}a_{21} & a_{22}\\ a_{31} & a_{32}\end{vmatrix}-a_{21}\begin{vmatrix}a_{11} & a_{12}\\ a_{31} & a_{32}\end{vmatrix}+a_{31}\begin{vmatrix}a_{11} & a_{12}\\ a_{21} & a_{22}\end{vmatrix}=0.$$

事实上，二，三阶行列式的任意一行（或任意一列）的元素与对应的代数余子式乘积之和都等于该行列式的值；二，三阶行列式的任意一行（或任意一列）的元素与另一行（或另一列）对应元素的代数余子式的乘积之和都为零.

即对二阶行列式 $D=\begin{vmatrix}a_{11} & a_{12}\\ a_{21} & a_{22}\end{vmatrix}$ 及任意的 $j,k=1,2$ 均有

$$a_{j1}A_{k1}+a_{j2}A_{k2}=\begin{cases}D, & j=k,\\ 0, & j\neq k\end{cases} \text{ 和 } a_{1j}A_{1k}+a_{2j}A_{2k}=\begin{cases}D, & j=k,\\ 0, & j\neq k.\end{cases}$$

对三阶行列式

$$D=\begin{vmatrix} a_{11} & a_{21} & a_{31} \\ a_{12} & a_{22} & a_{32} \\ a_{13} & a_{23} & a_{33} \end{vmatrix}$$

及任意的 $j,k=1,2,3$ 均有

$$a_{j1}A_{k1}+a_{j2}A_{k2}+a_{j3}A_{k3}=\begin{cases} D, & j=k, \\ 0, & j\neq k \end{cases} \text{ 和 } a_{1j}A_{1k}+a_{2j}A_{2k}+a_{3j}A_{3k}=\begin{cases} D, & j=k, \\ 0, & j\neq k. \end{cases}$$

读者可以直接验证这些结论.

现讨论线性方程组(3),为叙述方便,与前面相同,称方程组中由未知量系数构成的行列式

$$D=\begin{vmatrix} a_{11} & a_{12} & a_{13} \\ a_{21} & a_{22} & a_{23} \\ a_{31} & a_{32} & a_{33} \end{vmatrix}$$

为方程组(3)的系数行列式.

系数行列式 $D\neq 0$ 时,x_3 的表达式(4)的分子是将分母中的 a_{13},a_{23},a_{33} 分别换为 b_1,b_2,b_3 得到的,所以有

$$\begin{aligned} & a_{11}a_{22}b_3+a_{12}b_2a_{31}+b_1a_{21}a_{32}-a_{11}b_2a_{32}-a_{12}a_{21}b_3-b_1a_{22}a_{31} \\ =& b_1\begin{vmatrix} a_{21} & a_{22} \\ a_{31} & a_{32} \end{vmatrix}-b_2\begin{vmatrix} a_{11} & a_{12} \\ a_{31} & a_{32} \end{vmatrix}+b_3\begin{vmatrix} a_{11} & a_{12} \\ a_{21} & a_{22} \end{vmatrix} \\ =& b_1A_{13}+b_2A_{23}+b_3A_{33}=\begin{vmatrix} a_{11} & a_{12} & b_1 \\ a_{21} & a_{22} & b_2 \\ a_{31} & a_{32} & b_3 \end{vmatrix}. \end{aligned}$$

因此 $x_3=\dfrac{D_3}{D}$,其中,

$$D_3=\begin{vmatrix} a_{11} & a_{12} & b_1 \\ a_{21} & a_{22} & b_2 \\ a_{31} & a_{32} & b_3 \end{vmatrix}$$

是用各方程中常数项 b_1,b_2,b_3 换系数行列式的第 3 列得到的,即通过将系数行列式中各方程中的 x_3 的系数换为相应方程中的常数项得到.

类似在方程组(3)中消去 x_2,x_3 或 x_1,x_3 可以求出 x_1,x_2.

定理 2 当线性方程组(3)的系数行列式 $D\neq 0$ 时,方程组有唯一解:

$$x_1=\frac{D_1}{D},\ x_2=\frac{D_2}{D},\ x_3=\frac{D_3}{D} \tag{5}$$

其中,

$$D_1=\begin{vmatrix} b_1 & a_{12} & a_{13} \\ b_2 & a_{22} & a_{23} \\ b_3 & a_{32} & a_{33} \end{vmatrix},\ D_2=\begin{vmatrix} a_{11} & b_1 & a_{13} \\ a_{21} & b_2 & a_{23} \\ a_{31} & b_3 & a_{33} \end{vmatrix},\ D_3=\begin{vmatrix} a_{11} & a_{12} & b_1 \\ a_{21} & a_{22} & b_2 \\ a_{31} & a_{32} & b_3 \end{vmatrix}$$

分别是以 b_1, b_2, b_3 换掉系数行列式 D 中的第 1 列、第 2 列和第 3 列元素(即 x_1, x_2, x_3 的相应系数)得到的行列式.

例 4　解线性方程组

$$\begin{cases} x_1+2x_2+2x_3=7, \\ x_1+\ x_2+\ x_3=4, \\ \qquad x_2+3x_3=7. \end{cases}$$

解　方程的系数行列式为

$$D=\begin{vmatrix} 1 & 2 & 2 \\ 1 & 1 & 1 \\ 0 & 1 & 3 \end{vmatrix}=3+0+2-0-1-6=-2\neq 0,$$

$$D_1=\begin{vmatrix} 7 & 2 & 2 \\ 4 & 1 & 1 \\ 7 & 1 & 3 \end{vmatrix}=-2,\ D_2=\begin{vmatrix} 1 & 7 & 2 \\ 1 & 4 & 1 \\ 0 & 7 & 3 \end{vmatrix}=-2,\ D_3=\begin{vmatrix} 1 & 2 & 7 \\ 1 & 1 & 4 \\ 0 & 1 & 7 \end{vmatrix}=-4.$$

所以

$$x_1=\frac{D_1}{D}=1,\ x_2=\frac{D_2}{D}=1,\ x_3=\frac{D_3}{D}=2.$$

本节通过引入二,三阶行列式,给出了方程数与未知量个数相同,且系数行列式不为零的线性方程组的公式解.

对于一个方程一个变量的线性方程 $a_{11}x_1=b_1$,当系数行列式 $|a_{11}|=a_{11}\neq 0$ 时,方程有唯一解 $x_1=\dfrac{|b_1|}{|a_{11}|}=\dfrac{b_1}{a_{11}}$.(注意符号 $|a|$ 代表行列式,而不是绝对值,且 $|a|=a$.)

综上,引入一、二、三阶行列式后,对于 $n(n=1,2,3)$ 个未知量 n 个方程的线性方程组,当系数行列式不为零时,都能得到形式类似的公式解.下面一节中,将通过给出 n 阶行列式的定义,将该结果推广到一般的 n 个未知量 n 个方程的线性方程组中.

三、二、三阶行列式的几何意义

设 $\boldsymbol{a}=\begin{pmatrix} a_{11} \\ a_{21} \end{pmatrix}$,$\boldsymbol{b}=\begin{pmatrix} a_{12} \\ a_{22} \end{pmatrix}$,这里为表述方便,以列向量的写法表示向量.

先考虑向量 $\boldsymbol{a},\boldsymbol{b}$ 都是从原点引出,终点在第一象限内的向径(如图 3-1 所示).

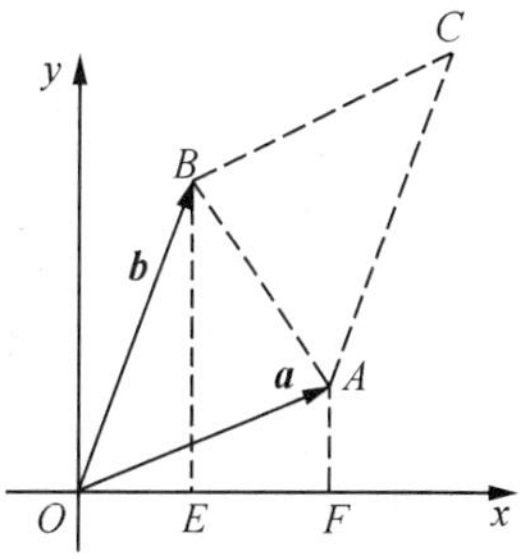

图 3-1

$\triangle OAB$ 的面积为

$$S_{\triangle OAB}=S_{\triangle OEB}+S_{梯形EFAB}-S_{\triangle OFA}$$

$$=\frac{1}{2}a_{12}a_{22}+\frac{1}{2}(a_{21}+a_{22})(a_{11}-a_{12})-\frac{1}{2}a_{11}a_{21}$$

$$=\frac{1}{2}(a_{11}a_{22}-a_{12}a_{21}).$$

所以 $D=\begin{vmatrix} a_{11} & a_{12} \\ a_{21} & a_{22} \end{vmatrix}$ 表示以 $\boldsymbol{a},\boldsymbol{b}$ 为相邻边的▱$OACB$ 的面积.

对一般的向量 $\boldsymbol{a}=\begin{pmatrix} a_{11} \\ a_{21} \end{pmatrix},\boldsymbol{b}=\begin{pmatrix} a_{12} \\ a_{22} \end{pmatrix}$，则 $D=\begin{vmatrix} a_{11} & a_{12} \\ a_{21} & a_{22} \end{vmatrix}$ 的绝对值 $|D|$ 表示以 $\boldsymbol{a}$，$\boldsymbol{b}$ 为相邻边的▱$OACB$ 的面积.

如果 $\boldsymbol{a}$ 逆时针转向 $\boldsymbol{b}$ 的转角小于 π，则 $D=S_{OACB}$；

如果 $\boldsymbol{a}$ 顺时针转向 $\boldsymbol{b}$ 的转角小于 π，则 $D=-S_{OACB}$.

设 $\boldsymbol{a}=\begin{pmatrix} a_{11} \\ a_{21} \\ a_{31} \end{pmatrix},\boldsymbol{b}=\begin{pmatrix} a_{12} \\ a_{22} \\ a_{32} \end{pmatrix},\boldsymbol{c}=\begin{pmatrix} a_{13} \\ a_{23} \\ a_{33} \end{pmatrix}$，则

$$D=\begin{vmatrix} a_{11} & a_{21} & a_{31} \\ a_{12} & a_{22} & a_{32} \\ a_{13} & a_{23} & a_{33} \end{vmatrix}=(\boldsymbol{a}\times\boldsymbol{b})\cdot\boldsymbol{c}.$$

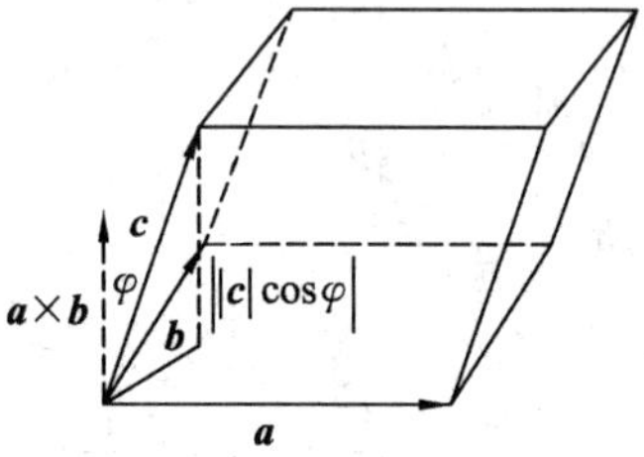

图 3-2

在如图 3-2 所示的以 $\boldsymbol{a},\boldsymbol{b},\boldsymbol{c}$ 为相邻棱的平行六面体中，φ 为 $\boldsymbol{a}\times\boldsymbol{b}$ 与 $\boldsymbol{c}$ 的夹角，底面面积为 $|\boldsymbol{a}\times\boldsymbol{b}|$，六面体的高为 $||\boldsymbol{c}|\cos\varphi|$，所以 $|(\boldsymbol{a}\times\boldsymbol{b})\cdot\boldsymbol{c}|=||\boldsymbol{a}\times\boldsymbol{b}||\boldsymbol{c}|\cos\varphi|$ 表示以 $\boldsymbol{a},\boldsymbol{b},\boldsymbol{c}$ 为相邻棱的平行六面体的体积. 即 D 的绝对值 $|D|$ 表示以 $\boldsymbol{a},\boldsymbol{b},\boldsymbol{c}$ 为相邻边的平行六面体的体积 V.

如果 $\boldsymbol{a},\boldsymbol{b},\boldsymbol{c}$ 满足右手系，则 $D=V$；如果 $\boldsymbol{a},\boldsymbol{b},\boldsymbol{c}$ 满足左手系，则 $D=-V$.

特别地，利用三阶行列式的几何意义，取 $\boldsymbol{a}=\begin{pmatrix} a_{11} \\ a_{21} \\ 0 \end{pmatrix},\boldsymbol{b}=\begin{pmatrix} a_{12} \\ a_{22} \\ 0 \end{pmatrix},\boldsymbol{c}=\begin{pmatrix} 0 \\ 0 \\ 1 \end{pmatrix}$，同样可以得到二阶行列式的几何意义.

习　题　3-1

1. 计算下列二阶行列式：

(1) $\begin{vmatrix} 2 & 3 \\ 1 & 2 \end{vmatrix}$；　　(2) $\begin{vmatrix} \cos\theta & -\sin\theta \\ \sin\theta & \cos\theta \end{vmatrix}$.

2. 计算下列三阶行列式：

(1) $\begin{vmatrix} 1 & 0 & 3 \\ -1 & 2 & 1 \\ 2 & 3 & -1 \end{vmatrix}$；　　(2) $\begin{vmatrix} a_{11} & a_{12} & a_{13} \\ 0 & a_{22} & a_{23} \\ 0 & a_{32} & a_{33} \end{vmatrix}$；

(3) $\begin{vmatrix} a_{11} & a_{12} & a_{13} \\ 0 & a_{22} & a_{23} \\ 0 & 0 & a_{33} \end{vmatrix}$.

3. 设 $D=\begin{vmatrix} 1 & 5 & 3 \\ -1 & 2 & 1 \\ 1 & 0 & 4 \end{vmatrix}$，计算 $A_{12}+A_{22}+A_{32}$.

4. 设 $\begin{vmatrix} a_{11} & a_{12} & a_{13} \\ a_{21} & a_{22} & a_{23} \\ a_{31} & a_{32} & a_{33} \end{vmatrix}=3$，计算下列行列式：

(1) $\begin{vmatrix} a_{31} & a_{11} & a_{21} \\ a_{32} & a_{12} & a_{22} \\ a_{33} & a_{13} & a_{23} \end{vmatrix}$；　　(2) $\begin{vmatrix} a_{11}+ka_{12} & a_{12} & a_{13} \\ a_{21}+ka_{22} & a_{22} & a_{23} \\ a_{31}+ka_{32} & a_{32} & a_{33} \end{vmatrix}$；

(3) $a_{13}A_{12}+a_{23}A_{22}+a_{33}A_{32}$，$a_{21}A_{11}+a_{22}A_{12}+a_{23}A_{13}$.

5. 利用三阶行列式解线性方程组 $\begin{cases} x_1+x_2+2x_3=3, \\ 2x_1+x_2+\ x_3=4, \\ \qquad x_2+2x_3=0. \end{cases}$

第二节　n 阶行列式的定义与性质

设线性方程组

$$\begin{cases} a_{11}x_1+a_{12}x_2+\cdots+a_{1n}x_n=b_1, & ① \\ a_{21}x_1+a_{22}x_2+\cdots+a_{2n}x_n=b_2, & ② \\ \cdots\cdots\cdots\cdots & \\ a_{n1}x_1+a_{n2}x_2+\cdots+a_{nn}x_n=b_n. & ⓝ \end{cases} \tag{1}$$

本节将通过引入 n 阶行列式并给出上述线性方程组的公式解，并希望定义的 n 阶行列式 D 能够与二、三阶行列式类似有相应的代数余子式 $A_{1j}, A_{2j}, \cdots, A_{nj}$ 满足：

$$a_{1j}A_{1k}+a_{2j}A_{2k}+\cdots+a_{nj}A_{nk}=\begin{cases} D, & j=k, \\ 0, & j\neq k \end{cases} \quad (j,k=1,2,\cdots,n),$$

这样对线性方程组(1)进行变换 $A_{1j}\times①+A_{2j}\times②+\cdots+A_{nj}\times ⓝ$ 就可以得到

$(a_{11}A_{1j}+a_{21}A_{2j}+\cdots+a_{n1}A_{nj})x_1+\cdots+(a_{1j}A_{1j}+a_{2j}A_{2j}+\cdots+a_{nj}A_{nj})x_j+\cdots+(a_{1n}A_{1j}+a_{2n}A_{2j}+\cdots+a_{nn}A_{nj})x_n=Dx_j$,

即
$$Dx_j=b_1A_{1j}+b_2A_{2j}+\cdots+b_nA_{nj},$$

进而求出 $x_j(j=1,2,\cdots,n)$.

一、n 阶行列式的定义

按照二、三阶行列式的规律，利用递推的方法给出 n 阶行列式的归纳式定义如下：

定义 1 定义一阶行列式 $|a_{11}|=a_{11}$，假设已经定义了 $n-1$ 阶行列式，称由 n 行 n 列 n^2 个数构成的

$$D=\begin{vmatrix} a_{11} & a_{12} & \cdots & a_{1n} \\ a_{21} & a_{22} & \cdots & a_{2n} \\ \vdots & \vdots & & \vdots \\ a_{n1} & a_{n2} & \cdots & a_{nn} \end{vmatrix} \tag{2}$$

为 n 阶行列式并定义 D 的值为

$$\begin{aligned} D &= a_{1n}(-1)^{1+n}M_{1n}+a_{2n}(-1)^{2+n}M_{2n}+\cdots+a_{nn}(-1)^{n+n}M_{nn} \\ &= a_{1n}A_{1n}+a_{2n}A_{2n}+\cdots+a_{nn}A_{nn}. \end{aligned}$$

其中，M_{ij} 是 D 中划去元素 a_{ij} 所在的第 i 行与第 j 列，剩下的 $(n-1)^2$ 个元素按原来的排列顺序构成一个 $n-1$ 级行列式，称其为 (i,j) 位置元素 a_{ij} 的余子式，

$$A_{ij}=(-1)^{i+j}M_{ij}$$

称为元素 a_{ij} 的代数余子式.(行列式其他形式的定义见参考文献[4].)

以后为书写方便，上面定义的 n 阶行列式常简记为 $D=|a_{ij}|_n$.

显然，a_{ij} 的余子式和代数余子式与元素 a_{ij} 的取值无关，与 a_{ij} 所在的位置有关.

例如，在四阶行列式 $D=\begin{vmatrix} a_{11} & a_{12} & a_{13} & a_{14} \\ a_{21} & a_{22} & a_{23} & a_{24} \\ a_{31} & a_{32} & a_{33} & a_{34} \\ a_{41} & a_{42} & a_{43} & a_{44} \end{vmatrix}$ 中，a_{23} 的余子式为

$$M_{23}=\begin{vmatrix} a_{11} & a_{12} & a_{14} \\ a_{31} & a_{32} & a_{34} \\ a_{41} & a_{42} & a_{44} \end{vmatrix},$$

代数余子式为

$$A_{23}=(-1)^{2+3}M_{23}=-\begin{vmatrix} a_{11} & a_{12} & a_{14} \\ a_{31} & a_{32} & a_{34} \\ a_{41} & a_{42} & a_{44} \end{vmatrix};$$

a_{24} 的余子式为

$$M_{24}=\begin{vmatrix} a_{11} & a_{12} & a_{13} \\ a_{31} & a_{32} & a_{33} \\ a_{41} & a_{42} & a_{43} \end{vmatrix},$$

代数余子式为

$$A_{24}=(-1)^{2+4}M_{24}=\begin{vmatrix} a_{11} & a_{12} & a_{13} \\ a_{31} & a_{32} & a_{33} \\ a_{41} & a_{42} & a_{43} \end{vmatrix}.$$

而 $$D=|a_{ij}|_4=a_{14}A_{14}+a_{24}A_{24}+a_{34}A_{34}+a_{44}A_{44}.$$

例 1 $$\begin{vmatrix} a & b & 0 & 0 \\ c & d & 0 & 0 \\ x & y & e & f \\ u & v & g & h \end{vmatrix}=(-1)^{3+4}f\begin{vmatrix} a & b & 0 \\ c & d & 0 \\ u & v & g \end{vmatrix}+(-1)^{4+4}h\begin{vmatrix} a & b & 0 \\ c & d & 0 \\ x & y & e \end{vmatrix}$$

$$=(-f)(-1)^{3+3}g\begin{vmatrix} a & b \\ c & d \end{vmatrix}+h(-1)^{3+3}e\begin{vmatrix} a & b \\ c & d \end{vmatrix}$$

$$=-fgad+fgbc+head-hebc.$$

例 2

(1) $$D_n=\begin{vmatrix} a_{11} & 0 & \cdots & 0 \\ a_{21} & a_{22} & \cdots & 0 \\ \vdots & \vdots & & \vdots \\ a_{n1} & a_{n2} & \cdots & a_{nn} \end{vmatrix}=a_{nn}(-1)^{n+n}\begin{vmatrix} a_{11} & 0 & \cdots & 0 \\ a_{21} & a_{22} & \cdots & 0 \\ \vdots & \vdots & & \vdots \\ a_{(n-1)1} & a_{(n-1)2} & \cdots & a_{(n-1)(n-1)} \end{vmatrix}$$

$$=a_{nn}D_{n-1}=\cdots=a_{11}a_{22}\cdots a_{nn}.$$

形如 $\begin{vmatrix} a_{11} & 0 & \cdots & 0 \\ a_{21} & a_{22} & \cdots & 0 \\ \vdots & \vdots & & \vdots \\ a_{n1} & a_{n2} & \cdots & a_{nn} \end{vmatrix}$ 的行列式称为下三角形行列式,简记为

$$\begin{vmatrix} a_{11} & & & \\ & a_{22} & & \\ & & \ddots & \\ * & & & a_{nn} \end{vmatrix}.$$

(2) 称 $D=\begin{vmatrix} a_{11} & 0 & \cdots & 0 \\ 0 & a_{22} & \cdots & 0 \\ \vdots & \vdots & & \vdots \\ 0 & 0 & \cdots & a_{nn} \end{vmatrix}$ 为对角形行列式,简记为

$$\begin{vmatrix} a_{11} & & & \\ & a_{22} & & \\ & & \ddots & \\ & & & a_{nn} \end{vmatrix}.$$

则 $D=a_{11}a_{22}\cdots a_{nn}$.

为表述方便,称行列式 $D=|a_{ij}|_n$ 中元素 $a_{11},a_{22},\cdots,a_{nn}$ 所在的对角线为主对角线.另外,常会用类似下三角形和对角形矩阵的简记写法略写很多有规律的 0.

(3) $$\begin{vmatrix} & & & a_{1n} \\ & & a_{2(n-1)} & \\ & \iddots & & \\ a_{n1} & & & \end{vmatrix}=a_{1n}(-1)^{1+n}\begin{vmatrix} & & & a_{2(n-1)} \\ & & a_{3(n-2)} & \\ & \iddots & & \\ a_{n1} & & & \end{vmatrix}$$

$$=a_{1n}(-1)^{1+n}\times(-1)^{1+(n-1)}\times a_{2(n-1)}\begin{vmatrix} & & a_{3(n-2)} \\ & \iddots & \\ a_{n1} & & \end{vmatrix}$$

$$=\cdots=(-1)^{(1+n)+[1+(n-1)]+\cdots+(1+1)}a_{1n}a_{2(n-1)}\cdots a_{n1}$$

$$=(-1)^{\frac{n(n+3)}{2}}a_{1n}a_{2(n-1)}\cdots a_{n1}=(-1)^{\frac{n(n-1)}{2}}a_{1n}a_{2(n-1)}\cdots a_{n1}.$$

注意 $a_{2(n-1)}$ 在原行列式的$(2,n-1)$位置,但在

$$\begin{vmatrix} & & & a_{2(n-1)} \\ & & a_{3(n-2)} & \\ & \iddots & & \\ a_{n1} & & & \end{vmatrix}$$

中处于$(1,n-1)$位置,所以

$$\begin{vmatrix} & & & a_{2(n-1)} \\ & & a_{3(n-2)} & \\ & \iddots & & \\ a_{n1} & & & \end{vmatrix}=(-1)^{1+(n-1)}\begin{vmatrix} & & a_{3(n-2)} \\ & \iddots & \\ a_{n1} & & \end{vmatrix}.$$

例 3 计算下列行列式:

(1) $D=\begin{vmatrix} 0 & 0 & 0 & -3 \\ 0 & 0 & -1 & 0 \\ 0 & 1 & 0 & 0 \\ 2 & 0 & 0 & 0 \end{vmatrix}$; (2) $D=\begin{vmatrix} 3 & 2 & 0 & 1 \\ -1 & 1 & 6 & 0 \\ 1 & 1 & 1 & 0 \\ -3 & 1 & 0 & -2 \end{vmatrix}$.

解 (1) $D=(-1)^{\frac{4\times3}{2}}(-3)\times(-1)\times1\times2=6$;

(2) $D=1\cdot A_{14}+(-2)\cdot A_{44}$

$$=1\cdot(-1)^{1+4}\begin{vmatrix} -1 & 1 & 6 \\ 1 & 1 & 1 \\ -3 & 1 & 0 \end{vmatrix}+(-2)\cdot(-1)^{4+4}\begin{vmatrix} 3 & 2 & 0 \\ -1 & 1 & 6 \\ 1 & 1 & 1 \end{vmatrix}$$

$$=-22+2=-20.$$

通过(1)可以看到:二、三阶行列式的对角线计算方法不再适用于三阶以上的

行列式计算.

二、n 阶行列式的性质

定义 2 以行列式的行为列、列为行得到的行列式称为原行列式的转置行列式.

设
$$D=\begin{vmatrix} a_{11} & a_{12} & \cdots & a_{1n} \\ a_{21} & a_{22} & \cdots & a_{2n} \\ \vdots & \vdots & & \vdots \\ a_{n1} & a_{n2} & \cdots & a_{nn} \end{vmatrix},$$
则 D 的转置行列式为
$$D^{\mathrm{T}}=\begin{vmatrix} a_{11} & a_{21} & \cdots & a_{n1} \\ a_{12} & a_{22} & \cdots & a_{n2} \\ \vdots & \vdots & & \vdots \\ a_{1n} & a_{2n} & \cdots & a_{nn} \end{vmatrix}.$$

下面定理给出了行列式的性质，对于二、三阶行列式这些性质都可直接验证，对于高于三阶的行列式，这些性质可采用数学归纳法进行证明，感兴趣的读者可参看本节“读一读”.

定理 1 $n(n>1)$阶行列式具有如下性质：

性质 1 行列式的转置行列式与原行列式相等.

这条性质说明对行成立的性质对列也成立.

性质 2 交换行列式两行(列)得到的新行列式与原行列式互为相反数.

推论 行列式的某两行(列)对应元素相同，行列式的值为零.

性质 3 行列式的任意一行(列)的元素与对应的代数余子式乘积之和都等于该行列式的值.

推论 行列式的任意一行(列)的元素与另一行(列)对应元素的代数余子式的乘积之和为零.

设 $D=|a_{ij}|_n$ 则

$$a_{i1}A_{k1}+a_{i2}A_{k2}+\cdots+a_{in}A_{kn}=\begin{cases} D, & i=k, \\ 0, & i\neq k \end{cases} \quad (i,k=1,2,\cdots,n); \tag{3}$$

$$a_{1j}A_{1k}+a_{2j}A_{2k}+\cdots+a_{nj}A_{nk}=\begin{cases} D, & j=k, \\ 0, & j\neq k \end{cases} \quad (j,k=1,2,\cdots,n). \tag{4}$$

分别称

$$D=a_{i1}A_{i1}+a_{i2}A_{i2}+\cdots+a_{in}A_{in} \text{ 和 } D=a_{1j}A_{1j}+a_{2j}A_{2j}+\cdots+a_{nj}A_{nj}$$

为行列式 D 依第 i 行和第 j 列展开式.

性质 4 行列式某一行(列)的每个元素都乘以同一个数 k 得到的行列式是原

行列式的 k 倍(即某一行(列)的公因数可以提到行列式外做因数).

推论 行列式的某两行(列)对应元素成比例,行列式的值为 0.

性质 5 行列式 D 可以按某一行(列)拆成两个行列式的和,即 $D=D_1+D_2$. 其中,D_1 与 D_2 的该行(列)对应位置的元素和等于 D 的该行(列)对应位置的元素,而 D 与 D_1,D_2 这 3 个行列式除该行(列)外,其余对应位置元素都相等.

性质 6 行列式某行(列)元素都乘以一个数加到另一行(列)对应位置的元素上,所得行列式的值不变.

例 4 利用性质 3,按最后一行展开有

$$D_n=\begin{vmatrix} a_{11} & a_{12} & \cdots & a_{1n} \\ 0 & a_{22} & \cdots & a_{2n} \\ \vdots & \vdots & & \vdots \\ 0 & 0 & \cdots & a_{nn} \end{vmatrix}=a_{nn}A_{nn}=a_{nn}(-1)^{n+n}\begin{vmatrix} a_{11} & a_{12} & \cdots & a_{1n-1} \\ 0 & a_{22} & \cdots & a_{2n-1} \\ \vdots & \vdots & & \vdots \\ 0 & 0 & \cdots & a_{n-1n-1} \end{vmatrix},$$

所以

$$D_n=a_{nn}D_{n-1}=\cdots=a_{11}a_{22}\cdots a_{nn}.$$

我们称主对角线以下元素都是零的行列式为上三角形行列式,上三角形行列式和下三角形行列式统称为三角形行列式.

由例 2 和例 4 可得:三角形行列式的值等于主对角线上元素之积.

例 5 计算行列式

$$D=\begin{vmatrix} 4 & 2 & 9 & -3 & 0 \\ 6 & 3 & -5 & 7 & 1 \\ 5 & 0 & 0 & 0 & 0 \\ 8 & 0 & 0 & 4 & 0 \\ 7 & 0 & 3 & 5 & 0 \end{vmatrix}.$$

解 将第 1,2 行互换,第 3,5 行互换,然后再将第 1,5 列互换,共 3 次换行、换列,即有

$$D=(-1)^3\begin{vmatrix} 1 & 3 & -5 & 7 & 6 \\ 0 & 2 & 9 & -3 & 4 \\ 0 & 0 & 3 & 5 & 7 \\ 0 & 0 & 0 & 4 & 8 \\ 0 & 0 & 0 & 0 & 5 \end{vmatrix}=(-1)\cdot 2\cdot 3\cdot 4\cdot 5=-5!=-120.$$

也可以展开计算,

$$D=\begin{vmatrix}4&2&9&-3&0\\6&3&-5&7&1\\5&0&0&0&0\\8&0&0&4&0\\7&0&3&5&0\end{vmatrix}\xlongequal{\text{按第 3 行展开}}5(-1)^{3+1}\begin{vmatrix}2&9&-3&0\\3&-5&7&1\\0&0&4&0\\0&3&5&0\end{vmatrix}$$

$$\xlongequal{\text{按第 3 行展开}}5\times4\times(-1)^{3+3}\begin{vmatrix}2&9&0\\3&-5&1\\0&3&0\end{vmatrix}$$

$$\xlongequal{\text{按第 3 行展开}}20\times3\times(-1)^{3+2}\begin{vmatrix}2&0\\3&1\end{vmatrix}=-120.$$

从行列式的定义看出 n 阶行列式的展开式中有 $n!$ 项.直接利用定义计算很麻烦,但是三角形行列式或含 0 元素较多的行列式都比较容易计算.因此,我们通常利用性质对行列式化简后再计算.

定义 3 称如下 3 种变换为行列式的初等变换:

(1) 交换行列式中某两行(或列)对应位置的元素;

(2) 行列式的某行(或列)的元素都乘一个非零数;

(3) 行列式的某行(或列)元素乘一个数加到另一行(或列)对应位置的元素上.

用与矩阵的初等变换类似的表示方法表示行列式的初等变换,即

(1) 交换行列式 D 的 i,j 两行(或 i,j 两列)得到 B,则记 $D\xlongequal{r_i\leftrightarrow r_j}-B$(或 $D\xlongequal{c_i\leftrightarrow c_j}-B$);

(2) 行列式 D 的第 i 行(或第 i 列)乘以 $k(k\neq0)$ 得到 B,则记 $D\xlongequal{k\times r_i}\frac{1}{k}B$ $\left(\text{或 } D\xlongequal{k\times c_i}\frac{1}{k}B\right)$;

(3) 行列式 D 的第 j 行乘以 k 加到第 i 行得到 B,则记 $D\xlongequal{r_i+kr_j}B$,行列式 D 的第 j 列乘以 k 加到第 i 列得到 B,则记 $D\xlongequal{c_i+kc_j}B$.

定理 2 任何行列式都可以经一系列初等变换化为三角形行列式.

值得注意的是,行列式是数值,每次变换都要保证数值不变,而矩阵是数表,所以变换后是一张新表,变换前后的矩阵等价,而不是相等.

例如,行列式 A 的第 i 行元素都乘 $k(k\neq0)$ 得到 B,则 $A\xlongequal{k\times r_i}\frac{1}{k}B$,而矩阵 A 的第 i 行元素都乘 $k(k\neq0)$ 得到 B,则记为 $A\xrightarrow{r_i\times k}B$ 或 $A\overset{r_i\times k}{\sim}B$.

例 6 计算行列式

$$D=\begin{vmatrix} 0 & -1 & -1 & 2 \\ 1 & -1 & 0 & 2 \\ -1 & 2 & -1 & 0 \\ 2 & 1 & 1 & 0 \end{vmatrix}.$$

解一 化三角形.

$$D=\begin{vmatrix} 0 & -1 & -1 & 2 \\ 1 & -1 & 0 & 2 \\ -1 & 2 & -1 & 0 \\ 2 & 1 & 1 & 0 \end{vmatrix} \xlongequal{r_1\leftrightarrow r_2} -\begin{vmatrix} 1 & -1 & 0 & 2 \\ 0 & -1 & -1 & 2 \\ -1 & 2 & -1 & 0 \\ 2 & 1 & 1 & 0 \end{vmatrix}$$

$$\xlongequal[r_4-2r_1]{r_3+r_1} -\begin{vmatrix} 1 & -1 & 0 & 2 \\ 0 & -1 & -1 & 2 \\ 0 & 1 & -1 & 2 \\ 0 & 3 & 1 & -4 \end{vmatrix} \xlongequal[r_4+3r_2]{r_3+r_2} -\begin{vmatrix} 1 & -1 & 0 & 2 \\ 0 & -1 & -1 & 2 \\ 0 & 0 & -2 & 4 \\ 0 & 0 & -2 & 2 \end{vmatrix}$$

$$\xlongequal{r_4-r_3} -\begin{vmatrix} 1 & -1 & 0 & 2 \\ 0 & -1 & -1 & 2 \\ 0 & 0 & -2 & 4 \\ 0 & 0 & 0 & -2 \end{vmatrix} = -(-1)\times(-2)\times(-2)=4.$$

解二 依行依列展开(降阶).

先依 0 元素较多的第 4 列展开行列式，再继续依 0 元素较多的行或列展开：

$$D=\begin{vmatrix} 0 & -1 & -1 & 2 \\ 1 & -1 & 0 & 2 \\ -1 & 2 & -1 & 0 \\ 2 & 1 & 1 & 0 \end{vmatrix}$$

$$=2\times(-1)^{1+4}\begin{vmatrix} 1 & -1 & 0 \\ -1 & 2 & -1 \\ 2 & 1 & 1 \end{vmatrix}+2\times(-1)^{2+4}\begin{vmatrix} 0 & -1 & -1 \\ -1 & 2 & -1 \\ 2 & 1 & 1 \end{vmatrix}$$

$$=-2\left(1\times(-1)^{1+1}\begin{vmatrix} 2 & -1 \\ 1 & 1 \end{vmatrix}+(-1)\times(-1)^{1+2}\begin{vmatrix} -1 & -1 \\ 2 & 1 \end{vmatrix}\right)+$$

$$2\left((-1)\times(-1)^{1+2}\begin{vmatrix} -1 & -1 \\ 2 & 1 \end{vmatrix}+(-1)\times(-1)^{1+3}\begin{vmatrix} -1 & 2 \\ 2 & 1 \end{vmatrix}\right)=4.$$

解三 化简与展开同时进行.

考虑到第 4 列只有两个非零元素，利用性质将其中一个非零元素化为 0 后再展开.

$$D=\begin{vmatrix}0&-1&-1&2\\1&-1&0&2\\-1&2&-1&0\\2&1&1&0\end{vmatrix}\xlongequal{r_2-r_1}\begin{vmatrix}0&-1&-1&2\\1&0&1&0\\-1&2&-1&0\\2&1&1&0\end{vmatrix}$$

$$=2\times(-1)^{1+4}\begin{vmatrix}1&0&1\\-1&2&-1\\2&1&1\end{vmatrix}\xlongequal{c_3-c_1}(-2)\times\begin{vmatrix}1&0&0\\-1&2&0\\2&1&-1\end{vmatrix}=4.$$

上面介绍的是通常采用的计算方法，多数情况下我们采用化三角形或化简与展开同时进行来计算行列式.

为了使计算简单，一般要先观察行列式的特点，再寻找计算途径.

例 7 计算行列式

$$D=\begin{vmatrix}3&1&1&1\\1&3&1&1\\1&1&3&1\\1&1&1&3\end{vmatrix}.$$

解 这个行列式的特点是各列 4 个数的和都是 6，现将第 2,3,4 各行同时加到第 1 行，提出公因数，则第 1 行元素均为 1，再用第 1 行化简其余行.

$$D\xlongequal{r_1+r_2+r_3+r_4}\begin{vmatrix}6&6&6&6\\1&3&1&1\\1&1&3&1\\1&1&1&3\end{vmatrix}\xlongequal{r_1\times\frac{1}{6}}6\begin{vmatrix}1&1&1&1\\1&3&1&1\\1&1&3&1\\1&1&1&3\end{vmatrix}\xlongequal[r_4-r_1]{\substack{r_2-r_1\\r_3-r_1}}6\begin{vmatrix}1&1&1&1\\0&2&0&0\\0&0&2&0\\0&0&0&2\end{vmatrix}$$

$$=6\times2^3=48.$$

也可按如下方法计算：

$$D\xlongequal{r_1\leftrightarrow r_4}-\begin{vmatrix}1&1&1&3\\1&3&1&1\\1&1&3&1\\3&1&1&1\end{vmatrix}\xlongequal{\substack{r_2-r_1\\r_3-r_1\\r_4-3r_1}}-\begin{vmatrix}1&1&1&3\\0&2&0&-2\\0&0&2&-2\\0&-2&-2&-8\end{vmatrix}$$

$$\xlongequal{r_4+r_2+r_3}-\begin{vmatrix}1&1&1&3\\0&2&0&-2\\0&0&2&-2\\0&0&0&-12\end{vmatrix}=48.$$

例 8 计算 $n+1$ 阶行列式

$$D=\begin{vmatrix} x & a_1 & a_2 & \cdots & a_n \\ a_1 & x & a_2 & \cdots & a_n \\ a_1 & a_2 & x & \cdots & a_n \\ \vdots & \vdots & \vdots & & \vdots \\ a_1 & a_2 & a_3 & \cdots & x \end{vmatrix}.$$

解 由于行列式的各行元素之和都是 $x+\sum_{i=1}^{n}a_i$，将 D 的第 $2,3,\cdots,n+1$ 列全加到第 1 列上，然后从第 1 列提取公因子 $x+\sum_{i=1}^{n}a_i$ 得

$$D=\left(x+\sum_{i=1}^{n}a_i\right)\begin{vmatrix} 1 & a_1 & a_2 & \cdots & a_n \\ 1 & x & a_2 & \cdots & a_n \\ 1 & a_2 & x & \cdots & a_n \\ \vdots & \vdots & \vdots & & \vdots \\ 1 & a_2 & a_3 & \cdots & x \end{vmatrix}$$

$$\xlongequal[c_{n+1}-a_nc_n]{\substack{c_2-a_1c_1\\ c_3-a_2c_1\\ \vdots}}\left(x+\sum_{i=1}^{n}a_i\right)\begin{vmatrix} 1 & 0 & 0 & \cdots & 0 \\ 1 & x-a_1 & 0 & \cdots & 0 \\ 1 & a_2-a_1 & x-a_2 & \cdots & 0 \\ \vdots & \vdots & \vdots & & \vdots \\ 1 & a_2-a_1 & a_3-a_2 & \cdots & x-a_n \end{vmatrix}$$

$$=\left(x+\sum_{i=1}^{n}a_i\right)(x-a_1)(x-a_2)\cdots(x-a_n)$$

例 9 设
$$D=\begin{vmatrix} 0 & -1 & -1 & 1 \\ 1 & -1 & 0 & 2 \\ -1 & 2 & -1 & 0 \\ 2 & 1 & 1 & 3 \end{vmatrix},$$
计算 $A_{11}+2A_{21}-A_{31}+A_{41}$，其中 $A_{ij}(i,j=1,2,3,4)$ 表示 D 中 (i,j) 位置元素的代数余子式.

解 由于 $A_{11},A_{21},A_{31},A_{41}$ 是 D 的第 1 列元素代数余子式，而第 1 列元素代数余子式与第 1 列的元素取值无关. 将 D 的第 1 列元素换为 $A_{11}+2A_{21}-A_{31}+A_{41}$ 前面的系数，得到新行列式 D_1，即

$$D_1=\begin{vmatrix} 1 & -1 & -1 & 1 \\ 2 & -1 & 0 & 2 \\ -1 & 2 & -1 & 0 \\ 1 & 1 & 1 & 3 \end{vmatrix},$$

设 $A_{ij}'(i,j=1,2,3,4)$ 表示 D_1 中 (i,j) 位置元素的代数余子式. 将 D_1 按第 1 列展

开，就有 $D_1 = A_{11}' + 2A_{21}' - A_{31}' + A_{41}'$，由于 D_1 与 D 的第 1 列元素的代数余子式完全相同，即 $A_{i1}' = A_{i1} (i = 1,2,3,4)$，所以

$$D_1 = A_{11} + 2A_{21} - A_{31} + A_{41}.$$

即

$$A_{11} + 2A_{21} - A_{31} + A_{41} = \begin{vmatrix} 1 & -1 & -1 & 1 \\ 2 & -1 & 0 & 2 \\ -1 & 2 & -1 & 0 \\ 1 & 1 & 1 & 3 \end{vmatrix} \xlongequal[r_4 - r_1]{\substack{r_2 - 2r_1 \\ r_3 + r_1}} \begin{vmatrix} 1 & -1 & -1 & 1 \\ 0 & 1 & 2 & 0 \\ 0 & 1 & -2 & 0 \\ 0 & 2 & 2 & 2 \end{vmatrix}$$

$$\xlongequal[r_4 - 2r_2]{r_3 - r_2} \begin{vmatrix} 1 & -1 & -1 & 1 \\ 0 & 1 & 2 & 0 \\ 0 & 0 & -4 & 0 \\ 0 & 0 & -2 & 2 \end{vmatrix} = -8.$$

定义 4 称 $D_n(a_1, a_2, \cdots, a_n) = \begin{vmatrix} 1 & 1 & 1 & \cdots & 1 \\ a_1 & a_2 & a_3 & \cdots & a_n \\ a_1^2 & a_2^2 & a_3^2 & \cdots & a_n^2 \\ \vdots & \vdots & \vdots & & \vdots \\ a_1^{n-1} & a_2^{n-1} & a_3^{n-1} & \cdots & a_n^{n-1} \end{vmatrix}$ 为 n 阶范德蒙行列式.

利用数学归纳法可以证明

$D_n = \prod\limits_{1 \leqslant j < i \leqslant n} (a_i - a_j)$. 其中，$\prod$ 称为连乘号. $\prod\limits_{1 \leqslant j < i \leqslant n} (a_i - a_j)$ 表示所有 $a_i - a_j$ $(1 \leqslant j < i \leqslant n)$ 的乘积.（证明过程见参考文献[2].）

例 10 计算行列式

$$D = \begin{vmatrix} 1 & 1 & 1 & 1 \\ 1 & -1 & 1 & -1 \\ 1 & 3 & 9 & 27 \\ 1 & -2 & 4 & -8 \end{vmatrix}.$$

解 D 是四阶范德蒙行列式

$$D(1, -1, 3, -2) = \begin{vmatrix} 1 & 1 & 1 & 1 \\ 1 & -1 & 3 & -2 \\ 1^2 & (-1)^2 & 3^2 & (-2)^2 \\ 1^3 & (-1)^3 & 3^3 & (-2)^3 \end{vmatrix}$$

的转置，所以，

$$\begin{aligned} D &= D^{\mathrm{T}} = D(1, -1, 3, -2) \\ &= (-1-1)(3-1)(-2-1) \cdot (3+1)(-2+1) \cdot (-2-3) = 240. \end{aligned}$$

读一读

由于这些性质的证明多数采用数学归纳法，数学归纳法在中学涉及不多，但归纳的思想是一种常用的数学思想，所以本书给出了行列式性质的较详细的证明或证明思路，供感兴趣的同学参考.

引理 n 阶行列式的值等于第 n 行元素与对应的代数余子式乘积之和. 即

$$D_n=|a_{ij}|_n=a_{n1}(-1)^{n+1}M_{n1}+a_{n2}(-1)^{n+2}M_{n2}+\cdots+a_{nn}(-1)^{n+n}M_{nn}$$
$$=a_{n1}A_{n1}+a_{n2}A_{n2}+\cdots+a_{nn}A_{nn}.$$

证 对行列式的阶数 n 用数学归纳法，$n=2$ 时，

$$\begin{vmatrix} a_{11} & a_{12} \\ a_{21} & a_{22} \end{vmatrix}=a_{21}A_{21}+a_{22}A_{22},$$

结论成立. 假设对 $n-1$ 阶行列式可以展成最后 1 行元素与对应的代数余子式乘积之和，由行列式定义

$$D_n=a_{1n}(-1)^{1+n}M_{1n}+a_{2n}(-1)^{2+n}M_{2n}+\cdots+a_{nn}(-1)^{n+n}M_{nn},$$

令 $$d_n=a_{n1}(-1)^{n+1}M_{n1}+a_{n2}(-1)^{n+2}M_{n2}+\cdots+a_{nn}(-1)^{n+n}M_{nn},$$

下证 $D_n=d_n$.

由归纳假设 D_n 表达式中每个 $n-1$ 阶行列式 $M_{in}(i=1,2,\cdots,n-1)$ 都展成最后 1 行元素与对应的代数余子式乘积之和，得到的 D_n 的表达式记为(Ⅰ)；将 d_n 表达式中每个 $M_{ni}(i=1,2,\cdots,n-1)$ 按定义都展成最后 1 列元素与对应的代数余子式乘积之和，将这样得到的 d_n 的表达式记为(Ⅱ). 整理后发现它们含有完全相同的项，即有 $D_n=d_n$. 所以，

$$D_n=d_n=a_{n1}(-1)^{n+1}M_{n1}+a_{n2}(-1)^{n+2}M_{n2}+\cdots+a_{nn}(-1)^{n+n}M_{nn}$$
$$=a_{n1}A_{n1}+a_{n2}A_{n2}+\cdots+a_{nn}A_{nn}.$$

性质 1 行列式的转置行列式与原行列式相等.

证 对行列式的阶数 n 做数学归纳 $n=2$ 时，

$$\begin{vmatrix} a_{11} & a_{12} \\ a_{21} & a_{22} \end{vmatrix}=a_{11}a_{22}-a_{12}a_{21}=\begin{vmatrix} a_{11} & a_{21} \\ a_{12} & a_{22} \end{vmatrix},$$ 结论成立.

假设 $n-1$ 阶行列式等于其转置行列式，分别将 n 阶行列式 D 和 D^{T} 按最后 1 列和最后 1 行展开，并利用归纳假设有 $M_{in}{}^{\mathrm{T}}=M_{in}(i=1,2,\cdots,n)$，即有 $D=D^{\mathrm{T}}$.

这条性质说明对行成立的性质对列也成立. 所以下面的性质仅对行进行论述.

性质 2 交换行列式两行(列)得到的新行列式与原行列式互为相反数.

证 (1) 先证明交换相邻两行时所得行列式与原行列式互为相反数.

设 D_1 是 D 交换了 i 与 $i+1$ 两行得到的. 对行列式的阶数 n 作数学归纳：

显然 $n=2$ 时，结论成立. 假设 $n-1$ 阶行列式结论成立，对于 n 阶行列式 D，由性质 1 可得

$$D=|a_{ij}|_n=a_{1n}(-1)^{1+n}M_{1n}+a_{2n}(-1)^{2+n}M_{2n}+\cdots+a_{nn}(-1)^{n+n}M_{nn},$$

而 $$D_1=|b_{ij}|_n=b_{1n}(-1)^{1+n}M_{1n}'+b_{2n}(-1)^{2+n}M_{2n}'+\cdots+b_{nn}(-1)^{n+n}M_{nn}'.$$

由于每个 $M_{in}(i=1,2,\cdots,n-1)$ 都是 $n-1$ 阶行列式，由数学归纳法得到 M_{kn}' 与 M_{kn} 关系：

$$M_{kn}'=\begin{cases}-M_{kn}, & k\neq i,j,\\ M_{(i+1)n}, & k=i,\\ M_{in}, & k=i+1,\end{cases}$$

又 $$b_{kn}=\begin{cases}a_{kn}, & k\neq i,j,\\ a_{(i+1)n}, & k=i,\\ a_{in}, & k=i+1.\end{cases}$$

所以

$$b_{in}(-1)^{i+n}M_{in}'=a_{i+1,n}(-1)^{i+n}(M_{i+1,n})=a_{i+1,n}(-1)^{(i+1)+n}(-M_{i+1,n}),$$
$$b_{i+1,n}(-1)^{i+1+n}M_{i+1',n}=a_{in}(-1)^{i+1+n}(M_{in})=a_{in}(-1)^{i+n}(-M_{in}).$$

D_1 与 D 的其余各项都互为相反数，所以 $D_1=-D$.

(2) D 经过交换的 i,j(不妨设 $i<j$)两行得到 B，该换行可以通过 $2(j-i)+1$ 次相邻行互换实现(依次交换第 j 行与第 $j-1$ 行，第 $j-1$ 与第 $j-2$，…，第 $i+1$ 行与第 i 行，共 $(j-i)+1$ 次相邻换行，再将依次交换第 $i+1$ 行(原来的第 i 行)与第 $i+2$ 行，…，第 $j-1$ 行与第 j 行，共 $(j-i)$ 次相邻换行). 每次交换相邻两行都改变行列式的符号，最终经奇数 $2(j-i)+1$ 次相邻换行得到的行列式恰为原行列式的相反数.

推论 行列式的某两行(列)对应元素相同，行列式的值为零.

证 设行列式 D 的第 $i,j(i<j)$ 两行(列)元素对应相同，交换 D 的 i,j 两行(列)得到行列式 B，由性质 2 有 $B=-D$. 又 $i,j(i<j)$ 两行(列)对应元素完全相同，所以 $B=D$，即 $D=0$.

性质 3 行列式的任意一行(列)的元素与对应的代数余子式乘积之和都等于该行列式的值. 即

$$D=|a_{ij}|_n=a_{i1}A_{i1}+a_{i2}A_{i2}+\cdots+a_{in}A_{in}(i=1,2,\cdots,n),$$
$$D=|a_{ij}|_n=a_{1j}A_{1j}+a_{2j}A_{2j}+\cdots+a_{nj}A_{nj}(j=1,2,\cdots,n).$$

证 对于任意的 $i(1\leqslant i\leqslant n)$，与性质 2 类似依次交换 $D=|a_{ij}|_n$ 的行，共进行 $n-i$ 次相邻行互换将 D 的第 i 行交换的第 n 行，得到行列式 D_1，这时，D 的其余行的排列顺序不变，所以元素 a_{ik} 在 D_1 中的余子式仍为元素 a_{ik} 在 D 的余子式. 再由性质 2 有 $D_1=(-1)^{n-i}D$，将 D_1 按最后 1 列展开即有

$$D_1=a_{i1}(-1)^{n+1}M_{i1}+a_{i2}(-1)^{n+2}M_{i2}+\cdots+a_{in}(-1)^{n+n}M_{in},$$

所以

$$(-1)^{n-i}D=a_{i1}(-1)^{n+1}M_{i1}+a_{i2}(-1)^{n+2}M_{i2}+\cdots+a_{in}(-1)^{n+n}M_{in}.$$

则

$$\begin{aligned}D&=a_{i1}(-1)^{i+1}M_{i1}+a_{i2}(-1)^{i+2}M_{i2}+\cdots+a_{in}(-1)^{i+n}M_{in}\\&=a_{i1}A_{i1}+a_{i2}A_{i2}+\cdots+a_{in}A_{in}.\end{aligned}$$

同理可得到行列式依第 j 列展开公式

$$D=|a_{ij}|_n=a_{1j}A_{1j}+a_{2j}A_{2j}+\cdots+a_{nj}A_{nj}\,(j=1,2,\cdots,n).$$

推论 行列式的任意一行(列)的元素与另一行(列)对应元素的代数余子式的乘积之和为零.即

$$a_{i1}A_{k1}+a_{i2}A_{k2}+\cdots+a_{in}A_{kn}=0(i\neq k);$$
$$a_{1j}A_{1t}+a_{2j}A_{2t}+\cdots+a_{nj}A_{nt}=0(j\neq t).$$

证 令 D_1 是将 D 的第 k 行元素换为 D 的第 i 行元素,其余元素不变得到的,再按第 k 行展开 D_1.由于 D_1 与 D 仅第 k 行不同,所以 D_1 与 D 的第 k 行的代数余子式完全相同,因此

$$D_1=a_{i1}A_{k1}+a_{i2}A_{k2}+\cdots+a_{in}A_{kn}.$$

由于 D_1 有两行元素对应相同,所以 $D_1=0$.故有

$$a_{i1}A_{k1}+a_{i2}A_{k2}+\cdots+a_{in}A_{kn}=0(i\neq k).$$

性质 4 行列式某一行(列)的每个元素都乘以同一个数 k 得到的行列式是原行列式的 k 倍(即某一行(列)的公因数可以提到行列式外做因数).

证 设 $D=|a_{ij}|_n$ 的第 $i(1\leqslant i\leqslant n)$ 行元素都有公因数 k,将 $D=|a_{ij}|_n$ 按第 i 行展开再提出公因数 k 即得结论.

由性质 4 和性质 3 可以直接得到下面推论:

推论 行列式的某两行(列)对应元素成比例,那么行列式为零.

性质 5 行列式 D 可以按某一行(列)拆成两个行列式的和,即 $D=D_1+D_2$.其中,D_1 与 D_2 的该行(列)对应位置的元素和等于 D 的该行(列)对应位置的元素,而 D 与 D_1,D_2 这 3 个行列式除该行(列)外,其余对应位置元素都相等.即

$$\begin{aligned}D&=\begin{vmatrix}a_{11}&a_{12}&\cdots&a_{1n}\\\vdots&\vdots&&\vdots\\b_{i1}+c_{i1}&b_{i2}+c_{i2}&\cdots&b_{in}+c_{in}\\\vdots&\vdots&&\vdots\\a_{n1}&a_{n2}&\cdots&a_{nn}\end{vmatrix}\\&=\begin{vmatrix}a_{11}&a_{12}&\cdots&a_{1n}\\\vdots&\vdots&&\vdots\\b_{i1}&b_{i2}&\cdots&b_{in}\\\vdots&\vdots&&\vdots\\a_{n1}&a_{n2}&\cdots&a_{nn}\end{vmatrix}+\begin{vmatrix}a_{11}&a_{12}&\cdots&a_{1n}\\\vdots&\vdots&&\vdots\\c_{i1}&c_{i2}&\cdots&c_{in}\\\vdots&\vdots&&\vdots\\a_{n1}&a_{n2}&\cdots&a_{nn}\end{vmatrix}.\end{aligned}$$

证 按照第 i 行将 D 展开即有结论.

性质6 行列式某行(列)元素都乘以一个数加到另一行(列)对应位置的元素上,所得行列式的值不变.

证 将 $D=|a_{ij}|_n$ 的第 j 行每个元素乘以 k 加到第 i 行的对应位置元素上得到行列式 $B=|b_{ij}|_n$,则 $B=|b_{ij}|_n$ 的第 i 行元素为

$$a_{i1}+ka_{j1},a_{i2}+ka_{j2},\cdots,a_{in}+ka_{jn},$$

其余行都与 $D=|a_{ij}|_n$ 的一样.将 $B=|b_{ij}|_n$ 按第 i 行展开有,

$$\begin{aligned}B=|b_{ij}|_n&=(a_{i1}+ka_{j1})A_{i1}+(a_{i2}+ka_{j2})A_{i2}+\cdots+(a_{in}+ka_{jn})A_{in}\\&=(a_{i1}A_{i1}+a_{i2}A_{i2}+\cdots+a_{in}A_{in})+k(a_{j2}A_{i2}+a_{j1}A_{i1}+\cdots+a_{jn}A_{in})=D+k\cdot 0=D\end{aligned}$$

习 题 3-2

1. 利用定义计算下列行列式:

(1) $\begin{vmatrix}3&2&0&1\\-1&1&6&0\\1&1&1&0\\-3&1&0&-2\end{vmatrix}$; (2) $\begin{vmatrix}1&2&0&1\\-1&1&6&0\\-1&1&2&-1\\1&1&0&0\end{vmatrix}$;

(3) $\begin{vmatrix}a&f&m&p&r\\b&i&n&q&s\\c&j&0&0&0\\d&k&0&0&0\\e&l&0&0&0\end{vmatrix}$.

2. 计算下列行列式:

(1) $\begin{vmatrix}2008&1986&1964\\2009&1987&1965\\2010&1988&1966\end{vmatrix}$; (2) $\begin{vmatrix}2&1&-1&1\\0&1&2&3\\1&2&1&0\\1&-1&1&-2\end{vmatrix}$;

(3) $\begin{vmatrix}3&1&0&2\\-1&0&6&2\\1&0&1&1\\-3&-2&0&1\end{vmatrix}$; (4) $\begin{vmatrix}1&1&1&1\\1&2&3&4\\1&4&9&16\\1&8&27&64\end{vmatrix}$.

3. 计算行列式:

(1) $\begin{vmatrix}1&a&b&c+d\\1&b&c&a+d\\1&c&d&a+b\\1&d&a&b+c\end{vmatrix}$; (2) $\begin{vmatrix}1+a_1&a_2&a_3\\a_1&1+a_2&a_3\\a_1&a_2&1+a_3\end{vmatrix}$.

4. 计算 n 阶行列式：

(1) $\begin{vmatrix} a & b & b & \cdots & b \\ b & a & b & \cdots & b \\ b & b & a & \cdots & b \\ \vdots & \vdots & \vdots & & \vdots \\ b & b & b & \cdots & a \end{vmatrix}$；　　(2) $\begin{vmatrix} x-a & a & a & \cdots & a \\ a & x-a & a & \cdots & a \\ a & a & x-a & \cdots & a \\ \vdots & \vdots & \vdots & & \vdots \\ a & a & a & a & x-a \end{vmatrix}$；

(3) $\begin{vmatrix} a_1+a_1 & a_1+a_2 & \cdots & a_1+a_n \\ a_2+a_1 & a_2+a_2 & \cdots & a_2+a_n \\ \vdots & \vdots & & \vdots \\ a_n+a_1 & a_n+a_2 & \cdots & a_n+a_n \end{vmatrix}$.

*5. 计算下列行列式：

(1) $\begin{vmatrix} \alpha+\beta & \alpha\beta & 0 & 0 \\ 1 & \alpha+\beta & \alpha\beta & 0 \\ 0 & 1 & \alpha+\beta & \alpha\beta \\ 0 & 0 & 1 & \alpha+\beta \end{vmatrix}$；　　(2) $\begin{vmatrix} 2 & 1 & & \\ 1 & 2 & \ddots & \\ & \ddots & \ddots & 1 \\ & & 1 & 2 \end{vmatrix}$（$n$ 阶）；

(3) $\begin{vmatrix} 1 & 2 & \cdots & n-2 & n-1 & n \\ 2 & 3 & \cdots & n-1 & n & n \\ 3 & 4 & \cdots & n & n & n \\ \vdots & \vdots & & \vdots & \vdots & \vdots \\ n-1 & n & \cdots & n & n & n \\ n & n & \cdots & n & n & n \end{vmatrix}$；

(4) $\begin{vmatrix} 1+a_1 & 2 & \cdots & n \\ 1 & 2+a_2 & \cdots & n \\ \vdots & \vdots & & \vdots \\ 1 & 2 & \cdots & n+a_n \end{vmatrix}$（$a_1a_2\cdots a_n\neq 0$）.

*6. 证明下列等式：

(1) $\begin{vmatrix} ax+by & ay+bz & az+bx \\ ay+bz & az+bx & ax+by \\ az+bx & ax+by & ay+bz \end{vmatrix}=(a^3+b^3)\begin{vmatrix} x & y & z \\ y & z & x \\ z & x & y \end{vmatrix}$；

(2) $\begin{vmatrix} x & -1 & 0 & \cdots & 0 & 0 \\ 0 & x & -1 & \cdots & 0 & 0 \\ \vdots & \vdots & \vdots & & \vdots & \vdots \\ 0 & 0 & 0 & \cdots & x & -1 \\ a_n & a_{n-1} & a_{n-2} & \cdots & a_2 & x+a_1 \end{vmatrix}=x^n+a_1x^{n-1}+\cdots+a_{n-1}x+a_n$.

*7. 设 $D=\begin{vmatrix} 1 & 1 & -1 & 0 \\ 2 & 1 & 1 & -2 \\ 1 & 3 & 2 & 1 \\ -1 & 2 & 1 & 1 \end{vmatrix}$，求 $A_{21}+A_{22}+A_{23}+A_{24}$.

第三节　克拉默(Cramer)法则

在引入行列式的概念时,我们希望能够利用行列式给出线性方程组的公式解,现在我们将在那时得到的公式解推广到 n 元线性方程组上.

设 n 个变量 n 个方程的线性方程组为

$$\begin{cases} a_{11}x_1+a_{12}x_2+\cdots+a_{1n}x_n=b_1, & ① \\ a_{21}x_1+a_{22}x_2+\cdots+a_{2n}x_n=b_2, & ② \\ \cdots\cdots\cdots\cdots \\ a_{n1}x_1+a_{n2}x_2+\cdots+a_{nn}x_n=b_n. & ⓝ \end{cases} \tag{1}$$

由未知量的系数构成的行列式

$$D=\begin{vmatrix} a_{11} & a_{12} & \cdots & a_{1n} \\ a_{21} & a_{22} & \cdots & a_{2n} \\ \vdots & \vdots & & \vdots \\ a_{n1} & a_{n2} & \cdots & a_{nn} \end{vmatrix}$$

称为该方程组的系数行列式.

对线性方程组(1)作消元变换

$$①\times A_{11}+②\times A_{21}+\cdots+ⓝ\times A_{n1},$$

则有

$$(a_{11}A_{11}+a_{21}A_{21}+\cdots+a_{n1}A_{n1})x_1+(a_{12}A_{11}+a_{22}A_{21}+\cdots+a_{n2}A_{n1})x_2+\cdots+ (a_{1n}A_{11}+a_{2n}A_{21}+\cdots+a_{nn}A_{n1})x_n=b_1A_{11}+b_2A_{21}+\cdots+b_nA_{n1}.$$

利用

$$a_{1j}A_{1t}+a_{2j}A_{2t}+\cdots+a_{nj}A_{nt}=\begin{cases} D, & j=t, \\ 0, & j\neq t, \end{cases}$$

得 $Dx_1=D_1$,其中,

$$D_1=\begin{vmatrix} b_1 & a_{12} & \cdots & a_{1n} \\ b_2 & a_{22} & \cdots & a_{2n} \\ \vdots & \vdots & & \vdots \\ b_n & a_{n2} & \cdots & a_{nn} \end{vmatrix}=b_1A_{11}+b_2A_{21}+\cdots+b_nA_{n1}.$$

所以如果 $D\neq 0$,则 $x_1=\dfrac{D_1}{D}$.

类似地,我们可以求出其他未知量 $x_i(i=1,2,\cdots,n)$.

定理 1(克拉默(Cramer)法则)　如果线性方程组(1)的系数行列式 $D\neq 0$,则方程组(1)有且仅有唯一解

$$x_1=\frac{D_1}{D},\ x_2=\frac{D_2}{D},\ \cdots,\ x_n=\frac{D_n}{D},$$

其中,$D_j(j=1,2,\cdots,n)$是 D 中第 j 列换成常数项 $b_1,b_2,\cdots,b_n$ 其余各列不变得到的行列式.

详细证明见参考文献[1]和[4].

例 1 解线性方程组

$$\begin{cases} x_1+3x_2-2x_3+x_4=1, \\ 2x_1+5x_2-3x_3+2x_4=3, \\ -3x_1+4x_2+8x_3-2x_4=4, \\ 6x_1-x_2-6x_3+4x_4=2. \end{cases}$$

解 因为

$$D=\begin{vmatrix} 1 & 3 & -2 & 1 \\ 2 & 5 & -3 & 2 \\ -3 & 4 & 8 & -2 \\ 6 & -1 & -6 & 4 \end{vmatrix} \xlongequal[r_4-6r_1]{\substack{r_2-2r_1 \\ r_3+3r_1}} \begin{vmatrix} 1 & 3 & -2 & 1 \\ 0 & -1 & 1 & 0 \\ 0 & 13 & 2 & 1 \\ 0 & -19 & 6 & -2 \end{vmatrix}$$

$$=1\times(-1)^{1+1}\begin{vmatrix} -1 & 1 & 0 \\ 13 & 2 & 1 \\ -19 & 6 & -2 \end{vmatrix} \xlongequal{c_1+c_2} \begin{vmatrix} 0 & 1 & 0 \\ 15 & 2 & 1 \\ -13 & 6 & -2 \end{vmatrix}=17\neq 0,$$

所以方程组有唯一解. 又

$$D_1=\begin{vmatrix} 1 & 3 & -2 & 1 \\ 3 & 5 & -3 & 2 \\ 4 & 4 & 8 & -2 \\ 2 & -1 & -6 & 4 \end{vmatrix}=-34,\ D_2=\begin{vmatrix} 1 & 1 & -2 & 1 \\ 2 & 3 & -3 & 2 \\ -3 & 4 & 8 & -2 \\ 6 & 2 & -6 & 4 \end{vmatrix}=0,$$

$$D_3=\begin{vmatrix} 1 & 3 & 1 & 1 \\ 2 & 5 & 3 & 2 \\ -3 & 4 & 4 & -2 \\ 6 & -1 & 2 & 4 \end{vmatrix}=17,\ D_4=\begin{vmatrix} 1 & 3 & -2 & 1 \\ 2 & 5 & -3 & 3 \\ -3 & 4 & 8 & 4 \\ 6 & -1 & -6 & 2 \end{vmatrix}=85.$$

即得唯一解

$$x_1=-\frac{34}{17}=-2,\ x_2=\frac{0}{17}=0,\ x_3=\frac{17}{17}=1,\ x_4=\frac{85}{17}=5.$$

注 ① 用克拉默法则解线性方程组时,必须满足两个条件:a. 方程的个数与未知量的个数相等;b. 系数行列式 $D\neq 0$.

② 用克拉默法则解线性方程组的计算量很大,求解并不方便. 但是,克拉默法则给出了一类线性方程组的公式解,而这个公式解便于用计算机求解线性方程组.

现在考察齐次线性方程组

$$\begin{cases} a_{11}x_1+a_{12}x_2+\cdots+a_{1n}x_n=0, \\ a_{21}x_1+a_{22}x_2+\cdots+a_{2n}x_n=0, \\ \cdots\cdots\cdots\cdots \\ a_{n1}x_1+a_{n2}x_2+\cdots+a_{nn}x_n=0. \end{cases} \tag{2}$$

由于齐次线性方程组必有零解，因此主要讨论方程组（2）何时只有零解？何时有非零解？

由克拉默法则可得方程组(2)在其系数行列式 $D\neq 0$ 时有唯一解，而齐次线性方程组必有零解，所以有如下定理：

定理 2　如果齐次线性方程组(2)的系数行列式 $D\neq 0$，则该方程组只有零解.

推论　如果齐次线性方程组(2)有非零解，那么它的系数行列式 $D=0$.

例 2　a,b 取何值时，线性方程组

$$\begin{cases} a_1x_1+\ \ x_2+x_3=0, \\ x_1+\ bx_2+x_3=0, \\ x_1+2bx_2+x_3=0 \end{cases}$$

只有零解？

解　由定理 2 知，当系数行列式 $D\neq 0$ 时，方程组只有零解，

$$D=\begin{vmatrix} a & 1 & 1 \\ 1 & b & 1 \\ 1 & 2b & 1 \end{vmatrix}=b(1-a).$$

所以，当 $a\neq 1$ 且 $b\neq 0$ 时，方程组只有零解.

例 3　λ 满足什么条件时，齐次线性方程组

$$\begin{cases} \lambda x_1+\ x_2+\ x_3=0, \\ x_1+\lambda x_2+\ x_3=0, \\ x_1+\ x_2+\lambda x_3=0 \end{cases}$$

有非零解？

解　如果齐次线性方程组有非零解，那么系数行列式

$$\begin{vmatrix} \lambda & 1 & 1 \\ 1 & \lambda & 1 \\ 1 & 1 & \lambda \end{vmatrix}=(\lambda-1)^2(\lambda+2)=0.$$

所以如果齐次线性方程组有非零解必有 $\lambda=1$ 或 $\lambda=-2$. 经检验，$\lambda=1$ 或 $\lambda=-2$ 时，方程组确实有非零解.

读一读

克拉默法则的几何意义

当 $n=2$ 时,设

$$\boldsymbol{a}=\begin{pmatrix}a_{11}\\a_{21}\end{pmatrix},\ \boldsymbol{b}=\begin{pmatrix}a_{12}\\a_{22}\end{pmatrix},\ \boldsymbol{c}=\begin{pmatrix}b_{1}\\b_{2}\end{pmatrix},$$

这里为表述方便,向量表示采用了列向量的写法.则二元线性方程组

$$\begin{cases}a_{11}x_1+a_{12}x_2=b_1,\\a_{21}x_1+a_{22}x_2=b_2,\end{cases}$$

可以改写为 $x_1\boldsymbol{a}+x_2\boldsymbol{b}=\boldsymbol{c}$.其中,$x_1\boldsymbol{a}$,$x_2\boldsymbol{b}$ 是向量 $\boldsymbol{c}$ 在向量 $\boldsymbol{a}$,$\boldsymbol{b}$ 上的分解向量,x_1,x_2 是向量 $\boldsymbol{c}$ 在向量 $\boldsymbol{a}$,$\boldsymbol{b}$ 上的分解系数.

$$D=\begin{vmatrix}a_{11}&a_{12}\\a_{21}&a_{22}\end{vmatrix}\neq 0$$

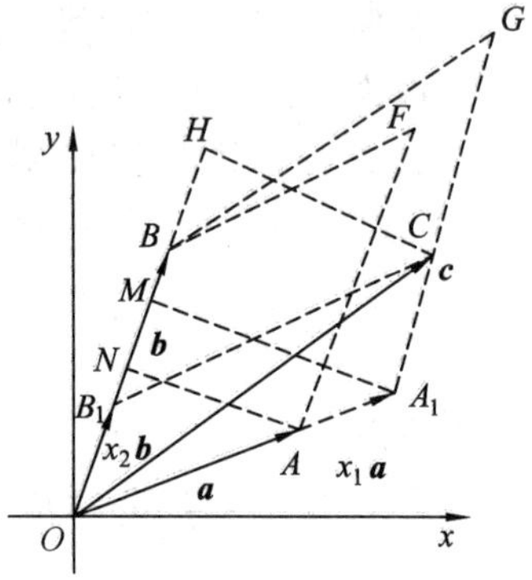

图 3-3

表示 $\boldsymbol{a}$,$\boldsymbol{b}$ 不是共线向量.则任意向量 $\boldsymbol{c}$ 可以针对 $\boldsymbol{a}$,$\boldsymbol{b}$ 进行分解.为说明方便,先假设 $\boldsymbol{a}$ 逆时针转向 $\boldsymbol{b}$ 的转角小于 π,且 $\boldsymbol{a}$ 逆时针转时,先转到 $\boldsymbol{c}$ 方向,再转向 $\boldsymbol{b}$.令 $\boldsymbol{a}=\overrightarrow{OA}$,$\boldsymbol{b}=\overrightarrow{OB}$,$\boldsymbol{c}=\overrightarrow{OC}$(见图 3-3),从 $\boldsymbol{c}$ 的终点 C 引 OA,OB 的平行线 CB_1,CA_1,其中,A_1,B_1 分别为平行线与 OA,OB 的交点.则

$$\boldsymbol{c}=\overrightarrow{OC}=\overrightarrow{OA_1}+\overrightarrow{OB_1},$$

而 $\overrightarrow{OA_1}=x_1\boldsymbol{a}$,$\overrightarrow{OB_1}=x_2\boldsymbol{b}$,所以 $\boldsymbol{c}$ 可以分解为 $x_1\boldsymbol{a}+x_2\boldsymbol{b}=\boldsymbol{c}$,即方程组有解.

此时,由二阶行列式的几何意义知 D 的值等于以 $\boldsymbol{a}$,$\boldsymbol{b}$ 为相邻边的$\square OAFB$ 的面积 S_{OAFB},而

$$D_1=\begin{vmatrix}b_1&a_{12}\\b_2&a_{22}\end{vmatrix}$$

的值等于以 $\boldsymbol{c}$,$\boldsymbol{b}$ 为相邻边的$\square OCGB$ 的面积 S_{OCGB}.由于这两个平行四边形有共同的底 OB,则

$$\frac{D_1}{D}=\frac{S_{OCGB}}{S_{OAFB}}=\frac{CH}{AN},$$

其中 CH,AN 分别是$\square OCGB$ 与$\square OAFB$ 在 OB 上的高.由于 $CH=A_1M$,利用$\triangle OA_1M$ 与$\triangle OAN$ 相似,有

$$\frac{D_1}{D}=\frac{A_1M}{AN}=\frac{OA_1}{OA}=x_1.$$

同理，$\dfrac{D_2}{D}=x_2$.

对 $\boldsymbol{a},\boldsymbol{b},\boldsymbol{c}$ 的其他位置情况，可以类似讨论，也可以得到

$$\frac{D_1}{D}=x_1,\frac{D_2}{D}=x_2.$$

同理，当 $n=3$ 时，设

$$\boldsymbol{a}=\begin{pmatrix}a_{11}\\a_{21}\\a_{31}\end{pmatrix},\ \boldsymbol{b}=\begin{pmatrix}a_{12}\\a_{22}\\a_{32}\end{pmatrix},\ \boldsymbol{c}=\begin{pmatrix}a_{13}\\a_{23}\\a_{33}\end{pmatrix},\ \boldsymbol{\beta}=\begin{pmatrix}b_1\\b_2\\b_3\end{pmatrix},$$

则

$$\begin{cases}a_{11}x_1+a_{12}x_2+a_{13}x_3=b_1,\\a_{21}x_1+a_{22}x_2+a_{23}x_3=b_2,\\a_{31}x_1+a_{32}x_2+a_{33}x_3=b_3\end{cases}$$

可以改写为

$$x_1\boldsymbol{a}+x_2\boldsymbol{b}+x_3\boldsymbol{c}=\boldsymbol{\beta},$$

其中，$x_1\boldsymbol{a},x_2\boldsymbol{b},x_3\boldsymbol{c}$ 是向量 $\boldsymbol{\beta}$ 在向量 $\boldsymbol{a},\boldsymbol{b},\boldsymbol{c}$ 上的分解向量.

$$D=\begin{vmatrix}a_{11}&a_{21}&a_{31}\\a_{12}&a_{22}&a_{32}\\a_{13}&a_{23}&a_{33}\end{vmatrix}\neq0$$

表示 $\boldsymbol{a},\boldsymbol{b},\boldsymbol{c}$ 不共面. 此时，以 $\boldsymbol{\beta}$ 为体对角线，分别平行 $\boldsymbol{a},\boldsymbol{b},\boldsymbol{c}$ 的向量为棱可作平行六面体，这样就可以将向量 $\boldsymbol{\beta}$ 分解为与向量 $\boldsymbol{a},\boldsymbol{b},\boldsymbol{c}$ 平行的 3 个向量 $x_1\boldsymbol{a},x_2\boldsymbol{b},x_3\boldsymbol{c}$ 的和，即方程组有解.

D 的绝对值 $|D|$ 表示以 $\boldsymbol{a},\boldsymbol{b},\boldsymbol{c}$ 为相邻边的平行六面体的体积，D_1,D_2,D_3 的绝对值分别表示以 $\boldsymbol{\beta},\boldsymbol{b},\boldsymbol{c}$ 和 $\boldsymbol{a},\boldsymbol{\beta},\boldsymbol{c}$ 及 $\boldsymbol{a},\boldsymbol{b},\boldsymbol{\beta}$ 为相邻边的平行六面体的体积. D_i $(i=1,2,3)$ 是以 $\boldsymbol{\beta}$ 的元素为列换 D 的第 i 列得到的行列式. 按 $\boldsymbol{a},\boldsymbol{b},\boldsymbol{c}$ 与 $\boldsymbol{\beta}$ 的不同位置讨论，并利用同底的平行六面体的体积比等于高之比及三角形的相似比，均有

$$\frac{D_1}{D}=x_1,\ \frac{D_2}{D}=x_2,\ \frac{D_3}{D}=x_3.$$

习 题 3-3

1. 用克拉默法则解下列线性方程组：

(1) $\begin{cases}x+2y+2z=3,\\-x-4y+z=7,\\3x+7y+4z=3;\end{cases}$　　(2) $\begin{cases}x_1+2x_2+2x_3=7,\\x_1+x_2+x_3=4,\\x_2+3x_3=7;\end{cases}$

(3) $\begin{cases} bx_1 - ax_2 = -2ab, \\ -2cx_2 + 3bx_3 = bc, \\ cx_1 + ax_3 = 0 \end{cases}$ $(abc \neq 0)$.

2. 当 λ 为何值时，齐次线性方程组

$$\begin{cases} \lambda x_1 + 3x_2 + 4x_3 = 0, \\ -x_1 + \lambda x_2 = 0, \\ \lambda x_2 + x_3 = 0 \end{cases}$$

(1) 仅有零解；(2) 有非零解.

3. 设齐次线性方程组为

$$\begin{cases} ax_1 + x_2 + x_3 = 0, \\ x_1 + bx_2 + x_3 = 0, \\ x_1 + 2bx_2 + x_3 = 0. \end{cases}$$

用克拉默法则解讨论 a,b 应取何值时，(1) 方程组仅有零解；(2) 方程组有非零解.

第四节　方阵的行列式

行列式与矩阵有着本质的区别，行列式是一个数值，而矩阵是一个数表. 但是，行列式与矩阵之间也有着很多联系，比如讨论矩阵的性质时常常涉及行列式. 为了探求行列式与矩阵的关系，本节将研究方阵的行列式.

一、方阵的行列式的定义及性质

定义 1　设 $\boldsymbol{A}=(a_{ij})_n$ 是 n 阶方阵，以 $\boldsymbol{A}$ 的元素构成的行列式 $|a_{ij}|_n$ 称为方阵 $\boldsymbol{A}$ 的行列式，记为 $|\boldsymbol{A}|$ 或 $\det\boldsymbol{A}$.

注意　只有方阵才能定义行列式.

例如，

$$\boldsymbol{A}=\begin{pmatrix} \cos\theta & \sin\theta \\ -\sin\theta & \cos\theta \end{pmatrix},$$

则

$$|\boldsymbol{A}|=\begin{vmatrix} \cos\theta & \sin\theta \\ -\sin\theta & \cos\theta \end{vmatrix}=\cos^2\theta+\sin^2\theta=1.$$

但

$$\boldsymbol{B}=\begin{pmatrix} 1 & -1 & 2 \\ 2 & 0 & 5 \end{pmatrix}$$

没有行列式. 因此，$\begin{vmatrix} 1 & -1 & 2 \\ 2 & 0 & 5 \end{vmatrix}$ 这样的表达式没有任何意义.

定理 1　方阵的行列式具有以下性质：

性质 1　$\boldsymbol{A}$ 是 n 阶方阵，则 $|k\boldsymbol{A}|=k^n|\boldsymbol{A}|$.

性质 2　$\boldsymbol{A}$ 是 n 阶方阵,则 $|\boldsymbol{A}^{\mathrm{T}}|=|\boldsymbol{A}|$.

性质 1 与性质 2 可以由定义直接得到.

性质 3　$\boldsymbol{A}$ 是 n 阶方阵,$\boldsymbol{B}$ 是 m 阶方阵,则

$$\begin{vmatrix} \boldsymbol{A} & \boldsymbol{C} \\ \boldsymbol{O} & \boldsymbol{B} \end{vmatrix}=|\boldsymbol{A}||\boldsymbol{B}|.$$（证明过程见参考文献[1]和[4].）

推论 1　$\boldsymbol{A}$ 是 n 阶方阵,$\boldsymbol{B}$ 是 m 阶方阵,则

$$\begin{vmatrix} \boldsymbol{A} & \boldsymbol{O} \\ \boldsymbol{C} & \boldsymbol{B} \end{vmatrix}=|\boldsymbol{A}||\boldsymbol{B}|.$$

推论 2　设 $\boldsymbol{A}_1,\boldsymbol{A}_2,\cdots,\boldsymbol{A}_S$ 均为方阵,则

$$\begin{vmatrix} \boldsymbol{A}_1 & & & \\ & \boldsymbol{A}_2 & & \\ & & \ddots & \\ & & & \boldsymbol{A}_S \end{vmatrix}=|\boldsymbol{A}_1||\boldsymbol{A}_2|\cdots|\boldsymbol{A}_S|.$$

性质 4　$\boldsymbol{A},\boldsymbol{B}$ 均为 n 阶方阵,则 $|\boldsymbol{AB}|=|\boldsymbol{A}||\boldsymbol{B}|$.（证明过程见参考文献[1]和[4].）

注意　$\boldsymbol{A},\boldsymbol{B}$ 均为 n 阶方阵,$|\boldsymbol{A}+\boldsymbol{B}|=|\boldsymbol{A}|+|\boldsymbol{B}|$ 不一定成立.如

$$\boldsymbol{A}=\begin{pmatrix} 1 & 0 \\ 0 & 1 \end{pmatrix},\ \boldsymbol{B}=\begin{pmatrix} -1 & 0 \\ 0 & -1 \end{pmatrix},\ |\boldsymbol{A}+\boldsymbol{B}|=\begin{vmatrix} 0 & 0 \\ 0 & 0 \end{vmatrix}=0,$$

而

$$|\boldsymbol{A}|+|\boldsymbol{B}|=1+1=2.$$

所以,

$$|\boldsymbol{A}+\boldsymbol{B}|\neq|\boldsymbol{A}|+|\boldsymbol{B}|.$$

例 1　计算行列式

$$D=\begin{vmatrix} 0 & -1 & -1 & 2 \\ 1 & -1 & 0 & 2 \\ -1 & 2 & 0 & 0 \\ 2 & 1 & 0 & 0 \end{vmatrix}.$$

解　$$D=\begin{vmatrix} 0 & -1 & -1 & 2 \\ 1 & -1 & 0 & 2 \\ -1 & 2 & 0 & 0 \\ 2 & 1 & 0 & 0 \end{vmatrix}\xlongequal[c_2\leftrightarrow c_4]{c_1\leftrightarrow c_3}(-1)^2\begin{vmatrix} -1 & 2 & 0 & -1 \\ 0 & 2 & 1 & -1 \\ 0 & 0 & -1 & 2 \\ 0 & 0 & 2 & 1 \end{vmatrix}$$

$$=\begin{vmatrix} -1 & 2 \\ 0 & 2 \end{vmatrix}\begin{vmatrix} -1 & 2 \\ 2 & 1 \end{vmatrix}=10.$$

例 2　已知 $\boldsymbol{A}$ 是三阶方阵,且 $|\boldsymbol{A}|=-2$,计算(1) $|2\boldsymbol{A}|$;(2) $||\boldsymbol{A}|\boldsymbol{A}|$;(3) $\begin{vmatrix} -\boldsymbol{A} & \boldsymbol{O} \\ \boldsymbol{E} & 2\boldsymbol{A} \end{vmatrix}$.

解 (1) $|2\boldsymbol{A}|=2^3|\boldsymbol{A}|=8\times(-2)=-16$;

(2) $||\boldsymbol{A}|\boldsymbol{A}|=|-2\boldsymbol{A}|=(-2)^3|\boldsymbol{A}|=(-2)^4=16$;

(3) $\begin{vmatrix}-\boldsymbol{A} & \boldsymbol{O}\\ \boldsymbol{E} & 2\boldsymbol{A}\end{vmatrix}=|-\boldsymbol{A}||2\boldsymbol{A}|=(-1)^3|\boldsymbol{A}|\cdot 2^3|\boldsymbol{A}|=-32.$

例 3 已知 $\boldsymbol{A},\boldsymbol{B}$ 都是三阶方阵,且 $|\boldsymbol{A}|=-9$,$\boldsymbol{AB}+3\boldsymbol{E}=\boldsymbol{O}$,求 $|\boldsymbol{B}|$.

解 由 $\boldsymbol{AB}+3\boldsymbol{E}=\boldsymbol{O}$ 有 $\boldsymbol{AB}=-3\boldsymbol{E}$,则 $|\boldsymbol{AB}|=|-3\boldsymbol{E}|$,所以

$$|\boldsymbol{A}||\boldsymbol{B}|=(-3)^3|\boldsymbol{E}|=-27.$$

因此 $(-9)|\boldsymbol{B}|=-27$,即 $|\boldsymbol{B}|=3$.

二、方阵可逆条件及逆矩阵的公式表示

在第二章中,我们给出了方阵可逆定义:$\boldsymbol{A}$ 是 n 阶方阵,如果存在 n 阶方阵 $\boldsymbol{B}$,使得 $\boldsymbol{AB}=\boldsymbol{BA}=\boldsymbol{E}$,则称 $\boldsymbol{A}$ 为可逆矩阵,称 $\boldsymbol{B}$ 为 $\boldsymbol{A}$ 的一个逆矩阵.

有时用定义讨论方阵的可逆性并不方便,现借助行列式给出方阵 $\boldsymbol{A}$ 可逆的条件.

按照定义,如果方阵 $\boldsymbol{B}$,使得 $\boldsymbol{AB}=\boldsymbol{BA}=d\boldsymbol{E}$,且 d 为非零常数,则

$$\boldsymbol{A}\left(\frac{1}{d}\boldsymbol{B}\right)=\left(\frac{1}{d}\boldsymbol{B}\right)\boldsymbol{A}=\boldsymbol{E},$$

即有 $\boldsymbol{A}$ 可逆,且 $\boldsymbol{A}^{-1}=\frac{1}{d}\boldsymbol{B}$.

设 $\boldsymbol{A}=(a_{ij})_{n\times n}$,$\boldsymbol{B}=(b_{ij})_{n\times n}$,由矩阵乘法定义知 $\boldsymbol{AB}=(c_{ij})_{n\times n}$,其中,

$$c_{ij}=a_{i1}b_{ij}+a_{i2}b_{2j}+\cdots+a_{in}b_{nj}\quad(i,j=1,2,\cdots,n).$$

显然,

$$\boldsymbol{AB}=d\boldsymbol{E}=\begin{pmatrix}d & & \\ & \ddots & \\ & & d\end{pmatrix}$$

当且仅当

$$c_{ij}=a_{i1}b_{1j}+a_{i2}b_{2j}+\cdots+a_{in}b_{nj}=\begin{cases}d, & i=j,\\ 0, & i\neq j.\end{cases}$$

而我们知道 $|\boldsymbol{A}|$ 中 $a_{j1},a_{j2},\cdots,a_{jn}$ 的代数余子式 $A_{j1},A_{j2},\cdots,A_{jn}$ 就满足

$$a_{i1}A_{j1}+a_{i2}A_{j2}+\cdots+a_{in}A_{jn}=\begin{cases}|\boldsymbol{A}|, & i=j,\\ 0, & i\neq j.\end{cases}$$

现将 $b_{1j},b_{2j},\cdots,b_{nj}$ 分别取 $|\boldsymbol{A}|$ 中 $a_{j1},a_{j2},\cdots,a_{jn}$ 的代数余子式 $A_{j1},A_{j2},\cdots,A_{jn}$ 即有

$$\boldsymbol{AB}=|\boldsymbol{A}|\boldsymbol{E}=\begin{pmatrix}|\boldsymbol{A}| & & \\ & \ddots & \\ & & |\boldsymbol{A}|\end{pmatrix},$$

此时，$d=|\boldsymbol{A}|$，而 $\boldsymbol{B}$ 的第 $j\,(j=1,2,\cdots,n)$ 列元素取 $|\boldsymbol{A}|$ 的第 j 行对应元素的代数余子式.

为此，我们给出如下定义：

定义 2 设

$$\boldsymbol{A}=\begin{pmatrix} a_{11} & a_{12} & \cdots & a_{1n} \\ a_{21} & a_{22} & \cdots & a_{2n} \\ \vdots & \vdots & & \vdots \\ a_{n1} & a_{n2} & \cdots & a_{nn} \end{pmatrix},$$

称由 a_{ij} 在 $|\boldsymbol{A}|$ 中的代数余子式 A_{ij} 为元素构成的矩阵

$$\boldsymbol{A}^*=\begin{pmatrix} A_{11} & A_{21} & \cdots & A_{n1} \\ A_{12} & A_{22} & \cdots & A_{n2} \\ \vdots & \vdots & & \vdots \\ A_{1n} & A_{2n} & \cdots & A_{nn} \end{pmatrix}$$

为 $\boldsymbol{A}$ 的伴随矩阵.

注意 $\boldsymbol{A}^*$ 的第 $i(i=1,2,\cdots,n)$ 列(行)元素是 $|\boldsymbol{A}|$ 的第 $i(i=1,2,\cdots,n)$ 行(列)元素的代数余子式.

由

$$a_{i1}A_{j1}+a_{i2}A_{j2}+\cdots+a_{in}A_{jn}=\begin{cases} |\boldsymbol{A}|, & i=j, \\ 0, & i\neq j \end{cases}$$

和

$$a_{1i}A_{1j}+a_{2i}A_{2j}+\cdots+a_{ni}A_{nj}=\begin{cases} |\boldsymbol{A}|, & i=j, \\ 0, & i\neq j \end{cases}$$

易得：

定理 2 设 $\boldsymbol{A}$ 是 n 阶方阵，$\boldsymbol{A}^*$ 是 $\boldsymbol{A}$ 的伴随矩阵，则

$$\boldsymbol{A}\boldsymbol{A}^*=\boldsymbol{A}^*\boldsymbol{A}=|\boldsymbol{A}|\boldsymbol{E}.$$

定理 3 n 阶方阵 $\boldsymbol{A}$ 可逆的充分必要条件为 $|\boldsymbol{A}|\neq 0$，而且

$$\boldsymbol{A}^{-1}=\frac{1}{|\boldsymbol{A}|}\boldsymbol{A}^*.$$

证 先证充分性. 若 $|\boldsymbol{A}|\neq 0$，注意到 $|\boldsymbol{A}|$ 是一个数，由 $\boldsymbol{A}\boldsymbol{A}^*=\boldsymbol{A}^*\boldsymbol{A}=|\boldsymbol{A}|\boldsymbol{E}$，有

$$\boldsymbol{A}\left(\frac{1}{|\boldsymbol{A}|}\boldsymbol{A}^*\right)=\left(\frac{1}{|\boldsymbol{A}|}\boldsymbol{A}^*\right)\boldsymbol{A}=\boldsymbol{E},$$

所以 $\boldsymbol{A}$ 可逆，且

$$\boldsymbol{A}^{-1}=\frac{1}{|\boldsymbol{A}|}\boldsymbol{A}^*.$$

再证必要性. 如果 $\boldsymbol{A}$ 可逆,那么存在 $\boldsymbol{A}^{-1}$ 使得 $\boldsymbol{A}\boldsymbol{A}^{-1}=\boldsymbol{E}$. 两端取行列式,得

$$|\boldsymbol{A}\boldsymbol{A}^{-1}|=|\boldsymbol{A}||\boldsymbol{A}^{-1}|=|\boldsymbol{E}|=1\neq 0,$$

所以 $|\boldsymbol{A}|\neq 0$. 此时还有

$$|\boldsymbol{A}^{-1}|=\frac{1}{|\boldsymbol{A}|}.$$

例 4 设

$$\boldsymbol{A}=\begin{pmatrix}1 & 1 & 2\\ 1 & 1 & 1\\ 1 & -1 & 2\end{pmatrix},$$

求 $\boldsymbol{A}^*$,及 $\boldsymbol{A}^{-1}$.

解
$$|\boldsymbol{A}|=\begin{vmatrix}1 & 1 & 2\\ 1 & 1 & 1\\ 1 & -1 & 2\end{vmatrix}=-2\neq 0,$$

$\boldsymbol{A}$ 可逆,且

$$A_{11}=\begin{vmatrix}1 & 1\\ -1 & 2\end{vmatrix}=3,\quad A_{21}=-\begin{vmatrix}1 & 2\\ -1 & 2\end{vmatrix}=-4,A_{31}=\begin{vmatrix}1 & 2\\ 1 & 1\end{vmatrix}=-1,$$

$$A_{12}=-\begin{vmatrix}1 & 1\\ 1 & 2\end{vmatrix}=-1,A_{22}=\begin{vmatrix}1 & 2\\ 1 & 2\end{vmatrix}=0,\qquad A_{32}=-\begin{vmatrix}1 & 2\\ 1 & 1\end{vmatrix}=1,$$

$$A_{13}=\begin{vmatrix}1 & 1\\ 1 & -1\end{vmatrix}=-2,A_{23}=-\begin{vmatrix}1 & 1\\ 1 & -1\end{vmatrix}=2,\quad A_{33}=\begin{vmatrix}1 & 1\\ 1 & 1\end{vmatrix}=0.$$

则

$$\boldsymbol{A}^*=\begin{pmatrix}3 & -4 & -1\\ -1 & 0 & 1\\ -2 & 2 & 0\end{pmatrix}.$$

所以

$$\boldsymbol{A}^{-1}=-\frac{1}{2}\boldsymbol{A}^*=\begin{pmatrix}-\frac{3}{2} & 2 & \frac{1}{2}\\ \frac{1}{2} & 0 & -\frac{1}{2}\\ 1 & -1 & 0\end{pmatrix}.$$

这与第二章第三节例 3 的结果完全一致.

我们看到,利用伴随矩阵计算逆矩阵的计算量较大. 但是,

$$\boldsymbol{A}^{-1}=\frac{1}{|\boldsymbol{A}|}\boldsymbol{A}^*$$

给出了可逆矩阵的逆矩阵的公式表达式,而且伴随矩阵本身也具有一些很好的性质.

对于二阶方阵，利用伴随矩阵求逆是比较简单的.

设

$$\boldsymbol{A}=\begin{pmatrix} a & b \\ c & d \end{pmatrix},$$

当且仅当$|\boldsymbol{A}|=ad-bc\neq 0$时$\boldsymbol{A}$可逆，且

$$A_{11}=|d|=d,\quad A_{21}=-|b|=-b,$$
$$A_{12}=-|c|=-c, A_{22}=|a|=a,$$

所以

$$\boldsymbol{A}^{-1}=\frac{1}{|\boldsymbol{A}|}\boldsymbol{A}^*=\frac{1}{ad-bc}\begin{pmatrix} d & -b \\ -c & a \end{pmatrix}.$$

推论 $\boldsymbol{A},\boldsymbol{B}$都是$n$阶方阵，如果$\boldsymbol{AB}=\boldsymbol{E}$，那么$\boldsymbol{BA}=\boldsymbol{E}$.

证 因为$\boldsymbol{AB}=\boldsymbol{E}$，则$|\boldsymbol{A}||\boldsymbol{B}|=|\boldsymbol{E}|=1$，从而$|\boldsymbol{A}|\neq 0$，则$\boldsymbol{A}$可逆，$\boldsymbol{A}^{-1}$存在.

于是

$$\boldsymbol{BA}=\boldsymbol{E}(\boldsymbol{BA})=(\boldsymbol{A}^{-1}\boldsymbol{A})(\boldsymbol{BA})=\boldsymbol{A}^{-1}(\boldsymbol{AB})\boldsymbol{A}=\boldsymbol{A}^{-1}\boldsymbol{EA}=\boldsymbol{A}^{-1}\boldsymbol{A}=\boldsymbol{E}.$$

这说明，当$\boldsymbol{A},\boldsymbol{B}$都是$n$阶方阵时，只要$\boldsymbol{AB}=\boldsymbol{E}$和$\boldsymbol{BA}=\boldsymbol{E}$中有一个等式成立，就可以得到矩阵$\boldsymbol{A}$可逆，且$\boldsymbol{B}=\boldsymbol{A}^{-1}$.

例5 设$\boldsymbol{A}$是三阶方阵，且$|\boldsymbol{A}|=-2$，求(1) $|\boldsymbol{A}^{-1}|$；(2) $|\boldsymbol{A}^*|$；(3) $|\boldsymbol{A}^{-1}+2\boldsymbol{A}^*|$.

解 (1) $|\boldsymbol{A}^{-1}|=\dfrac{1}{|\boldsymbol{A}|}=-\dfrac{1}{2}$；

(2) 因为$\boldsymbol{AA}^*=|\boldsymbol{A}|\boldsymbol{E}=-2\boldsymbol{E}$，所以$|\boldsymbol{AA}^*|=|-2\boldsymbol{E}|=(-2)^3$，则

$$|\boldsymbol{AA}^*|=|\boldsymbol{A}||\boldsymbol{A}^*|=-8 \text{ 即 } (-2)|\boldsymbol{A}^*|=(-2)^3,|\boldsymbol{A}^*|=4;$$

(3) 由于 $\boldsymbol{A}^{-1}=\dfrac{1}{|\boldsymbol{A}|}\boldsymbol{A}^*$，$\boldsymbol{A}^*=|\boldsymbol{A}|\boldsymbol{A}^{-1}=-2\boldsymbol{A}^{-1}$，

所以有

$$|\boldsymbol{A}^{-1}+2\boldsymbol{A}^*|=|\boldsymbol{A}^{-1}-4\boldsymbol{A}^{-1}|=|-3\boldsymbol{A}^{-1}|=(-3)^3|\boldsymbol{A}^{-1}|=\frac{27}{2}.$$

例6 设矩阵

$$\boldsymbol{A}=\begin{pmatrix} 1 & 0 & 1 \\ 0 & 2 & 0 \\ 1 & 0 & 1 \end{pmatrix},$$

矩阵$\boldsymbol{X}$满足$\boldsymbol{AX}+\boldsymbol{E}=\boldsymbol{A}^2+\boldsymbol{X}$，求矩阵$\boldsymbol{X}$.

解 由$\boldsymbol{AX}+\boldsymbol{E}=\boldsymbol{A}^2+\boldsymbol{X}$，解

$$\boldsymbol{AX}-\boldsymbol{X}=\boldsymbol{A}^2-\boldsymbol{E},$$

即

$$(\boldsymbol{A}-\boldsymbol{E})\boldsymbol{X}=(\boldsymbol{A}-\boldsymbol{E})(\boldsymbol{A}+\boldsymbol{E}).$$

由于

$$|\boldsymbol{A}-\boldsymbol{E}|=\begin{vmatrix}0&0&1\\0&1&0\\1&0&0\end{vmatrix}=-1\neq 0,$$

所以 $\boldsymbol{A}-\boldsymbol{E}$ 可逆. 等式

$$(\boldsymbol{A}-\boldsymbol{E})\boldsymbol{X}=(\boldsymbol{A}-\boldsymbol{E})(\boldsymbol{A}+\boldsymbol{E})$$

两端同时左乘 $(\boldsymbol{A}-\boldsymbol{E})^{-1}$，可得

$$\boldsymbol{X}=\boldsymbol{A}+\boldsymbol{E}=\begin{pmatrix}2&0&1\\0&3&0\\1&0&2\end{pmatrix}.$$

读一读

***例 7** $\boldsymbol{A},\boldsymbol{B}$ 分别是 m,n 阶可逆矩阵，$\boldsymbol{C}$ 是 $n\times m$ 矩阵，证明

$$\boldsymbol{F}=\begin{pmatrix}\boldsymbol{A}&\boldsymbol{O}\\\boldsymbol{C}&\boldsymbol{B}\end{pmatrix}$$

可逆，并求其逆矩阵.

证 因为 $|\boldsymbol{F}|=\begin{vmatrix}\boldsymbol{A}&\boldsymbol{O}\\\boldsymbol{C}&\boldsymbol{B}\end{vmatrix}=|\boldsymbol{A}||\boldsymbol{B}|\neq 0$，所以 $\boldsymbol{F}=\begin{pmatrix}\boldsymbol{A}&\boldsymbol{O}\\\boldsymbol{C}&\boldsymbol{B}\end{pmatrix}$ 可逆.

设

$$\boldsymbol{F}^{-1}=\begin{pmatrix}\boldsymbol{G}_{11}&\boldsymbol{G}_{12}\\\boldsymbol{G}_{21}&\boldsymbol{G}_{22}\end{pmatrix},$$

其中，$\boldsymbol{G}_{11},\boldsymbol{G}_{22}$ 分别是 m,n 阶方阵，$\boldsymbol{G}_{12},\boldsymbol{G}_{21}$ 分别是 $m\times n$ 和 $n\times m$ 矩阵.

由于

$$\begin{pmatrix}\boldsymbol{A}&\boldsymbol{O}\\\boldsymbol{C}&\boldsymbol{B}\end{pmatrix}\begin{pmatrix}\boldsymbol{G}_{11}&\boldsymbol{G}_{12}\\\boldsymbol{G}_{21}&\boldsymbol{G}_{22}\end{pmatrix}=\begin{pmatrix}\boldsymbol{A}\boldsymbol{G}_{11}&\boldsymbol{A}\boldsymbol{G}_{12}\\\boldsymbol{C}\boldsymbol{G}_{11}+\boldsymbol{B}\boldsymbol{G}_{21}&\boldsymbol{C}\boldsymbol{G}_{12}+\boldsymbol{B}\boldsymbol{G}_{22}\end{pmatrix}=\begin{pmatrix}\boldsymbol{E}_m&\boldsymbol{O}\\\boldsymbol{O}&\boldsymbol{E}_n\end{pmatrix},$$

所以

$$\begin{cases}\boldsymbol{A}\boldsymbol{G}_{11}=\boldsymbol{E}_m, & ①\\\boldsymbol{A}\boldsymbol{G}_{12}=\boldsymbol{O}, & ②\\\boldsymbol{C}\boldsymbol{G}_{11}+\boldsymbol{B}\boldsymbol{G}_{21}=\boldsymbol{O}, & ③\\\boldsymbol{C}\boldsymbol{G}_{12}+\boldsymbol{B}\boldsymbol{G}_{22}=\boldsymbol{E}_n. & ④\end{cases}$$

由①和②有 $\boldsymbol{G}_{11}=\boldsymbol{A}^{-1},\boldsymbol{G}_{12}=\boldsymbol{O}$，代入③和④得 $\boldsymbol{G}_{21}=-\boldsymbol{B}^{-1}\boldsymbol{C}\boldsymbol{A}^{-1},\boldsymbol{G}_{22}=\boldsymbol{B}^{-1}$，则

$$\boldsymbol{F}^{-1}=\begin{pmatrix}\boldsymbol{A}^{-1}&\boldsymbol{O}\\-\boldsymbol{B}^{-1}\boldsymbol{C}\boldsymbol{A}^{-1}&\boldsymbol{B}^{-1}\end{pmatrix}$$

即

$$\begin{pmatrix} \boldsymbol{A} & \boldsymbol{O} \\ \boldsymbol{C} & \boldsymbol{B} \end{pmatrix}^{-1} = \begin{pmatrix} \boldsymbol{A}^{-1} & \boldsymbol{O} \\ -\boldsymbol{B}^{-1}\boldsymbol{C}\boldsymbol{A}^{-1} & \boldsymbol{B}^{-1} \end{pmatrix}.$$

特别地，当 $\boldsymbol{C}=\boldsymbol{O}$ 时，有

$$\begin{pmatrix} \boldsymbol{A} & \boldsymbol{O} \\ \boldsymbol{O} & \boldsymbol{B} \end{pmatrix}^{-1} = \begin{pmatrix} \boldsymbol{A}^{-1} & \boldsymbol{O} \\ \boldsymbol{O} & \boldsymbol{B}^{-1} \end{pmatrix},$$

该结论在第二章也有提及.

习 题 3-4

1. 求下列矩阵的伴随矩阵和逆矩阵：

(1) $\boldsymbol{A}=\begin{pmatrix} \cos\theta & -\sin\theta \\ \sin\theta & \cos\theta \end{pmatrix}$； (2) $\boldsymbol{A}=\begin{pmatrix} 2 & 0 & 0 \\ 0 & 2 & 3 \\ 0 & 1 & 2 \end{pmatrix}$；

(3) $\boldsymbol{A}=\begin{pmatrix} 1 & -1 & 0 \\ 0 & 1 & 1 \\ 0 & 1 & 3 \end{pmatrix}$.

2. 利用分块矩阵求下列矩阵的逆矩阵：

(1) $\boldsymbol{A}=\begin{pmatrix} -2 & 0 & 0 & 0 \\ 0 & 1 & -1 & 1 \\ 0 & 1 & 1 & 1 \\ 0 & 0 & 1 & 3 \end{pmatrix}$； (2) $\boldsymbol{A}=\begin{pmatrix} 1 & 0 & 0 & 0 \\ -1 & 2 & 0 & 0 \\ 0 & 0 & 4 & 3 \\ 0 & 0 & 1 & 1 \end{pmatrix}$.

3. $\boldsymbol{A},\boldsymbol{B}$ 分别是 m,n 阶可逆矩阵，证明：$\boldsymbol{F}=\begin{pmatrix} \boldsymbol{O} & \boldsymbol{A} \\ \boldsymbol{B} & \boldsymbol{O} \end{pmatrix}$ 可逆，并求其逆矩阵.

4. 已知 $\boldsymbol{A}$ 是三阶方阵，$\boldsymbol{B}$ 是二阶方阵，且 $|\boldsymbol{A}|=-2$，$|\boldsymbol{B}|=3$. 计算(1) $\begin{vmatrix} \boldsymbol{A} & \boldsymbol{O} \\ \boldsymbol{O} & -\boldsymbol{B} \end{vmatrix}$；(2) $|2\boldsymbol{A}^*|$；(3) $\left|\begin{pmatrix} \boldsymbol{A} & \boldsymbol{O} \\ \boldsymbol{O} & 2\boldsymbol{B} \end{pmatrix}^{-1}\right|$.

*5. 已知 $\boldsymbol{A},\boldsymbol{B}$ 都是三阶方阵，且 $|\boldsymbol{A}|=2$，$\boldsymbol{A}^*\boldsymbol{B}+3\boldsymbol{E}=\boldsymbol{O}$，求 $|\boldsymbol{B}|$.

第五节　矩阵的秩

在解线性方程组时，曾发现矩阵的一个很重要的量——秩，我们用矩阵 $\boldsymbol{A}$ 的行阶梯形的台阶数给出矩阵秩的概念. 但是，这只是个描述性定义，我们并没有给出“初等变换不改变矩阵秩”的证明，未研究矩阵 $\boldsymbol{A}$ 的秩是否被 $\boldsymbol{A}$ 唯一确定，因此该定义并不严格.

下面我们将借助行列式这个代数工具对矩阵的秩进行深入探讨.

定义 1 设 $\mathbf{A}$ 是一个 $m\times n$ 矩阵，$\mathbf{A}$ 中任意选定 k 行和 k 列，位于这些选定的行和列的交叉位置上的 k^2 个元素按原来的次序所组成的 k 阶行列式，称为 $\mathbf{A}$ 的一个 k 阶子式.

例如，在矩阵

$$\mathbf{A}=\begin{pmatrix}1 & 2 & 3\\ 0 & 2 & 1\\ 1 & -1 & 2\end{pmatrix}$$

中，选定第 1,3 行和第 2,3,列，它们交叉位置上的元素组成的二阶行列式

$$\begin{vmatrix}2 & 3\\ -1 & 2\end{vmatrix}=7,$$

这就是 $\mathbf{A}$ 的一个二阶子式.

显然 $k\leqslant\min(m,n)$. 且 $m\times n$ 矩阵 $\mathbf{A}$ 有 $C_n^k C_m^k$ 个 k 阶子式.

现给出线性代数中的一个极为重要的概念——秩的定义.

定义 2 设 $\mathbf{A}$ 是一个 $m\times n$ 矩阵，如果 $\mathbf{A}$ 中存在 r 阶子式不为零，而所有 $r+1$ 阶子式(如果存在的话)全为零，我们称 r 为矩阵 $\mathbf{A}$ 的秩，记为 $r(\mathbf{A})$或秩($\mathbf{A}$).

由秩的定义可知：如果 $\mathbf{A}$ 的秩为 r，则 $\mathbf{A}$ 的高于 r 阶的子式都为零.

事实上，如果 $\mathbf{A}$ 还有 $r+$二阶子式 D_{r+2}，将 D_{r+2} 按照的最后 1 行展开，则 D_{r+2} 可以写成 $r+2$ 个 $r+1$ 阶子式的线性组合(仅用子式的加法和数乘表示的组合)，而所有 $r+1$ 阶子都为零，所以 $D_{r+2}=0$.

因此，矩阵的秩就是矩阵非零子式的最高阶数.

由定义很容易得到

定理 1 矩阵的秩具有如下性质：

性质 1 $r(\mathbf{A})=0$ 当且仅当 $\mathbf{A}=\mathbf{O}$.

性质 2 $r(\mathbf{A})=r(\mathbf{A}^{\mathrm{T}})$.

性质 3 $r(k\mathbf{A})=r(\mathbf{A})$，其中 k 为非零数.

性质 4 n 阶方阵 $\mathbf{A}$ 的秩 $r(\mathbf{A})=n$ 的充分必要条件为 $|\mathbf{A}|\neq 0$.

推论 1 n 阶方阵 $\mathbf{A}$ 可逆的充分必要条件为 $r(\mathbf{A})=n$.

该推论与第二章第三节定理 3 的推论 2 是一致的.

推论 2 $\mathbf{A}$ 是 n 阶方阵，齐次线性方程组 $\mathbf{AX}=\mathbf{O}$ 只有零解的充分必要条件是 $|\mathbf{A}|\neq 0$.

推论 3 $\mathbf{A}$ 是 n 阶方阵，齐次线性方程组 $\mathbf{AX}=\mathbf{O}$ 有非零解的充分必要条件是 $|\mathbf{A}|=0$.

同时，也可利用性质 4 讨论方阵的秩.

例 1　设

$$A=\begin{pmatrix} 1 & -2 & 3k \\ -1 & 2k & -3 \\ k & -2 & 3 \end{pmatrix},$$

讨论 k 取何值时,(1) $r(A)=1$; (2) $r(A)=2$; (3) $r(A)=3$.

解　由题意得

$$|A|=\begin{vmatrix} 1 & -2 & 3k \\ -1 & 2k & -3 \\ k & -2 & 3 \end{vmatrix} \xlongequal[r_3-kr_1]{r_2+r_1} \begin{vmatrix} 1 & -2 & 3k \\ 0 & 2k-2 & -3+3k \\ 0 & -2+2k & 3-3k^2 \end{vmatrix} = -6(k-1)^2(k+2).$$

当 $k\neq1$ 且 $k\neq-2$ 时,

$$|A|=-6(k-1)^2(k+2)\neq0,$$

此时,$r(A)=3$;

当 $k=1$ 时,

$$A=\begin{pmatrix} 1 & -2 & 3 \\ -1 & 2 & -3 \\ 1 & -2 & 3 \end{pmatrix} \to \begin{pmatrix} 1 & -2 & 3 \\ 0 & 0 & 0 \\ 0 & 0 & 0 \end{pmatrix},$$

此时,$r(A)=1$;

当 $k=-2$ 时,

$$A=\begin{pmatrix} 1 & -2 & -6 \\ -1 & -4 & -3 \\ -2 & -2 & 3 \end{pmatrix} \xrightarrow[r_3+2r_1]{r_2+r_1} \begin{pmatrix} 1 & -2 & -6 \\ 0 & -6 & -9 \\ 0 & -6 & -9 \end{pmatrix} \to \begin{pmatrix} 1 & -2 & -6 \\ 0 & -6 & -9 \\ 0 & 0 & 0 \end{pmatrix},$$

此时,$r(A)=2$.

例 2　求下列矩阵的秩:

(1) $A=\begin{pmatrix} 2 & -1 & -1 & 1 & 2 \\ 1 & 1 & -2 & 1 & 1 \\ 2 & -3 & 1 & -1 & 2 \\ 0 & -3 & 3 & -4 & 0 \end{pmatrix}$;　　(2) $B=\begin{pmatrix} 1 & 1 & -2 & 1 & 1 \\ 0 & -3 & 3 & -1 & 0 \\ 0 & 0 & 0 & 1 & 0 \\ 0 & 0 & 0 & 0 & 0 \end{pmatrix}$.

解　(1) 取 A 的第 1,2,3 行与第 1,2,4 列,得一个三阶子式

$$\begin{vmatrix} 2 & -1 & 1 \\ 1 & 1 & 1 \\ 2 & -3 & -1 \end{vmatrix} = -4\neq0,$$

而所有四阶子式都为零,所以 $r(A)=3$.

(2) B 是行阶梯形矩阵,取 B 的阶梯头所在的第 1,2,3 行与第 1,2,4 列,得一个三阶子式

$$\begin{vmatrix} 1 & 1 & 0 \\ 0 & -3 & 0 \\ 0 & 0 & 1 \end{vmatrix} = -3 \neq 0,$$

而所有四阶子式都为零，所以 $r(\boldsymbol{B})=3$.

在求 $r(\mathbf{A})$时，由

$$\begin{vmatrix} 2 & -1 & 1 \\ 1 & 1 & 1 \\ 2 & -3 & -1 \end{vmatrix} = -4 \neq 0$$

可知 $r(\mathbf{A}) \geqslant 3$. 需要再求 $C_4^4 C_5^4=5$ 个四阶子式，只有所有四阶子式都为零，才能断定 $r(\mathbf{A})=3$.

在求 $r(\boldsymbol{B})$时，由阶梯头所在的行和列构成的三阶子式

$$\begin{vmatrix} 1 & 1 & 0 \\ 0 & -3 & 0 \\ 0 & 0 & 1 \end{vmatrix} = -3 \neq 0,$$

故 $r(\mathbf{A}) \geqslant 3$. 而四阶子式必有一行元素都是零，因此所有四阶子式均为零，$r(\boldsymbol{B})=3$.

显然，行阶梯形矩阵的秩很容易求得.

定理 2 行阶梯矩阵 $\mathbf{A}$ 的秩等于其非零行的行数.

****证** 取 r 个阶梯头 $a_{kj_k}(k=1,2,\cdots,r)$所在的行和列构成的一个 r 阶子式，则该子式是上三角形行列式

$$\begin{vmatrix} a_{1j_1} & & * \\ & \ddots & \\ & & a_{kj_k} \end{vmatrix} = a_{1j_1} \cdots a_{kj_k} \neq 0,$$

而任何 $r+1$ 阶子式(如果存在的话)必有 1 行元素全为零，所以 $r+1$ 阶子式(如果存在的话)全为零，所以 $r(\mathbf{A})=r$.

定理 3 初等变换不改变矩阵的秩.(证明过程见参考文献[2].)

如例 2 中，

$$\mathbf{A} \xrightarrow{r_1 \leftrightarrow r_2} \begin{pmatrix} 1 & 1 & -2 & 1 & 1 \\ 2 & -1 & -1 & 1 & 2 \\ 2 & -3 & 1 & -1 & 2 \\ 0 & -3 & 3 & -4 & 0 \end{pmatrix} \xrightarrow[r_3-2r_1]{r_2-2r_1} \begin{pmatrix} 1 & 1 & -2 & 1 & 1 \\ 0 & -3 & 3 & -1 & 0 \\ 0 & -5 & 5 & -3 & 0 \\ 0 & -3 & 3 & -4 & 0 \end{pmatrix}$$

$$\xrightarrow{r_4-r_2 r_3-\frac{5}{3}r_2}\begin{pmatrix}1&1&-2&1&1\\0&-3&3&-1&0\\0&0&0&-\frac{4}{3}&0\\0&0&0&-3&0\end{pmatrix}\xrightarrow{r_3\times\left(-\frac{3}{4}\right)}\begin{pmatrix}1&1&-2&1&1\\0&-3&3&-1&0\\0&0&0&1&0\\0&0&0&-3&0\end{pmatrix}$$

$$\xrightarrow{r_4+3r_3}\begin{pmatrix}1&1&-2&1&1\\0&-3&3&-1&0\\0&0&0&1&0\\0&0&0&0&0\end{pmatrix}=\boldsymbol{B}.$$

矩阵 $\boldsymbol{A}$ 经初等变换化为矩阵 $\boldsymbol{B}$，由于每次初等变换都不改变矩阵的秩，所以 $r(\boldsymbol{A})=r(\boldsymbol{B})=3$. 该求法与第一章介绍过的方法完全相同.

这也给出了矩阵的秩的一种求法：将矩阵 $\boldsymbol{A}$ 化为行阶梯形矩阵，台阶数即为$r(\boldsymbol{A})$.

现介绍矩阵 $\boldsymbol{A}$ 经初等变换化为矩阵 $\boldsymbol{B}$ 时，$\boldsymbol{A}$ 的子式与 $\boldsymbol{B}$ 的子式之间的关系.

取 $\boldsymbol{A}$ 中三阶子式

$$\begin{vmatrix}2&-1&1\\1&1&1\\2&-3&-1\end{vmatrix},$$

对这个三阶子式进行与 $\boldsymbol{A}$ 化为 $\boldsymbol{B}$ 相对应的初等变换有

$$\begin{vmatrix}2&-1&1\\1&1&1\\2&-3&-1\end{vmatrix}\xlongequal{r_1\leftrightarrow r_2}-\begin{vmatrix}1&1&1\\2&-1&1\\2&-3&-1\end{vmatrix}\xlongequal[r_3-2r_1]{r_2-2r_1}-\begin{vmatrix}1&1&1\\0&-3&-1\\0&-5&-3\end{vmatrix}$$

$$\xlongequal{r_3-\frac{5}{3}r_2}-\begin{vmatrix}1&1&1\\0&-3&-1\\0&0&-\frac{4}{3}\end{vmatrix}\xlongequal{r_3\times\left(-\frac{3}{4}\right)}\frac{4}{3}\begin{vmatrix}1&1&1\\0&-3&-1\\0&0&1\end{vmatrix},$$

所以

$$\begin{vmatrix}2&-1&1\\1&1&1\\2&-3&-1\end{vmatrix}=\frac{4}{3}\begin{vmatrix}1&1&1\\0&-3&-1\\0&0&1\end{vmatrix}.$$

通过交换可以看出，$\boldsymbol{A}$ 中三阶子式与 $\boldsymbol{B}$ 中对应的三阶子式差一个非零倍数 $\frac{4}{3}$.

同样，如果取 $\boldsymbol{A}$ 中三阶子式 $\begin{vmatrix}2&-1&-1\\1&1&-2\\2&-3&1\end{vmatrix}$ 进行与上面相同的初等变换有

$$\begin{vmatrix} 2 & -1 & -1 \\ 1 & 1 & -2 \\ 2 & -3 & 1 \end{vmatrix} \xlongequal{r_1 \leftrightarrow r_2} - \begin{vmatrix} 1 & 1 & -2 \\ 2 & -1 & -1 \\ 2 & -3 & 1 \end{vmatrix} \xlongequal[r_3 - 2r_1]{r_2 - 2r_1} - \begin{vmatrix} 1 & 1 & -2 \\ 0 & -3 & 3 \\ 0 & -5 & 5 \end{vmatrix}$$

$$\xlongequal{r_3 - \frac{5}{3}r_2} - \begin{vmatrix} 1 & 1 & 1 \\ 0 & -3 & -1 \\ 0 & 0 & 0 \end{vmatrix}.$$

$\boldsymbol{A}$ 中三阶子式 $\begin{vmatrix} 2 & -1 & -1 \\ 1 & 1 & -2 \\ 2 & -3 & 1 \end{vmatrix}$ 与 $\boldsymbol{B}$ 中三阶子式 $\begin{vmatrix} 1 & 1 & 1 \\ 0 & -3 & -1 \\ 0 & 0 & 0 \end{vmatrix}$ 差一个非零倍数-1.

可以验证矩阵 $\boldsymbol{A}$ 的每一个子式 D 都与 $\boldsymbol{B}$ 的一个子式 d 相对应，而 D 与 d 仅差非零常数倍.

对于定理 3，有如下说明：矩阵的 3 种初等变换对应着行列式的 3 种初等变换，对行列式的值的影响如下：

(1) 交换行列式中某两行(列)对应位置的元素，这样得到的行列式与原行列式互为相反数；

(2) 行列式的某行(列)的元素都乘一个非零数 $k(k\neq 0)$，这样得到的行列式是原行列式的 $k(k\neq 0)$倍；

(3) 行列式的某行(列)元素乘一个数加到另一行(列)对应位置的元素上，这样得到的行列式值不变.

3 种初等变换的每一种初等变换都不改变行列式是否为零的特性.

所以，如果 $\boldsymbol{A}$ 经初等变换化为 $\boldsymbol{B}$，对于 $\boldsymbol{A}$ 的任意一个子式都存在 $\boldsymbol{B}$ 的某个子式与之相对应，这两个子式最多差非零倍数，所以对于 $\boldsymbol{A}$ 的任意一个非零子式也都存在 $\boldsymbol{B}$ 的某个非零子式与之相对应. 由于初等变换都可逆，$\boldsymbol{A}$ 经初等变换化为 $\boldsymbol{B}$，则 $\boldsymbol{B}$ 也可经初等变换化为 $\boldsymbol{A}$，所以对于 $\boldsymbol{B}$ 任意一个非零子式都存在 $\boldsymbol{A}$ 的某个非零子式与之相对应，因此，$\boldsymbol{A}$ 与 $\boldsymbol{B}$ 的非零子式的最大阶数相同，所以 $r(\boldsymbol{A})=r(\boldsymbol{B})$.

推论 两个 $m\times n$ 矩阵等价当且仅当它们有相同的秩.

定理 4 矩阵的秩还具有如下性质：

性质 5 设 $\boldsymbol{A}$ 是一个 $m\times n$ 矩阵，如果 $\boldsymbol{F}$ 是一个 $m\times m$ 可逆矩阵，$\boldsymbol{G}$ 是一个 $n\times n$ 可逆矩阵，则

$$r(\boldsymbol{A})=r(\boldsymbol{FA})=r(\boldsymbol{AG}).$$

性质 6 设 $\boldsymbol{A}$ 是一个 $m\times n$ 矩阵，$\boldsymbol{B}$ 是一个 $n\times s$ 矩阵，则 $r(\boldsymbol{AB})\leqslant\min(r(\boldsymbol{A}),r(\boldsymbol{B}))$.

性质 7 设 $\boldsymbol{A}$ 是 $m\times n$ 矩阵，$\boldsymbol{B}$ 是 $t\times s$ 矩阵，$\boldsymbol{C}$ 是 $t\times n$ 矩阵，则

$$r(\boldsymbol{A})+r(\boldsymbol{B})=r\begin{pmatrix}\boldsymbol{A} & \\ & \boldsymbol{B}\end{pmatrix},\quad r(\boldsymbol{A})+r(\boldsymbol{B})\leqslant r\begin{pmatrix}\boldsymbol{A} & 0\\ \boldsymbol{C} & \boldsymbol{B}\end{pmatrix}.$$

性质 8 设 $\boldsymbol{A}$ 为 $m\times n$ 矩阵，$\boldsymbol{B}$ 为 $n\times s$ 矩阵，$\boldsymbol{AB}=\boldsymbol{O}$，则 $r(\boldsymbol{A})+r(\boldsymbol{B})\leqslant n$.

推论 设 $\boldsymbol{A}$ 为 $m\times n$ 矩阵，$r(\boldsymbol{A})=n$，如果 $n\times s$ 矩阵 $\boldsymbol{B}$，使得 $\boldsymbol{AB}=\boldsymbol{O}$，则 $\boldsymbol{B}=\boldsymbol{O}$.

这些性质这里不进行论证，感兴趣的读者可以见参考文献[2].

读一读

矩阵最高阶数的非零子式在线性方程组中的意义

以例 2 为例，利用 $\boldsymbol{A}$ 为增广矩阵作一个非齐次线性方程组

$$\begin{cases}2x_1-x_2-x_3+x_4=2, & ①\\ x_1+x_2-2x_3+x_4=1, & ②\\ 2x_1-3x_2+x_3-x_4=2, & ③\\ -3x_2+3x_3-4x_4=0. & ④\end{cases}\tag{1}$$

$r(\boldsymbol{A})=3$，且 $\boldsymbol{A}$ 的第 1,2,3 行与第 1,2,4 列对应一个三阶子式非零子式，而所有四阶子式都为零. 这表明方程组(1)中的 1,2,3 个方程是相互独立的方程，而第 4 个方程可以写成前 3 个的组合. 事实上，

$$④=-\frac{11}{4}\times①+②+\frac{9}{4}③,$$

而第 1,2,4 列对应的未知量 x_1,x_2,x_4 是可以确定的未知量，即以 x_3 为自由未知量可以表示出 x_1,x_2,x_4.

事实上，

$$\boldsymbol{A}\to\cdots\to\begin{pmatrix}1 & 1 & -2 & 1 & 1\\ 0 & -3 & 3 & -1 & 0\\ 0 & 0 & 0 & 1 & 0\\ 0 & 0 & 0 & 0 & 0\end{pmatrix}=\boldsymbol{B}\to\begin{pmatrix}1 & 0 & -1 & 0 & 1\\ 0 & 1 & -1 & 0 & 0\\ 0 & 0 & 0 & 1 & 0\\ 0 & 0 & 0 & 0 & 0\end{pmatrix},$$

所以方程组(1)可化为

$$\begin{cases}x_1=1+x_3,\\ x_2=x_3, \\ x_4=0\end{cases}\quad(\text{其中 } x_3 \text{ 为自由未知量}).$$

如果线性方程组的增广矩阵 $\overline{\boldsymbol{A}}$ 的秩为 r，且系数矩阵 $\boldsymbol{A}$ 中有一个 r 阶子式非零，则该 r 阶子式所在行对应的方程相互独立，而方程组中其余方程可由这 r 个方程通过加和数乘运算得到，该 r 阶子式所在列对应的未知量可以被确定，其余的未知量(如果存在的话)可以作自由未知量. 如果 r 等于方程组中未知量的个数，则所

有未知量都被确定,即方程组有唯一解.

如果线性方程组的增广矩阵$\overline{\boldsymbol{A}}$的秩为$r$,而系数矩阵$\boldsymbol{A}$中所有个$r$阶子式都为零,则方程组无解.

习 题 3-5

1. 已知$\boldsymbol{A}=\begin{pmatrix}\lambda & 1 & 1\\ 1 & \lambda & 1\\ 1 & 1 & \lambda\end{pmatrix}$,讨论$\lambda$为何值时,(1) $r(\boldsymbol{A})=1$; (2) $r(\boldsymbol{A})=2$; (3) $r(\boldsymbol{A})=3$.

*2. 设$\boldsymbol{A}$是n阶方阵,$\boldsymbol{A}^*$是$\boldsymbol{A}$的伴随矩阵,证明$r(\boldsymbol{A}^*)=\begin{cases}n, & r(\boldsymbol{A})=n,\\ 1, & r(\boldsymbol{A})=n-1,\\ 0, & r(\boldsymbol{A})<n-1.\end{cases}$

*3. 设$\boldsymbol{A}$是n阶方阵,$\boldsymbol{A}^*$是$\boldsymbol{A}$的伴随矩阵,证明$|\boldsymbol{A}^*|=|\boldsymbol{A}|^{n-1}$.

第三章补充题

1. 计算行列式$D_n=\begin{vmatrix}a_1 & a_2 & \cdots & a_n+\lambda_n\\ \vdots & \vdots & & \vdots\\ a_1 & a_2+\lambda_2 & \cdots & a_n\\ a_1+\lambda_1 & a_2 & \cdots & a_n\end{vmatrix}$ $(\lambda_i\neq 0)$.

2. 计算行列式$D_n=\begin{vmatrix}a_1 & a_2 & a_3 & \cdots & a_n\\ b_2 & d_2 & 0 & \cdots & 0\\ b_3 & 0 & d_3 & \cdots & 0\\ \vdots & \vdots & \vdots & & \vdots\\ b_n & 0 & \cdots & 0 & d_n\end{vmatrix}$ $(d_i\neq 0)$.

3. $\boldsymbol{A}=\begin{pmatrix}2 & 1 & 0 & 0\\ 1 & 1 & 0 & 0\\ 0 & 0 & 4 & 7\\ 0 & 0 & 2 & 5\end{pmatrix}$,且$\boldsymbol{ABA}^{-1}=\boldsymbol{BA}^{-1}+\boldsymbol{A}^*$,$\boldsymbol{A}^*$是$\boldsymbol{A}$的伴随矩阵,求$\boldsymbol{B}$.

4. $\boldsymbol{A}$是$m\times n$矩阵,$\boldsymbol{B}$是$n\times m$矩阵,且满足$\boldsymbol{AB}=\boldsymbol{E}_m$,证明:(1) $r(\boldsymbol{B})=m$; (2) $\boldsymbol{BX}=\boldsymbol{0}$只有零解.

自　测　题　3

1. 判断题(每题 5 分,共 15 分):

(1) $\begin{vmatrix} 0 & 0 & 0 & 1 \\ 0 & 0 & 1 & 0 \\ 0 & 2 & 0 & 0 \\ 1 & 0 & 0 & 0 \end{vmatrix}=-2$;　(　　)

(2) 在四阶行列式 $D_4=|a_{ij}|$ 中,a_{23} 的代数为余子式 $M_{23}=\begin{vmatrix} a_{11} & a_{12} & a_{14} \\ a_{31} & a_{32} & a_{34} \\ a_{41} & a_{42} & a_{44} \end{vmatrix}$;　(　　)

(3) $\boldsymbol{A}$ 是 n 阶方阵,则 $|2\boldsymbol{A}|=2|\boldsymbol{A}|$;　(　　)

(4) $|\boldsymbol{A}|=1$,$|\boldsymbol{B}|=-1$,则 $|\boldsymbol{A}+\boldsymbol{B}|=0$;　(　　)

(5) $\boldsymbol{A}$ 是 n 阶可逆方阵,则 $|\boldsymbol{A}^*|=|\boldsymbol{A}|^{n-1}$.　(　　)

2. 填空题(每题 4 分,共 20 分):

(1) 设 $\boldsymbol{A},\boldsymbol{B}$ 是两个三阶方阵,且 $|\boldsymbol{A}|=-1$, $|\boldsymbol{B}|=2$,则 $|2(\boldsymbol{A}^{\mathrm{T}}\boldsymbol{B}^{-1})|=$________.

(2) $\boldsymbol{A}$ 为五阶方阵,且 $|\boldsymbol{A}|=-1$,$\boldsymbol{E}$ 为二阶方阵,则 $\begin{vmatrix} -\boldsymbol{A} & \boldsymbol{O} \\ \boldsymbol{O} & 2\boldsymbol{E} \end{vmatrix}=$________.

(3) $\begin{pmatrix} \cos\theta & -\sin\theta \\ \sin\theta & \cos\theta \end{pmatrix}^{-1}=$________.

(4) 已知 $\begin{vmatrix} a_{11} & a_{12} & a_{13} \\ a_{21} & a_{22} & a_{23} \\ a_{31} & a_{32} & a_{33} \end{vmatrix}=-1$,则 $\begin{vmatrix} a_{21} & 2a_{22} & a_{23} \\ a_{11} & 2a_{12} & a_{13} \\ a_{31} & 2a_{32} & a_{33} \end{vmatrix}=$________.

(5) 已知 $\begin{vmatrix} a_{11} & a_{12} & a_{13} \\ a_{21} & a_{22} & a_{23} \\ a_{31} & a_{32} & a_{33} \end{vmatrix}=2$,$a_{21}\begin{vmatrix} a_{12} & a_{13} \\ a_{22} & a_{23} \end{vmatrix}-a_{22}\begin{vmatrix} a_{11} & a_{13} \\ a_{21} & a_{23} \end{vmatrix}+a_{23}\begin{vmatrix} a_{11} & a_{12} \\ a_{21} & a_{22} \end{vmatrix}=$________.

3. 计算下列行列式(题(1)5 分;题(2)8 分,题(3)10 分,共 23 分):

(1) $D=\begin{vmatrix} 1 & 2 & 3 \\ 2 & 3 & 1 \\ 3 & 1 & 2 \end{vmatrix}$;　　(2) $D=\begin{vmatrix} 2 & 1 & 6 & 4 \\ -1 & 0 & 6 & 2 \\ 1 & 0 & 1 & 1 \\ -2 & -2 & 1 & 2 \end{vmatrix}$;

(3) $D_n=\begin{vmatrix} x & a & \cdots & a \\ a & x & \ddots & \vdots \\ \vdots & \ddots & \ddots & a \\ a & \cdots & a & x \end{vmatrix}$.

4. 用克拉默法则解讨论当 λ 为何值时,齐次线性方程组

$$\begin{cases} x_1+x_2-x_3=0, \\ -x_1+4x_3=0, \\ x_1+2x_2+\lambda x_3=0 \end{cases}$$

(1) 仅有零解;(2) 有非零解.(10 分)

5. 求矩阵 $\boldsymbol{A}=\begin{pmatrix} -2 & 0 & 0 \\ 0 & 1 & 3 \\ 0 & 1 & 2 \end{pmatrix}$的伴随矩阵和逆矩阵.(10 分)

6. 已知 $\boldsymbol{A}$ 是二阶方阵, $\boldsymbol{B}$ 是三阶方阵,且 $|\boldsymbol{A}|=-1$, $|\boldsymbol{B}|=2$,计算 (1) $\begin{vmatrix} 2\boldsymbol{A} & \boldsymbol{O} \\ \boldsymbol{O} & \boldsymbol{B} \end{vmatrix}$; (2) $\left|\begin{pmatrix} \boldsymbol{A} & \boldsymbol{O} \\ \boldsymbol{O} & 2\boldsymbol{B} \end{pmatrix}^{-1}\right|$.(12 分)

7. 已知 $\boldsymbol{A}=\begin{pmatrix} 2 & 1 & 2 \\ 1 & t & t \\ t & 0 & 1 \end{pmatrix}$,讨论 t 为何值时(1) $r(\boldsymbol{A})=2$;(2) $r(\boldsymbol{A})=3$.(10 分)

第四章　向量组的线性相关性

由于工程技术中的很多变量都呈线性关系(仅由加法和数乘法表示的关系),或可逼近线性关系,或可转化为线性关系,因此,讨论某些集合元素间的线性关系就显得十分重要. 例如,线性方程组就是利用变量间的线性关系表示的方程组. 本章将讨论向量组中向量的线性关系. 学习了向量组的线性关系后,还将利用它们进一步讨论线性方程组的解的结构.

第一节　n 维向量及其运算

中学里我们学习过利用向量讨论几何问题,也就是把有长度、有方向的向量用有序数组——坐标表示,即将几何问题代数化. 本节先将中学学习的二维、三维向量进行推广.

第一章已介绍过向量,n 维行向量为 $1\times n$ 矩阵,n 维列向量为 $n\times 1$ 矩阵. 向量就是特殊的矩阵,因此,向量的线性运算与矩阵的线性运算有相同的运算律. 这里先简单地回顾向量的线性运算.

定义 1　由 n 个数 $a_1,a_2,\cdots,a_n$ 组成的有序数组

$$(a_1,a_2,\cdots,a_n)\ 或\ (a_1,a_2,\cdots,a_n)^{\mathrm{T}}$$

称为一个 n 维向量. a_i 称为该向量的第 i 个分量,n 称为该向量的维数.

为书写方便采用矩阵转置的写法,将 $\begin{pmatrix} a_1 \\ a_2 \\ \vdots \\ a_n \end{pmatrix}$ 记为 $(a_1,a_2,\cdots,a_n)^{\mathrm{T}}$.

当 a_i 取实数且 $n=2,3$ 时,上面定义的向量就是中学几何中的二维和三维向量.

常用小写的希腊字母 $\boldsymbol{\alpha},\boldsymbol{\beta},\boldsymbol{\gamma},\cdots$ 代表向量. 向量可以写成一行 $\boldsymbol{\alpha}=(a_1,a_2,\cdots,a_n)$,称为行向量;也可以写成一列 $(a_1,a_2,\cdots,a_n)^{\mathrm{T}}$,称为列向量.

行向量和列向量没有本质区别,只是写法不同,如无特别声明,本书中的向量

都是指列向量.

定义 2 如果两个 n 维向量的对应分量均相等,则称这两个向量相等.

即如果

$$\boldsymbol{\alpha}=(a_1,a_2,\cdots,a_n)^{\mathrm{T}},\ \boldsymbol{\beta}=(b_1,b_2,\cdots,b_n)^{\mathrm{T}},$$

则 $\boldsymbol{\alpha}=\boldsymbol{\beta}$ 当且仅当 $a_i=b_i(i=1,2,\cdots,n)$.

定义 3 向量 $\boldsymbol{\alpha}=(a_1,a_2,\cdots,a_n)^{\mathrm{T}}$,$\boldsymbol{\beta}=(b_1,b_2,\cdots,b_n)^{\mathrm{T}}$,$k$ 是一个数,称向量 $\boldsymbol{\gamma}=(a_1+b_1,a_2+b_2,\cdots,a_n+b_n)^{\mathrm{T}}$ 为向量 $\boldsymbol{\alpha}$ 与 $\boldsymbol{\beta}$ 的和,记为 $\boldsymbol{\gamma}=\boldsymbol{\alpha}+\boldsymbol{\beta}$;称 $(ka_1,ka_2,\cdots,ka_n)^{\mathrm{T}}$ 为数 k 与向量 $\boldsymbol{\alpha}=(a_1,a_2,\cdots,a_n)^{\mathrm{T}}$ 的数量乘法,记为 $k\boldsymbol{\alpha}$.

定义 $\boldsymbol{\alpha}-\boldsymbol{\beta}=\boldsymbol{\alpha}+(-\boldsymbol{\beta})$,称之为向量的减法.

向量的加法和数乘法运算统称为向量的线性运算.

例 1 已知 $\boldsymbol{\alpha}_1=(1,1,0)^{\mathrm{T}}$,$\boldsymbol{\alpha}_2=(-1,1,1)^{\mathrm{T}}$,$\boldsymbol{\beta}=(2,4,7)^{\mathrm{T}}$,求向量 $\boldsymbol{\alpha}_3$,使得 $\boldsymbol{\alpha}_1+\boldsymbol{\alpha}_2+2\boldsymbol{\alpha}_3=\boldsymbol{\beta}$.

解 $\boldsymbol{\alpha}_3=\dfrac{1}{2}(\boldsymbol{\beta}-\boldsymbol{\alpha}_1-\boldsymbol{\alpha}_2)=(1,1,,3)^{\mathrm{T}}$.

例 2 设 $\boldsymbol{\varepsilon}_1=(1,0,0)^{\mathrm{T}}$,$\boldsymbol{\varepsilon}_2=(0,1,0)^{\mathrm{T}}$,$\boldsymbol{\varepsilon}_3=(0,0,,1)^{\mathrm{T}}$,$\boldsymbol{\beta}=(a_1,a_2,a_3)^{\mathrm{T}}$,则

$$\boldsymbol{\beta}=a_1\boldsymbol{\varepsilon}_1+a_2\boldsymbol{\varepsilon}_2+a_3\boldsymbol{\varepsilon}_3.$$

定义 4 设 $\boldsymbol{\alpha},\boldsymbol{\beta}_1,\boldsymbol{\beta}_2,\cdots,\boldsymbol{\beta}_s$ 是一组 n 维向量,如果存在一组数 $k_1,k_2,\cdots,k_s$,使得

$$\boldsymbol{\alpha}=k_1\boldsymbol{\beta}_1+k_2\boldsymbol{\beta}_2+\cdots+k_s\boldsymbol{\beta}_s,$$

则称向量 $\boldsymbol{\alpha}$ 为向量组 $\boldsymbol{\beta}_1,\boldsymbol{\beta}_2,\cdots,\boldsymbol{\beta}_s$ 的一个线性组合,或称 $\boldsymbol{\alpha}$ 可以由向量组 $\boldsymbol{\beta}_1,\boldsymbol{\beta}_2,\cdots,\boldsymbol{\beta}_s$ 线性表示.

向量间仅用加法和数乘表示的关系,称为向量间的线性关系.

如例 2 中任意给定的三维向量 $\boldsymbol{\beta}$ 都可以由向量组 $\boldsymbol{\varepsilon}_1=(1,0,0)^{\mathrm{T}}$,$\boldsymbol{\varepsilon}_2=(0,1,0)^{\mathrm{T}}$,$\boldsymbol{\varepsilon}_3=(0,0,1)^{\mathrm{T}}$ 线性表示.其几何意义是:任何给定的三维向量 $\boldsymbol{\beta}=(a_1,a_2,a_3)^{\mathrm{T}}$ 都可以分解为与 x,y,z 三个坐标轴平行的三个向量 $a_1\boldsymbol{\varepsilon}_1,a_2\boldsymbol{\varepsilon}_2,a_3\boldsymbol{\varepsilon}_3$ 的和(如图 4-1 所示).

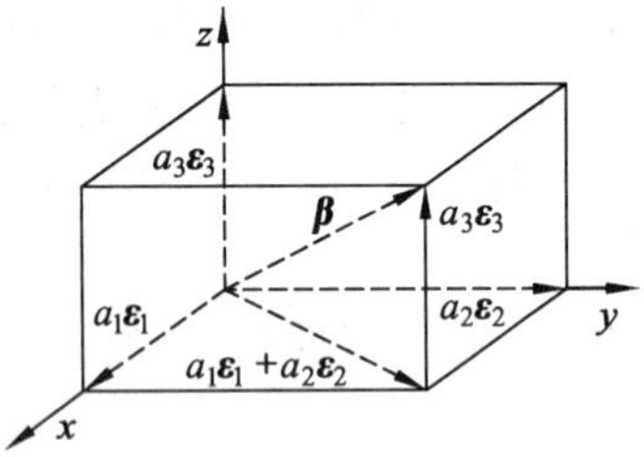

图 4-1

我们经常将一个向量写成一些特殊向量的线性组合以简化问题.在本节后面“读一读”中给出了旋转坐标变换公式的推导,就是利用将向量写成特殊向量线性组合而给出的.

由定义显然有:

定理 1 设 $\boldsymbol{\alpha}_1,\boldsymbol{\alpha}_2,\cdots,\boldsymbol{\alpha}_n,\boldsymbol{\beta}$ 是一组 m 维向量,则 $\boldsymbol{\beta}$ 可由 $\boldsymbol{\alpha}_1,\boldsymbol{\alpha}_2,\cdots,\boldsymbol{\alpha}_n$ 线性表示当且仅当线性方程组 $x_1\boldsymbol{\alpha}_1+x_2\boldsymbol{\alpha}_2+\cdots+x_n\boldsymbol{\alpha}_n=\boldsymbol{\beta}$ 有解.

例 3 设 $\boldsymbol{\alpha}_1=(1,1,0)^{\mathrm{T}}$,$\boldsymbol{\alpha}_2=(0,1,1)^{\mathrm{T}}$,$\boldsymbol{\alpha}_3=(1,2,1)^{\mathrm{T}}$,$\boldsymbol{\beta}=(2,1,-1)^{\mathrm{T}}$,讨论

$\boldsymbol{\beta}$ 是否可由 $\boldsymbol{\alpha}_1,\boldsymbol{\alpha}_2,\boldsymbol{\alpha}_3$ 线性表示？如能线性表示，请写出该表示的表达式.

解　设 $x_1\boldsymbol{\alpha}_1+x_2\boldsymbol{\alpha}_2+x_3\boldsymbol{\alpha}_3=\boldsymbol{\beta}$，则该方程组的增广矩阵

$$\overline{\boldsymbol{A}}=(\boldsymbol{\alpha}_1,\boldsymbol{\alpha}_2,\boldsymbol{\alpha}_3,\boldsymbol{\beta})=\begin{pmatrix}1&0&1&2\\1&1&2&1\\0&1&1&-1\end{pmatrix}\xrightarrow{r_2-r_1}\begin{pmatrix}1&0&1&2\\0&1&1&-1\\0&1&1&-1\end{pmatrix}\xrightarrow{r_3-r_2}\begin{pmatrix}1&0&1&2\\0&1&1&-1\\0&0&0&0\end{pmatrix}.$$

所以

$$\begin{cases}x_1=2-x_3,\\x_2=-1-x_3,\end{cases}$$

x_3 是自由未知量，方程组有无穷多解.

令 $x_3=t$，则

$$\begin{cases}x_1=2-t,\\x_2=-1-t,\ (t\text{ 是任意数}).\\x_3=t\end{cases}$$

所以 $\boldsymbol{\beta}$ 可由 $\boldsymbol{\alpha}_1,\boldsymbol{\alpha}_2,\boldsymbol{\alpha}_3$ 线性表示，且表示方法不唯一. $\boldsymbol{\beta}$ 可由 $\boldsymbol{\alpha}_1,\boldsymbol{\alpha}_2,\boldsymbol{\alpha}_3$ 线性表示为

$$\boldsymbol{\beta}=(2-t)\boldsymbol{\alpha}_1+(-1-t)\boldsymbol{\alpha}_2+t\boldsymbol{\alpha}_3\ (\text{其中 } t \text{ 可取任意数}).$$

例如，取 $t=0$，则有 $2\boldsymbol{\alpha}_1-\boldsymbol{\alpha}_2=\boldsymbol{\beta}$；取 $t=1$，则有 $\boldsymbol{\alpha}_1-2\boldsymbol{\alpha}_2+\boldsymbol{\alpha}_3=\boldsymbol{\beta}$；……

为了叙述方便，称矩阵 $\boldsymbol{A}$ 的行向量构成的向量组为 $\boldsymbol{A}$ 的行向量组，$\boldsymbol{A}$ 的列向量构成的向量组为 $\boldsymbol{A}$ 的列向量组.

定义 5　如果向量组 $\boldsymbol{A}$ 中每一个向量都可以由向量组 $\boldsymbol{B}$ 线性表示，则称向量组 $\boldsymbol{A}$ 可以由向量组 $\boldsymbol{B}$ 线性表示. 如果两个向量组可以互相线性表示，则称它们为等价的向量组.

向量组的等价关系具有：

(1) 反身性　一个向量组与自身等价；

(2) 对称性　向量组 $\boldsymbol{B}$ 与向量组 $\boldsymbol{A}$ 等价，则向量组 $\boldsymbol{A}$ 与向量组 $\boldsymbol{B}$ 等价；

(3) 传递性　向量组 $\boldsymbol{C}$ 与向量组 $\boldsymbol{B}$ 等价，向量组 $\boldsymbol{B}$ 与向量组 $\boldsymbol{A}$ 等价，则向量组 $\boldsymbol{C}$ 与向量组 $\boldsymbol{A}$ 等价.

如例 3 中，记

$$\overline{\boldsymbol{A}}=\begin{pmatrix}1&0&1&2\\1&1&2&1\\0&1&1&-1\end{pmatrix}=\begin{pmatrix}\boldsymbol{\beta}_1\\\boldsymbol{\beta}_2\\\boldsymbol{\beta}_3\end{pmatrix},$$

其中，$\boldsymbol{\beta}_1=(1,0,1,2)$，$\boldsymbol{\beta}_2=(1,1,2,1)$，$\boldsymbol{\beta}_3=(0,1,1,-1)$是的$\overline{\boldsymbol{A}}$ 的各行向量，每个行向量都对应方程组中一个方程.

由例 3 的变换过程看到：

$$\overline{\boldsymbol{A}}=\begin{pmatrix}\boldsymbol{\beta}_1\\ \boldsymbol{\beta}_2\\ \boldsymbol{\beta}_3\end{pmatrix}\xrightarrow{r_2-r_1}\begin{pmatrix}\boldsymbol{\beta}_1\\ \boldsymbol{\beta}_2-\boldsymbol{\beta}_1\\ \boldsymbol{\beta}_3\end{pmatrix}\xrightarrow{r_3-r_2}\begin{pmatrix}\boldsymbol{\beta}_1\\ \boldsymbol{\beta}_2-\boldsymbol{\beta}_1\\ \boldsymbol{\beta}_3-(\boldsymbol{\beta}_2-\boldsymbol{\beta}_1)\end{pmatrix}=\begin{pmatrix}\boldsymbol{\beta}_1\\ \boldsymbol{\beta}_2-\boldsymbol{\beta}_1\\ \boldsymbol{0}\end{pmatrix}=\overline{\boldsymbol{B}}.$$

由 $\boldsymbol{\beta}_3-(\boldsymbol{\beta}_2-\boldsymbol{\beta}_1)=\boldsymbol{0}$ 可解得 $\boldsymbol{\beta}_3=\boldsymbol{\beta}_2-\boldsymbol{\beta}_1$. 这表明线性方程组中第二个方程减第一个方程就是第三个方程，即第三个方程在方程组中不起作用(去掉该方程不会改变解的情形).

进一步，设

$$\overline{\boldsymbol{B}}=\begin{pmatrix}1&0&1&2\\0&1&1&-1\\0&0&0&0\end{pmatrix}=\begin{pmatrix}\boldsymbol{\gamma}_1\\ \boldsymbol{\gamma}_2\\ \boldsymbol{\gamma}_3\end{pmatrix},$$

其中，$\boldsymbol{\gamma}_1=(1,0,1,2)$，$\boldsymbol{\gamma}_2=(0,1,1,-1)$，$\boldsymbol{\gamma}_3=(0,0,0,0)$.

显然，

$$\boldsymbol{\gamma}_1=\boldsymbol{\beta}_1,\ \boldsymbol{\gamma}_2=\boldsymbol{\beta}_2-\boldsymbol{\beta}_1,\ \boldsymbol{\gamma}_3=\boldsymbol{\beta}_3-(\boldsymbol{\beta}_2-\boldsymbol{\beta}_1).$$

反之，

$$\boldsymbol{\beta}_1=\boldsymbol{\gamma}_1,\ \boldsymbol{\beta}_2=\boldsymbol{\gamma}_2+\boldsymbol{\gamma}_1,\ \boldsymbol{\beta}_3=\boldsymbol{\gamma}_3+\boldsymbol{\gamma}_2=\boldsymbol{\gamma}_2,$$

所以 $\boldsymbol{\beta}_1,\boldsymbol{\beta}_2,\boldsymbol{\beta}_3$ 与 $\boldsymbol{\gamma}_1,\boldsymbol{\gamma}_2,\boldsymbol{\gamma}_3$ 等价，$\boldsymbol{\beta}_1,\boldsymbol{\beta}_2,\boldsymbol{\beta}_3$ 与 $\boldsymbol{\gamma}_1,\boldsymbol{\gamma}_2$ 也等价.

事实上，如果矩阵 $\boldsymbol{A}$ 经过初等行变换化为 $\boldsymbol{B}$，则 $\boldsymbol{B}$ 的每个行向量可由 $\boldsymbol{A}$ 的行向量组线性表示，由于初等变换的过程都可逆，$\boldsymbol{A}$ 的每个行向量也可由 $\boldsymbol{B}$ 的行向量组线性表示. 所以 $\boldsymbol{A}$ 与 $\boldsymbol{B}$ 的行向量组等价.

再考察矩阵的初等行变换对列向量组的影响.

设

$$\boldsymbol{A}=(\boldsymbol{\alpha}_1,\boldsymbol{\alpha}_2,\boldsymbol{\alpha}_3,\boldsymbol{\alpha}_4)=\begin{pmatrix}1&0&1&2\\1&1&2&1\\0&1&1&-1\end{pmatrix}\xrightarrow{r_2-r_1}\begin{pmatrix}1&0&1&2\\0&1&1&-1\\0&1&1&-1\end{pmatrix}\xrightarrow{r_3-r_2}\begin{pmatrix}1&0&1&2\\0&1&1&-1\\0&0&0&0\end{pmatrix}$$

$$\xlongequal{\text{记为}}(\boldsymbol{\alpha}_1',\boldsymbol{\alpha}_2',\boldsymbol{\alpha}_3',\boldsymbol{\alpha}_4')=\boldsymbol{B}.$$

显然，$\boldsymbol{B}$ 的列向量满足

$$\boldsymbol{\alpha}_3'=\boldsymbol{\alpha}_1'+\boldsymbol{\alpha}_2',\ \boldsymbol{\alpha}_4'=2\boldsymbol{\alpha}_1'+(-1)\boldsymbol{\alpha}_2',$$

即

$$\boldsymbol{\alpha}_1'+\boldsymbol{\alpha}_2'-\boldsymbol{\alpha}_3'=\boldsymbol{0},2\boldsymbol{\alpha}_1'-\boldsymbol{\alpha}_2'-\boldsymbol{\alpha}_4'=\boldsymbol{0}.$$

分别将 $\boldsymbol{A},\boldsymbol{B}$ 看成两个齐次线性方程组

$$x_1\boldsymbol{\alpha}_1+x_2\boldsymbol{\alpha}_2+x_3\boldsymbol{\alpha}_3+x_4\boldsymbol{\alpha}_4=\boldsymbol{0} \text{ 与 } x_1\boldsymbol{\alpha}_1'+x_2\boldsymbol{\alpha}_2'+x_3\boldsymbol{\alpha}_3'+x_4\boldsymbol{\alpha}_4'=\boldsymbol{0}$$

的系数矩阵，则 $x_1=1,x_2=1,x_3=-1,x_4=0$ 与 $x_1=2,x_2=-1,x_3=0,x_4=-1$ 都是线性方程组的解，由于这两个齐次线性方程组同解，所以有 $\boldsymbol{\alpha}_1+\boldsymbol{\alpha}_2-\boldsymbol{\alpha}_3=\boldsymbol{0}$，$2\boldsymbol{\alpha}_1-\boldsymbol{\alpha}_2-\boldsymbol{\alpha}_4=\boldsymbol{0}$，即

$$\boldsymbol{\alpha}_3=\boldsymbol{\alpha}_1+\boldsymbol{\alpha}_2 \text{ 与 } \boldsymbol{\alpha}_4=2\boldsymbol{\alpha}_1+(-1)\boldsymbol{\alpha}_2.$$

由此可见,$\boldsymbol{A}$ 的列向量组 $\boldsymbol{\alpha}_1,\boldsymbol{\alpha}_2,\boldsymbol{\alpha}_3,\boldsymbol{\alpha}_4$ 之间的线性关系与 $\boldsymbol{B}$ 的列向量组 $\boldsymbol{\alpha}_1',\boldsymbol{\alpha}_2',\boldsymbol{\alpha}_3',\boldsymbol{\alpha}_4'$之间的线性关系完全相同.

综合前面的讨论,有如下定理成立:

定理 2 矩阵的初等行变换将行向量组变为等价的向量组,且保持列向量组的线性关系.

同理,矩阵初等列变换将列向量组变为等价向量组,且保持行向量组的线性关系.

例 4 向量组

$$\boldsymbol{A}:\boldsymbol{\alpha}_1=(0,1,1)^{\mathrm{T}},\boldsymbol{\alpha}_2=(1,0,1)^{\mathrm{T}},\boldsymbol{\alpha}_3=(1,1,0)^{\mathrm{T}}$$

与向量组

$$\boldsymbol{B}:\boldsymbol{\beta}_1=(1,1,0)^{\mathrm{T}},\boldsymbol{\beta}_2=(0,1,1)^{\mathrm{T}},\boldsymbol{\beta}_3=(1,2,1)^{\mathrm{T}},\boldsymbol{\beta}_4=(0,1,0)^{\mathrm{T}}$$

是否等价?如等价,请给出它们之间的线性表示的表达式.

解 设

$$(\boldsymbol{\beta}_1,\boldsymbol{\beta}_2,\boldsymbol{\beta}_3,\boldsymbol{\beta}_4,\boldsymbol{\alpha}_1,\boldsymbol{\alpha}_2,\boldsymbol{\alpha}_3)=\begin{pmatrix}1&0&1&0&0&1&1\\1&1&2&1&1&0&1\\0&1&1&0&1&1&0\end{pmatrix}$$

$$\xrightarrow{r_2-r_1}\begin{pmatrix}1&0&1&0&0&1&1\\0&1&1&1&1&-1&0\\0&1&1&0&1&1&0\end{pmatrix}\xrightarrow{r_3-r_2}\begin{pmatrix}1&0&1&0&0&1&1\\0&1&1&1&1&-1&0\\0&0&0&-1&0&2&0\end{pmatrix}$$

$$\xrightarrow[r_3\times(-1)]{r_2+r_3}\begin{pmatrix}1&0&1&0&0&1&1\\0&1&1&0&1&1&0\\0&0&0&1&0&-2&0\end{pmatrix}=(\boldsymbol{\beta}_1',\boldsymbol{\beta}_2',\boldsymbol{\beta}_3',\boldsymbol{\beta}_4',\boldsymbol{\alpha}_1',\boldsymbol{\alpha}_2',\boldsymbol{\alpha}_3').$$

显然

$$\boldsymbol{\alpha}_1'=\boldsymbol{\beta}_2',\ \boldsymbol{\alpha}_2'=\boldsymbol{\beta}_1'+\boldsymbol{\beta}_2'-2\boldsymbol{\beta}_4',\ \boldsymbol{\alpha}_3'=\boldsymbol{\beta}_1'.$$

由于初等行变换保持矩阵列向量组的线性关系,所以

$$\boldsymbol{\alpha}_1=\boldsymbol{\beta}_2,\boldsymbol{\alpha}_2=\boldsymbol{\beta}_1+\boldsymbol{\beta}_2-2\boldsymbol{\beta}_4,\ \boldsymbol{\alpha}_3=\boldsymbol{\beta}_1.$$

$$(\boldsymbol{\alpha}_1,\boldsymbol{\alpha}_2,\boldsymbol{\alpha}_3,\boldsymbol{\beta}_1,\boldsymbol{\beta}_2,\boldsymbol{\beta}_3,\boldsymbol{\beta}_4)=\begin{pmatrix}0&1&1&1&0&1&0\\1&0&1&1&1&2&1\\1&1&0&0&1&1&0\end{pmatrix}\xrightarrow{r_1\leftrightarrow r_2}\begin{pmatrix}1&0&1&1&1&2&1\\0&1&1&1&0&1&0\\1&1&0&0&1&1&0\end{pmatrix}$$

$$\xrightarrow{r_3-r_1}\begin{pmatrix}1&0&1&1&1&2&1\\0&1&1&1&0&1&0\\0&1&-1&-1&0&-1&-1\end{pmatrix}\xrightarrow{r_3-r_2}\begin{pmatrix}1&0&1&1&1&2&1\\0&1&1&1&0&1&0\\0&0&-2&-2&0&-2&-1\end{pmatrix}$$

$$\xrightarrow[r_2-r_3]{r_3\times\left(-\frac{1}{2}\right)\atop r_1-r_3}\begin{pmatrix}1&0&0&0&1&1&\frac{1}{2}\\0&1&0&0&0&0&-\frac{1}{2}\\0&0&1&1&0&1&\frac{1}{2}\end{pmatrix}\xlongequal{\text{记为}}(\boldsymbol{\alpha}_1'',\boldsymbol{\alpha}_2'',\boldsymbol{\alpha}_3'',\boldsymbol{\beta}_1'',\boldsymbol{\beta}_2'',\boldsymbol{\beta}_3'',\boldsymbol{\beta}_4'').$$

显然

$$\boldsymbol{\beta}_1''=\boldsymbol{\alpha}_3'',\ \boldsymbol{\beta}_2''=\boldsymbol{\alpha}_1'',\ \boldsymbol{\beta}_3''=\boldsymbol{\alpha}_1''+\boldsymbol{\alpha}_3'',\ \boldsymbol{\beta}_4''=\frac{1}{2}\boldsymbol{\alpha}_1''-\frac{1}{2}\boldsymbol{\alpha}_2''+\frac{1}{2}\boldsymbol{\alpha}_3''.$$

由于初等行变换保持矩阵列向量组的线性关系，则

$$\boldsymbol{\beta}_1=\boldsymbol{\alpha}_3,\ \boldsymbol{\beta}_2=\boldsymbol{\alpha}_1,\ \boldsymbol{\beta}_3=\boldsymbol{\alpha}_1+\boldsymbol{\alpha}_3,\ \boldsymbol{\beta}_4=\frac{1}{2}\boldsymbol{\alpha}_1-\frac{1}{2}\boldsymbol{\alpha}_2+\frac{1}{2}\boldsymbol{\alpha}_3.$$

所以向量组 $\boldsymbol{A}$ 与向量组 $\boldsymbol{B}$ 等价.

在例 4 中，利用分块矩阵，我们可以将两组向量间的线性关系表示为

$$(\boldsymbol{\alpha}_1,\boldsymbol{\alpha}_2,\boldsymbol{\alpha}_3)=(\boldsymbol{\beta}_1,\boldsymbol{\beta}_2,\boldsymbol{\beta}_3,\boldsymbol{\beta}_4)\begin{pmatrix}0&1&1\\1&1&0\\0&0&0\\0&-2&0\end{pmatrix},$$

$$(\boldsymbol{\beta}_1,\boldsymbol{\beta}_2,\boldsymbol{\beta}_3,\boldsymbol{\beta}_4)=(\boldsymbol{\alpha}_1,\boldsymbol{\alpha}_2,\boldsymbol{\alpha}_3)\begin{pmatrix}0&1&1&\frac{1}{2}\\0&0&0&-\frac{1}{2}\\1&0&1&\frac{1}{2}\end{pmatrix}.$$

定理 3 设 $\boldsymbol{\alpha}_1,\boldsymbol{\alpha}_2,\cdots,\boldsymbol{\alpha}_r$ 与 $\boldsymbol{\beta}_1,\boldsymbol{\beta}_2,\cdots,\boldsymbol{\beta}_s$ 是两个 n 维向量组. 则向量组 $\boldsymbol{\beta}_1,\boldsymbol{\beta}_2,\cdots,\boldsymbol{\beta}_s$ 可以由向量组 $\boldsymbol{\alpha}_1,\boldsymbol{\alpha}_2,\cdots,\boldsymbol{\alpha}_r$ 线性表出的充分必要条件是存在 $r\times s$ 矩阵 $\boldsymbol{T}=(t_{ij})_{r\times s}$ 使得 $(\boldsymbol{\beta}_1,\boldsymbol{\beta}_2,\cdots,\boldsymbol{\beta}_s)=(\boldsymbol{\alpha}_1,\boldsymbol{\alpha}_2,\cdots,\boldsymbol{\alpha}_r)\boldsymbol{T}$，其中，$\boldsymbol{T}$ 的元素 t_{ij} 都是相应的表示系数.

如果记 $\boldsymbol{A}=(\boldsymbol{\alpha}_1,\boldsymbol{\alpha}_2,\cdots,\boldsymbol{\alpha}_r)$，$\boldsymbol{B}=(\boldsymbol{\beta}_1,\boldsymbol{\beta}_2,\cdots,\boldsymbol{\beta}_s)$，向量组 $\boldsymbol{\beta}_1,\boldsymbol{\beta}_2,\cdots,\boldsymbol{\beta}_s$ 可以由向量组 $\boldsymbol{\alpha}_1,\boldsymbol{\alpha}_2,\cdots,\boldsymbol{\alpha}_r$ 线性表出的充分必要条件为矩阵方程 $\boldsymbol{AX}=\boldsymbol{B}$ 有解.

在第二章中介绍过的矩阵方程 $\boldsymbol{AX}=\boldsymbol{B}$ 的解的情况为

(1) $r(\boldsymbol{A},\ \boldsymbol{B})\neq r(\boldsymbol{A})$ 时，$\boldsymbol{AX}=\boldsymbol{B}$ 无解；

(2) $r(\boldsymbol{A},\ \boldsymbol{B})=r(\boldsymbol{A})$ 时，矩阵方程 $\boldsymbol{AX}=\boldsymbol{B}$ 有解. 如果 $r(\boldsymbol{A},\ \boldsymbol{B})=r(\boldsymbol{A})=n$，$\boldsymbol{AX}=\boldsymbol{B}$ 有唯一解；如果 $r(\boldsymbol{A},\ \boldsymbol{B})=r(\boldsymbol{A})<n$，$\boldsymbol{AX}=\boldsymbol{B}$ 有无穷多解.

因此，我们有：

定理 4 设 $\boldsymbol{A}=(\boldsymbol{\alpha}_1,\boldsymbol{\alpha}_2,\cdots,\boldsymbol{\alpha}_r)$，$\boldsymbol{B}=(\boldsymbol{\beta}_1,\boldsymbol{\beta}_2,\cdots,\boldsymbol{\beta}_s)$，向量组 $\boldsymbol{\beta}_1,\boldsymbol{\beta}_2,\cdots,\boldsymbol{\beta}_s$ 可以由向量组 $\boldsymbol{\alpha}_1,\boldsymbol{\alpha}_2,\cdots,\boldsymbol{\alpha}_r$ 线性表出的充分必要条件为矩阵 $\boldsymbol{A}$ 的秩与矩阵 $(\boldsymbol{A},\boldsymbol{B})$ 的秩

相同，即 $r(\boldsymbol{A})=r(\boldsymbol{A},\boldsymbol{B})$.

推论　向量组 $\boldsymbol{\alpha}_1,\boldsymbol{\alpha}_2,\cdots,\boldsymbol{\alpha}_r$ 与量组 $\boldsymbol{\beta}_1,\boldsymbol{\beta}_2,\cdots,\boldsymbol{\beta}_s$ 等价的充分必要条件为 $r(\boldsymbol{A})=r(\boldsymbol{A},\boldsymbol{B})=r(\boldsymbol{B})$

读一读

给定直角坐标系 xOy，将平面绕坐标原点逆时针旋转 θ 角，点 (x,y) 在旋转后的对应点为 (x_1,y_1)，记旋转变换

$$\varphi_\theta:(x,y)\longrightarrow(x_1,y_1),$$

求 (x_1,y_1) 与 (x,y) 的关系.

分析　直接寻找任意点旋转前后坐标的关系并不容易. 任意点 (x,y) 与向量 $\overrightarrow{OP}=(x,y)$ 是一一对应的，旋转后 $\overrightarrow{OP}=(x,y)$ 转为 $\overrightarrow{OP_1}=(x_1,y_1)$（见图(4-2)），将点的对应关系转化为向量的对应关系，利用将任意向量分解成“特殊”向量的线性组合简化问题. 为表述方便，这里向量都是指从原点引出的向径，并采用 $\boldsymbol{\alpha},\boldsymbol{\beta},\boldsymbol{\varepsilon}$ 等符号标记这些向量.

由几何直观（见图 4-3），任意两个向量 $\boldsymbol{\alpha},\boldsymbol{\beta}$ 及任意数 k 都有

$$\varphi_\theta(\boldsymbol{\alpha}+\boldsymbol{\beta})=\varphi_\theta(\boldsymbol{\alpha})+\varphi_\theta(\boldsymbol{\beta})\text{ 与 }\varphi_\theta(k\boldsymbol{\alpha})=k\varphi_\theta(\boldsymbol{\alpha}).$$

由于

$$(x,y)=x\boldsymbol{\varepsilon}_1+y\boldsymbol{\varepsilon}_2,$$

$$(x_1,y_1)=\varphi_\theta(x,y)=\varphi_\theta(x\boldsymbol{\varepsilon}_1+y\boldsymbol{\varepsilon}_2)=x\varphi_\theta(\boldsymbol{\varepsilon}_1)+y\varphi_\theta(\boldsymbol{\varepsilon}_2),$$

其中，$\boldsymbol{\varepsilon}_1=(1,0)$，$\boldsymbol{\varepsilon}_2=(0,1)$，这样将求 (x,y) 的像转化为求两个“特殊”向量 $\boldsymbol{\varepsilon}_1,\boldsymbol{\varepsilon}_2$ 的像.

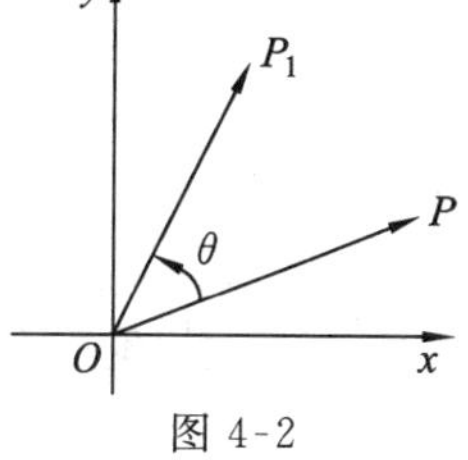

图 4-2

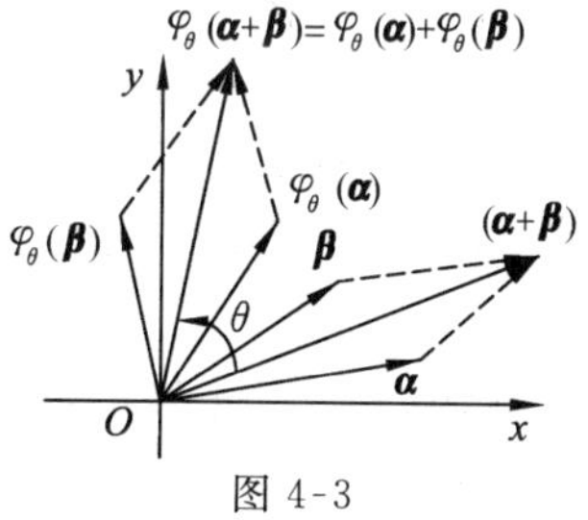

图 4-3

图 4-4，4-5 给出了 $\boldsymbol{\varepsilon}_1,\boldsymbol{\varepsilon}_2$ 的像.

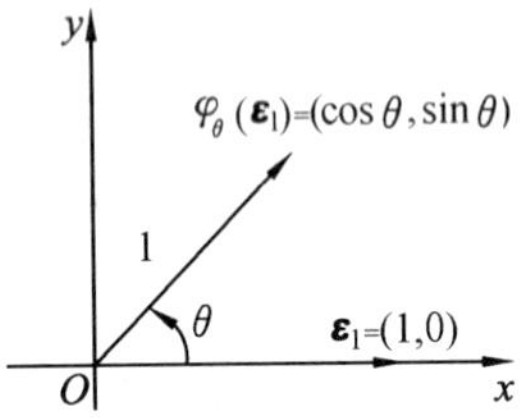

图 4-4

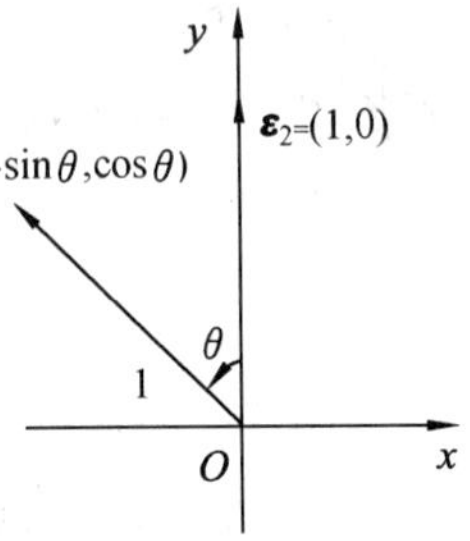

图 4-5

解 由于旋转变换不改变向量长度,所以

$$\varphi_\theta(\boldsymbol{\varepsilon}_1)=(\cos\theta,\sin\theta),\ \varphi_\theta(\boldsymbol{\varepsilon}_2)=(-\sin\theta,\cos\theta),$$

因此,

$$\begin{aligned}(x_1,y_1)&=\varphi_\theta(x\boldsymbol{\varepsilon}_1+y\boldsymbol{\varepsilon}_2)=x\varphi_\theta(\boldsymbol{\varepsilon}_1)+y\varphi_\theta(\boldsymbol{\varepsilon}_2)\\&=x(\cos\theta,\sin\theta)+y(-\sin\theta,\cos\theta),\end{aligned}$$

即

$$\begin{cases}x_1=x\cos\theta-y\sin\theta,\\y_1=x\sin\theta+y\cos\theta.\end{cases}$$

采用矩阵写法即为

$$\begin{pmatrix}x_1\\y_1\end{pmatrix}=\begin{pmatrix}\cos\theta & -\sin\theta\\ \sin\theta & \cos\theta\end{pmatrix}\begin{pmatrix}x\\y\end{pmatrix}.$$

这就是第二章曾经给出过旋转变换公式.旋转变换常用来化简二次曲面或曲线.

旋转变换 φ_θ 对于任意两个向量 $\boldsymbol{\alpha},\boldsymbol{\beta}$ 及任意数 k,都有

$$\varphi_\theta(\boldsymbol{\alpha}+\boldsymbol{\beta})=\varphi_\theta(\boldsymbol{\alpha})+\varphi_\theta(\boldsymbol{\beta}),\ \varphi_\theta(k\boldsymbol{\alpha})=k\varphi_\theta(\boldsymbol{\alpha}),$$

这样的变换称为线性变换,感兴趣的读者可见参考文献[1].

习 题 4-1

1. 求向量 $\boldsymbol{\alpha}$,使得 $\boldsymbol{\alpha}_1+\boldsymbol{\alpha}_2-\boldsymbol{\alpha}=2\boldsymbol{\alpha}-\boldsymbol{\alpha}_3$,其中,$\boldsymbol{\alpha}_1=(1,0,-1,2)^{\mathrm{T}}$,$\boldsymbol{\alpha}_2=(2,0,1,1)^{\mathrm{T}}$,$\boldsymbol{\alpha}_3=(2,-1,0,1)^{\mathrm{T}}$.

2. 设 $\boldsymbol{\alpha}_1=(1,2,1,2)^{\mathrm{T}}$,$\boldsymbol{\alpha}_2=(1,0,3,1)^{\mathrm{T}}$,$\boldsymbol{\alpha}_3=(2,-1,0,1)^{\mathrm{T}}$,$\boldsymbol{\beta}=(2,1,-2,2)^{\mathrm{T}}$,问:$\boldsymbol{\beta}$ 是否能由 $\boldsymbol{\alpha}_1,\boldsymbol{\alpha}_2,\boldsymbol{\alpha}_3$ 线性表示?如能表示,判断表示的方法是否唯一?

3. $\boldsymbol{\beta}=(1,1,1)^{\mathrm{T}}$ 可由 $\boldsymbol{\alpha}_1=(1+k,1,1)^{\mathrm{T}}$,$\boldsymbol{\alpha}_2=(1,1+k,1)^{\mathrm{T}}$,$\boldsymbol{\alpha}_3=(1,1,1+k)^{\mathrm{T}}$ 线性表示且表示方法唯一,求 k 满足的条件.

4. $\boldsymbol{\alpha}_1,\boldsymbol{\alpha}_2,\cdots,\boldsymbol{\alpha}_s$ 是一组 n 维向量,$\boldsymbol{\beta}_1=\boldsymbol{\alpha}_1+\boldsymbol{\alpha}_2+\cdots+\boldsymbol{\alpha}_s$,$\boldsymbol{\beta}_2=\boldsymbol{\alpha}_1+\boldsymbol{\alpha}_2+\cdots+\boldsymbol{\alpha}_{s-1}$,$\cdots$,$\boldsymbol{\beta}_{s-1}=\boldsymbol{\alpha}_1+\boldsymbol{\alpha}_2$,$\boldsymbol{\beta}_s=\boldsymbol{\alpha}_1$,证明向量组 $\boldsymbol{\alpha}_1,\boldsymbol{\alpha}_2,\cdots,\boldsymbol{\alpha}_s$ 与向量组 $\boldsymbol{\beta}_1,\boldsymbol{\beta}_2,\cdots,\boldsymbol{\beta}_s$ 等价.

**5. $\boldsymbol{\alpha}_1=(1,0,0,3)^{\mathrm{T}}$,$\boldsymbol{\alpha}_2=(2,1,-1,2)^{\mathrm{T}}$,$\boldsymbol{\alpha}_3=(3,2,a-3,1)^{\mathrm{T}}$,$\boldsymbol{\alpha}_4=(3,2,-2,a)^{\mathrm{T}}$,$\boldsymbol{\beta}=$

$(1,1,b+1,-1)^T$，讨论：

(1) a,b 为何值时，$\boldsymbol{\beta}$ 不能由 $\boldsymbol{\alpha}_1,\boldsymbol{\alpha}_2,\boldsymbol{\alpha}_3,\boldsymbol{\alpha}_4$ 线性表示？

(2) a,b 为何值时，$\boldsymbol{\beta}$ 能由 $\boldsymbol{\alpha}_1,\boldsymbol{\alpha}_2,\boldsymbol{\alpha}_3,\boldsymbol{\alpha}_4$ 线性表示且表示方法唯一？

(3) a,b 为何值时，$\boldsymbol{\beta}$ 能由 $\boldsymbol{\alpha}_1,\boldsymbol{\alpha}_2,\boldsymbol{\alpha}_3,\boldsymbol{\alpha}_4$ 线性表示，但表示方法不唯一？

第二节　向量组的线性相关性

定义 1　设 $\boldsymbol{\alpha}_1,\boldsymbol{\alpha}_2,\cdots,\boldsymbol{\alpha}_s$ 为一组 n 维向量，如果齐次线性方程组 $x_1\boldsymbol{\alpha}_1+x_2\boldsymbol{\alpha}_2+\cdots+x_s\boldsymbol{\alpha}_s=\mathbf{0}$ 有非零解，称向量组 $\boldsymbol{\alpha}_1,\boldsymbol{\alpha}_2,\cdots,\boldsymbol{\alpha}_s$ 线性相关. 即如果存在不全为零的数 $k_1,k_2,\cdots,k_s$ 使得

$$k_1\boldsymbol{\alpha}_1+k_2\boldsymbol{\alpha}_2+\cdots+k_s\boldsymbol{\alpha}_s=\mathbf{0},$$

则称向量组 $\boldsymbol{\alpha}_1,\boldsymbol{\alpha}_2,\cdots,\boldsymbol{\alpha}_s$ 线性相关.

如果向量组 $\boldsymbol{\alpha}_1,\boldsymbol{\alpha}_2,\cdots,\boldsymbol{\alpha}_s$ 不线性相关，则称 $\boldsymbol{\alpha}_1,\boldsymbol{\alpha}_2,\cdots,\boldsymbol{\alpha}_s$ 线性无关，即如果线性方程组 $x_1\boldsymbol{\alpha}_1+x_2\boldsymbol{\alpha}_2+\cdots+x_s\boldsymbol{\alpha}_s=\mathbf{0}$ 只有零解，则称 $\boldsymbol{\alpha}_1,\boldsymbol{\alpha}_2,\cdots,\boldsymbol{\alpha}_s$ 线性无关.

例 1　讨论向量组 $\boldsymbol{\alpha}_1=(2,-1,3,1)^T,\boldsymbol{\alpha}_2=(4,-2,5,4)^T,\boldsymbol{\alpha}_3=(2,-1,4,-1)^T$ 是否线性相关？

解　设 $x_1\boldsymbol{\alpha}_1+x_2\boldsymbol{\alpha}_2+x_3\boldsymbol{\alpha}_3=\mathbf{0}$，对该方程组的系数矩阵进行初等行变换有

$$\boldsymbol{A}=\begin{pmatrix}2&4&2\\-1&-2&-1\\3&5&4\\1&4&-1\end{pmatrix}\xrightarrow{r_1\times\frac{1}{2}}\begin{pmatrix}1&2&1\\-1&-2&-1\\3&5&4\\1&4&-1\end{pmatrix}\xrightarrow[\substack{r_3-3r_1\\r_4-r_1}]{r_2+r_1}\begin{pmatrix}1&2&1\\0&0&0\\0&-1&1\\0&2&-2\end{pmatrix}$$

$$\longrightarrow\begin{pmatrix}1&0&3\\0&1&-1\\0&0&0\\0&0&0\end{pmatrix}\xlongequal{\text{记为}}\boldsymbol{B},$$

所以

$$\begin{cases}x_1+3x_3=0,\\x_2-\ x_3=0\end{cases}\quad(x_3\text{ 是自由未知量}).$$

上述方程组有无穷多解

$$\begin{cases}x_1=-3t,\\x_2=t,\\x_3=t\end{cases}\quad(t\text{ 为任意数}).$$

显然 $x_1\boldsymbol{\alpha}_1+x_2\boldsymbol{\alpha}_2+x_3\boldsymbol{\alpha}_3=\mathbf{0}$ 有非零解，所以 $\boldsymbol{\alpha}_1,\boldsymbol{\alpha}_2,\boldsymbol{\alpha}_3$ 线性相关.

若令 $t=1$，则得到方程组的一组非零解 $x_1=-3,x_2=1,x_3=1$，所以有

$$-3\boldsymbol{\alpha}_1+\boldsymbol{\alpha}_2+\boldsymbol{\alpha}_3=\mathbf{0}.$$

例 2 讨论向量组 $\boldsymbol{\beta}_1=(1,2,-1,7)^{\mathrm{T}},\boldsymbol{\beta}_2=(-2,1,1,-5)^{\mathrm{T}},\boldsymbol{\beta}_3=(1,-3,-1,4)^{\mathrm{T}}$ 的线性相关性.

解 设

$$x_1\boldsymbol{\beta}_1+x_2\boldsymbol{\beta}_2+x_3\boldsymbol{\beta}_3=\mathbf{0}.$$

则

$$x_1(1,2,-1,7)^{\mathrm{T}}+x_2(-2,1,1,-5)^{\mathrm{T}}+x_3(1,-3,-1,4)^{\mathrm{T}}=(0,0,0,0)^{\mathrm{T}}.$$

对系数矩阵进行初等行变换可得

$$\mathbf{A}=\begin{pmatrix}1&-2&1\\2&1&-3\\-1&1&-1\\7&-5&4\end{pmatrix}\xrightarrow[r_4-7r_1]{\substack{r_2-2r_1\\r_3+r_1}}\begin{pmatrix}1&-2&1\\0&5&-5\\0&-1&0\\0&9&-3\end{pmatrix}\xrightarrow[r_4+9r_3]{\substack{r_1-2r_3\\r_2+5r_3}}\begin{pmatrix}1&0&1\\0&0&-5\\0&-1&0\\0&0&-3\end{pmatrix}\to\begin{pmatrix}1&0&0\\0&1&0\\0&0&1\\0&0&0\end{pmatrix}.$$

所以 $x_1=x_2=x_3=0$,即 $x_1\boldsymbol{\beta}_1+x_2\boldsymbol{\beta}_2+x_3\boldsymbol{\beta}_3=\mathbf{0}$ 只有零解,所以 $\boldsymbol{\beta}_1,\boldsymbol{\beta}_2,\boldsymbol{\beta}_3$ 线性无关.

利用定义 1 比较容易判断一组向量是否线性相关,下面给出线性相关的一个等价定义,该定义能够帮助我们从另一个角度来更好地理解向量组的线性相关性.

如果向量组 $\boldsymbol{\alpha}_1,\boldsymbol{\alpha}_2,\cdots,\boldsymbol{\alpha}_s(s\geqslant 2)$ 线性相关,则存在不全为零的数 $k_1,k_2,\cdots,k_s$ 使得

$$k_1\boldsymbol{\alpha}_1+k_2\boldsymbol{\alpha}_2+\cdots+k_s\boldsymbol{\alpha}_s=\mathbf{0},$$

不妨设 $k_1\neq 0$,则

$$\boldsymbol{\alpha}_1=\left(-\frac{k_2}{k_1}\right)\boldsymbol{\alpha}_2+\cdots+\left(-\frac{k_s}{k_1}\right)\boldsymbol{\alpha}_s,$$

即 $\boldsymbol{\alpha}_1$ 可由其余向量线性表示.

反之,如果存在某个向量 $\boldsymbol{\alpha}_i(1\leqslant i\leqslant s)$ 可由其余向量线性表示,不妨设 $\boldsymbol{\alpha}_1$ 可由其余向量线性表示,则存在数 $t_2,\cdots,t_s$ 使得 $\boldsymbol{\alpha}_1=t_2\boldsymbol{\alpha}_2+\cdots+t_s\boldsymbol{\alpha}_s$,即有 $(-1)\boldsymbol{\alpha}_1+t_2\boldsymbol{\alpha}_2+\cdots+t_s\boldsymbol{\alpha}_s=\mathbf{0}$. 由于 $(-1),t_2,\cdots,t_s$ 不全为零,则 $\boldsymbol{\alpha}_1,\boldsymbol{\alpha}_2,\cdots,\boldsymbol{\alpha}_s$ 线性相关.

于是我们有线性相关的等价定义:

定义 2(线性相关的等价定义) 如果向量组 $\boldsymbol{\alpha}_1,\boldsymbol{\alpha}_2,\cdots,\boldsymbol{\alpha}_s(s\geqslant 2)$ 中至少存在一个向量可以由其余向量线性表示,那么向量组 $\boldsymbol{\alpha}_1,\boldsymbol{\alpha}_2,\cdots,\boldsymbol{\alpha}_s$ 称为是线性相关的. 单独一个零向量构成的向量组也称是线性相关的.

线性无关的等价定义 如果向量组 $\boldsymbol{\alpha}_1,\boldsymbol{\alpha}_2,\cdots,\boldsymbol{\alpha}_s(s\geqslant 2)$ 中有任何一个向量都不能由其余向量线性表示,那么向量组 $\boldsymbol{\alpha}_1,\boldsymbol{\alpha}_2,\cdots,\boldsymbol{\alpha}_s$ 称为是线性无关的. 单独一个非零向量构成的向量组也称是线性无关的.

线性相关性的几何意义 设 $\boldsymbol{\alpha}_1,\boldsymbol{\alpha}_2$ 是两个二维或三维向量,$\boldsymbol{\alpha}_1,\boldsymbol{\alpha}_2$ 线性相关是指 $\boldsymbol{\alpha}_1=k\boldsymbol{\alpha}_2$ 或 $\boldsymbol{\alpha}_2=k\boldsymbol{\alpha}_1$,即 $\boldsymbol{\alpha}_1,\boldsymbol{\alpha}_2$ 共线;而 $\boldsymbol{\alpha}_1,\boldsymbol{\alpha}_2$ 线性无关是指 $\boldsymbol{\alpha}_1,\boldsymbol{\alpha}_2$ 不共线.

设 $\boldsymbol{\alpha}_1,\boldsymbol{\alpha}_2,\boldsymbol{\alpha}_3$ 是 3 个三维向量,$\boldsymbol{\alpha}_1,\boldsymbol{\alpha}_2,\boldsymbol{\alpha}_3$ 线性相关是指至少有一个向量可由

另两个向量线性表示，不妨设 $\boldsymbol{\alpha}_3$ 可由 $\boldsymbol{\alpha}_1,\boldsymbol{\alpha}_2$ 线性表示，其几何意义是 $\boldsymbol{\alpha}_3$ 在 $\boldsymbol{\alpha}_1,\boldsymbol{\alpha}_2$ 确定的直线或平面上，即 $\boldsymbol{\alpha}_1,\boldsymbol{\alpha}_2,\boldsymbol{\alpha}_3$ 共面；而 $\boldsymbol{\alpha}_1,\boldsymbol{\alpha}_2,\boldsymbol{\alpha}_3$ 线性无关是指 $\boldsymbol{\alpha}_1,\boldsymbol{\alpha}_2,\boldsymbol{\alpha}_3$ 不共面.

于是我们得到讨论向量组 $\boldsymbol{\alpha}_1,\boldsymbol{\alpha}_2,\cdots,\boldsymbol{\alpha}_s$ 线性相关性的一般步骤如下：

(1) 设 $x_1\boldsymbol{\alpha}_1+x_2\boldsymbol{\alpha}_2+\cdots+x_s\boldsymbol{\alpha}_s=\mathbf{0}$，解齐次线性方程组

$$x_1\boldsymbol{\alpha}_1+x_2\boldsymbol{\alpha}_2+\cdots+x_s\boldsymbol{\alpha}_s=\mathbf{0}.$$

(2) 如果方程组只有零解，则 $\boldsymbol{\alpha}_1,\boldsymbol{\alpha}_2,\cdots,\boldsymbol{\alpha}_s$ 线性无关；如果方程组有非零解，则 $\boldsymbol{\alpha}_1,\boldsymbol{\alpha}_2,\cdots,\boldsymbol{\alpha}_s$ 线性相关.

例 3　设 $\boldsymbol{\alpha}_1,\boldsymbol{\alpha}_2,\boldsymbol{\alpha}_3$ 线性无关，证明 $\boldsymbol{\alpha}_1+\boldsymbol{\alpha}_2,\boldsymbol{\alpha}_2+\boldsymbol{\alpha}_3,\boldsymbol{\alpha}_3+\boldsymbol{\alpha}_1$ 也线性无关.

证　设 $x_1(\boldsymbol{\alpha}_1+\boldsymbol{\alpha}_2)+x_2(\boldsymbol{\alpha}_2+\boldsymbol{\alpha}_3)+x_3(\boldsymbol{\alpha}_3+\boldsymbol{\alpha}_1)=\mathbf{0}$，则

$$(x_3+x_1)\boldsymbol{\alpha}_1+(x_1+x_2)\boldsymbol{\alpha}_2+(x_2+x_3)\boldsymbol{\alpha}_3=\mathbf{0}.$$

由已知 $\boldsymbol{\alpha}_1,\boldsymbol{\alpha}_2,\boldsymbol{\alpha}_3$ 线性无关，线性方程组 $y_1\boldsymbol{\alpha}_1+y_2\boldsymbol{\alpha}_2+y_3\boldsymbol{\alpha}_3=\mathbf{0}$ 只有零解，所以有

$$(x_3+x_1)=(x_1+x_2)=(x_2+x_3)=0,$$

解得

$$\begin{cases}x_1=0,\\x_2=0,\\x_3=0.\end{cases}$$

因此

$$x_1(\boldsymbol{\alpha}_1+\boldsymbol{\alpha}_2)+x_2(\boldsymbol{\alpha}_2+\boldsymbol{\alpha}_3)+x_3(\boldsymbol{\alpha}_3+\boldsymbol{\alpha}_1)=\mathbf{0}$$

只有零解，即 $\boldsymbol{\alpha}_1+\boldsymbol{\alpha}_2,\boldsymbol{\alpha}_2+\boldsymbol{\alpha}_3,\boldsymbol{\alpha}_3+\boldsymbol{\alpha}_1$ 线性无关.

例 4　设 $\boldsymbol{\alpha}_1=(a_{11},a_{21},a_{31})^{\mathrm{T}},\boldsymbol{\alpha}_2=(a_{12},a_{22},a_{32})^{\mathrm{T}}$ 线性无关，则对任意数 a,b 都有 $\boldsymbol{\beta}_1=(a,a_{11},a_{21},a_{31})^{\mathrm{T}},\boldsymbol{\beta}_2=(b,a_{12},a_{22},a_{32})^{\mathrm{T}}$ 线性无关.

证　设 $x_1\boldsymbol{\beta}_1+x_2\boldsymbol{\beta}_2=\mathbf{0}$，则

$$\begin{cases}x_1a\ \ \ +x_2b\ \ \ =0,\\x_1a_{11}+x_2a_{12}=0,\\x_1a_{21}+x_2a_{22}=0,\\x_1a_{31}+x_2a_{32}=0.\end{cases}$$

由于 $\boldsymbol{\alpha}_1,\boldsymbol{\alpha}_2$ 线性无关，所以

$$\begin{cases}x_1a_{11}+x_2a_{12}=0,\\x_1a_{21}+x_2a_{22}=0,\\x_1a_{31}+x_2a_{32}=0\end{cases}$$

只有零解，即 $x_1=x_2=0$，所以 $\boldsymbol{\beta}_1,\boldsymbol{\beta}_2$ 线性无关.

定理 1　向量组的线性相关具有如下性质：

性质 1 任意一个包含零向量的向量组线性相关;任意线性无关组都不包含零向量.

性质 2 向量组 $\boldsymbol{\alpha}_1,\boldsymbol{\alpha}_2,\cdots,\boldsymbol{\alpha}_t$ 线性相关,则向量组 $\boldsymbol{\alpha}_1,\boldsymbol{\alpha}_2,\cdots,\boldsymbol{\alpha}_t,\boldsymbol{\alpha}_{t+1},\cdots,\boldsymbol{\alpha}_s$ 线性相关.

推论 向量组 $\boldsymbol{\alpha}_1,\boldsymbol{\alpha}_2,\cdots,\boldsymbol{\alpha}_t,\boldsymbol{\alpha}_{t+1},\cdots,\boldsymbol{\alpha}_s$ 线性无关,则向量组 $\boldsymbol{\alpha}_1,\boldsymbol{\alpha}_2,\cdots,\boldsymbol{\alpha}_t$ 线性无关.

性质 2 及推论说明线性相关组的扩充组仍线性相关;线性无关组的部分组仍线性无关.

性质 3 设 n 维向量构成的向量组 $\boldsymbol{\alpha}_1,\boldsymbol{\alpha}_2,\cdots,\boldsymbol{\alpha}_s$ 线性无关,在 $\boldsymbol{\alpha}_1,\boldsymbol{\alpha}_2,\cdots,\boldsymbol{\alpha}_s$ 的相同位置的分量之间添加一个或几个分量得到的一组 $m(m>n)$ 维向量 $\boldsymbol{\beta}_1,\boldsymbol{\beta}_2,\cdots,\boldsymbol{\beta}_s$ 也线性无关.

例 4 中,若在线性无关向量 $\boldsymbol{\alpha}_1,\boldsymbol{\alpha}_2$ 的第一个分量前都增加一个分量,得到的 $\boldsymbol{\beta}_1,\boldsymbol{\beta}_2$ 仍线性无关.

如果向量组含向量的个数与向量的维数相同,可以借助行列式研究线性相关性.

由于 $\boldsymbol{A}$ 是 n 阶方阵时,齐次线性方程组 $\boldsymbol{AX}=\boldsymbol{0}$ 有非零解的充分必要条件是 $|\boldsymbol{A}|=0$;$\boldsymbol{AX}=\boldsymbol{0}$ 只有零解的充分必要条件是 $|\boldsymbol{A}|\neq 0$. 因此有:

定理 2 n 个 n 维向量 $\boldsymbol{\alpha}_1,\boldsymbol{\alpha}_2,\cdots,\boldsymbol{\alpha}_n$ 线性相关的充分必要条件是 $|\boldsymbol{A}|=0$;n 个 n 维向量 $\boldsymbol{\alpha}_1,\boldsymbol{\alpha}_2,\cdots,\boldsymbol{\alpha}_n$ 线性无关的充分必要条件是 $|\boldsymbol{A}|\neq 0$,其中

$$\boldsymbol{A}=(\boldsymbol{\alpha}_1,\boldsymbol{\alpha}_2,\cdots,\boldsymbol{\alpha}_n)$$

是以 $\boldsymbol{\alpha}_1,\boldsymbol{\alpha}_2,\cdots,\boldsymbol{\alpha}_n$ 为列向量的矩阵.

注意 该定理只适用于向量组含向量的个数与向量的维数相同的情况.

例 5 a 取什么值时,向量组

$\boldsymbol{\alpha}_1=(1+a,2,3)^{\mathrm{T}}$, $\boldsymbol{\alpha}_2=(1,2+a,3)^{\mathrm{T}}$, $\boldsymbol{\alpha}_3=(1,2,3+a)^{\mathrm{T}}$ 线性相关.

解 由定理 2,$\boldsymbol{\alpha}_1,\boldsymbol{\alpha}_2,\boldsymbol{\alpha}_3$ 线性相关充分必要条件为

$$\begin{vmatrix} 1+a & 1 & 1 \\ 2 & 2+a & 2 \\ 3 & 3 & 3+a \end{vmatrix}=a^2(a+6)=0.$$

所以当 $a=0$,或 $a=-6$ 时,$\boldsymbol{\alpha}_1,\boldsymbol{\alpha}_2,\boldsymbol{\alpha}_3$ 线性相关.

由于未知量个数 s 多于方程个数 n 时,齐次线性方程组必有非零解. 因此,我们有如下定理.

定理 3 设 $\boldsymbol{\alpha}_1,\boldsymbol{\alpha}_2,\cdots,\boldsymbol{\alpha}_s$ 为一组 n 维向量,如果 $s>n$,则 $\boldsymbol{\alpha}_1,\boldsymbol{\alpha}_2,\cdots,\boldsymbol{\alpha}_s$ 线性相关.

特别 $s=n+1$ 时,我们有如下推论:

推论 1 $n+1$ 个 n 维向量必定线性相关.

进一步有：

定理 4 设 $\boldsymbol{\alpha}_1,\boldsymbol{\alpha}_2,\cdots,\boldsymbol{\alpha}_s$ 与 $\boldsymbol{\beta}_1,\boldsymbol{\beta}_2,\cdots,\boldsymbol{\beta}_t$ 为两组 n 维向量，如果 $\boldsymbol{\alpha}_1,\boldsymbol{\alpha}_2,\cdots,\boldsymbol{\alpha}_s$ 可以由 $\boldsymbol{\beta}_1,\boldsymbol{\beta}_2,\cdots,\boldsymbol{\beta}_t$ 线性表示，且 $s>n$，则 $\boldsymbol{\alpha}_1,\boldsymbol{\alpha}_2,\cdots,\boldsymbol{\alpha}_s$ 线性相关.(证明过程见参考文献[9].)

即多个向量可由少个向量线性表示，则多个向量构成的向量组线性相关.

推论 1 设 $\boldsymbol{\alpha}_1,\boldsymbol{\alpha}_2,\cdots,\boldsymbol{\alpha}_s$ 与 $\boldsymbol{\beta}_1,\boldsymbol{\beta}_2,\cdots,\boldsymbol{\beta}_t$ 为两组 n 维向量，如果 $\boldsymbol{\alpha}_1,\boldsymbol{\alpha}_2,\cdots,\boldsymbol{\alpha}_s$ 可以由 $\boldsymbol{\beta}_1,\boldsymbol{\beta}_2,\cdots,\boldsymbol{\beta}_t$ 线性表示，且 $\boldsymbol{\alpha}_1,\boldsymbol{\alpha}_2,\cdots,\boldsymbol{\alpha}_s$ 线性无关，则 $s\leqslant t$.

推论 2 等价的线性无关组含向量的个数相同.

定理 5 如果 $\boldsymbol{\alpha}_1,\boldsymbol{\alpha}_2,\cdots,\boldsymbol{\alpha}_s$ 线性无关，则 $\boldsymbol{\alpha}_1,\boldsymbol{\alpha}_2,\cdots,\boldsymbol{\alpha}_s,\boldsymbol{\beta}$ 线性相关的充分必要条件是 $\boldsymbol{\beta}$ 可由 $\boldsymbol{\alpha}_1,\boldsymbol{\alpha}_2,\cdots,\boldsymbol{\alpha}_s$ 线性表示.

证 必要性. 由于 $\boldsymbol{\alpha}_1,\boldsymbol{\alpha}_2,\cdots,\boldsymbol{\alpha}_s,\boldsymbol{\beta}$ 线性相关，所以

$$x_1\boldsymbol{\alpha}_1+x_2\boldsymbol{\alpha}_2+\cdots+x_s\boldsymbol{\alpha}_s+x\boldsymbol{\beta}=\mathbf{0}$$

有非零解. 即存在 $k_1,k_2,\cdots,k_s,k$ 不全为零，使得

$$k_1\boldsymbol{\alpha}_1+k_2\boldsymbol{\alpha}_2+\cdots+k_s\boldsymbol{\alpha}_s+k\boldsymbol{\beta}=\mathbf{0}$$

成立.

只需证明 $k\neq0$，就可以得到

$$\boldsymbol{\beta}=\left(-\frac{k_1}{k}\right)\boldsymbol{\alpha}_1+\left(-\frac{k_2}{k}\right)\boldsymbol{\alpha}_2+\cdots+\left(-\frac{k_s}{k}\right)\boldsymbol{\alpha}_s.$$

事实上，如果 $k=0$，则 $k_1\boldsymbol{\alpha}_1+k_2\boldsymbol{\alpha}_2+\cdots+k_s\boldsymbol{\alpha}_s=\mathbf{0}$，且 $k_1,k_2,\cdots,k_s$ 不全为 0，这样 $x_1=k_1,x_2=k_2,\cdots,x_s=k_s$ 是 $x_1\boldsymbol{\alpha}_1+x_2\boldsymbol{\alpha}_2+\cdots+x_s\boldsymbol{\alpha}_s=\mathbf{0}$ 的非零解，与 $\boldsymbol{\alpha}_1,\boldsymbol{\alpha}_2,\cdots,\boldsymbol{\alpha}_s$ 线性无关矛盾. 所以 $k\neq0$，故 $\boldsymbol{\beta}$ 可由 $\boldsymbol{\alpha}_1,\boldsymbol{\alpha}_2,\cdots,\boldsymbol{\alpha}_s$ 线性表示.

充分性. $\boldsymbol{\beta}$ 可由 $\boldsymbol{\alpha}_1,\boldsymbol{\alpha}_2,\cdots,\boldsymbol{\alpha}_s$ 线性表示，显然 $\boldsymbol{\alpha}_1,\boldsymbol{\alpha}_2,\cdots,\boldsymbol{\alpha}_s,\boldsymbol{\beta}$ 线性相关.

推论 如果 $\boldsymbol{\alpha}_1,\boldsymbol{\alpha}_2,\cdots,\boldsymbol{\alpha}_s$ 线性无关，则 $\boldsymbol{\alpha}_1,\boldsymbol{\alpha}_2,\cdots,\boldsymbol{\alpha}_s,\boldsymbol{\beta}$ 线性无关的充分必要条件是 $\boldsymbol{\beta}$ 不能由 $\boldsymbol{\alpha}_1,\boldsymbol{\alpha}_2,\cdots,\boldsymbol{\alpha}_s$ 线性表示.

习 题 4-2

1. 判断下列向量组是线性相关还是线性无关：

(1) $\boldsymbol{\alpha}_1=(1,2,3,4)^{\mathrm{T}},\boldsymbol{\alpha}_2=(2,3,4,1)^{\mathrm{T}},\boldsymbol{\alpha}_3=(3,4,1,2)^{\mathrm{T}},\boldsymbol{\alpha}_4=(4,1,2,3)^{\mathrm{T}}$；

(2) $\boldsymbol{\alpha}_1=(1,1,1,1)^{\mathrm{T}},\boldsymbol{\alpha}_2=(1,-1,1,1)^{\mathrm{T}},\boldsymbol{\alpha}_3=(1,1,-1,1)^{\mathrm{T}},\boldsymbol{\alpha}_4=(1,1,1,-1)^{\mathrm{T}}$；

(3) $\boldsymbol{\alpha}_1=(1,1,0,0)^{\mathrm{T}},\boldsymbol{\alpha}_2=(1,2,3,4)^{\mathrm{T}},\boldsymbol{\alpha}_3=(-1,0,1,2)^{\mathrm{T}},\boldsymbol{\alpha}_4=(1,3,4,6)^{\mathrm{T}}$.

2. 设 $\boldsymbol{\alpha}_1=(1+k,1,1)^{\mathrm{T}},\boldsymbol{\alpha}_2=(1,1+k,1)^{\mathrm{T}},\boldsymbol{\alpha}_3=(1,1,1+k)^{\mathrm{T}}$ 线性无关，求 k 的值.

3. $\boldsymbol{\alpha}_1,\boldsymbol{\alpha}_2,\boldsymbol{\alpha}_3$ 线性无关，$\boldsymbol{\beta}_1=-\boldsymbol{\alpha}_1+\boldsymbol{\alpha}_2+\boldsymbol{\alpha}_3,\boldsymbol{\beta}_2=\boldsymbol{\alpha}_1-\boldsymbol{\alpha}_2+\boldsymbol{\alpha}_3,\boldsymbol{\beta}_3=\boldsymbol{\alpha}_1+\boldsymbol{\alpha}_2-\boldsymbol{\alpha}_3$，证明：$\boldsymbol{\beta}_1,\boldsymbol{\beta}_2,\boldsymbol{\beta}_3$ 线性无关.

4. $\boldsymbol{\alpha}_1,\boldsymbol{\alpha}_2,\cdots,\boldsymbol{\alpha}_s$ 是一组 n 维向量，$\boldsymbol{\beta}_1=\boldsymbol{\alpha}_1,\boldsymbol{\beta}_2=\boldsymbol{\alpha}_1+\boldsymbol{\alpha}_2,\cdots,\boldsymbol{\beta}_{s-1}=\boldsymbol{\alpha}_1+\boldsymbol{\alpha}_2+\cdots+\boldsymbol{\alpha}_{s-1},\boldsymbol{\beta}_s=\boldsymbol{\alpha}_1+\boldsymbol{\alpha}_2+\cdots+\boldsymbol{\alpha}_s$，证明：如果 $\boldsymbol{\alpha}_1,\boldsymbol{\alpha}_2,\cdots,\boldsymbol{\alpha}_s$ 线性无关，则 $\boldsymbol{\beta}_1,\boldsymbol{\beta}_2,\cdots,\boldsymbol{\beta}_s$ 也线性无关.

*5. 设 $\boldsymbol{\alpha}_1,\boldsymbol{\alpha}_2,\cdots,\boldsymbol{\alpha}_s$ 是一组 n 维向量，$\boldsymbol{\beta}$ 可由 $\boldsymbol{\alpha}_1,\boldsymbol{\alpha}_2,\cdots,\boldsymbol{\alpha}_s$ 线性表示，证明：$\boldsymbol{\beta}$ 由 $\boldsymbol{\alpha}_1,\boldsymbol{\alpha}_2,\cdots,\boldsymbol{\alpha}_s$ 线性表示的方法唯一的充分必要条件是 $\boldsymbol{\alpha}_1,\boldsymbol{\alpha}_2,\cdots,\boldsymbol{\alpha}_s$ 线性无关.

*6. 设 $\boldsymbol{\alpha}_1,\boldsymbol{\alpha}_2,\boldsymbol{\alpha}_3$ 线性无关，且 $\boldsymbol{\beta}_1=\boldsymbol{\alpha}_1+t\boldsymbol{\alpha}_2,\boldsymbol{\beta}_2=\boldsymbol{\alpha}_2+t\boldsymbol{\alpha}_3,\boldsymbol{\beta}_3=\boldsymbol{\alpha}_3+t\boldsymbol{\alpha}_1$，讨论 t 为何值时 $\boldsymbol{\beta}_1,\boldsymbol{\beta}_2,\boldsymbol{\beta}_3$ 线性无关，t 为何值时 $\boldsymbol{\beta}_1,\boldsymbol{\beta}_2,\boldsymbol{\beta}_3$ 线性相关.

第三节 向量组的极大无关组和秩

讨论向量组中向量的线性关系要解决的问题：向量组中哪些向量可以由其他向量线性表示？能否在向量组中找到含向量个数“最少”的部分组，使得向量组中其余向量可由它们线性表示？

定义 1 向量组 $\boldsymbol{T}$ 的一个部分组 $\boldsymbol{\alpha}_1,\boldsymbol{\alpha}_2,\cdots,\boldsymbol{\alpha}_r$ 如果满足

(1) $\boldsymbol{\alpha}_1,\boldsymbol{\alpha}_2,\cdots,\boldsymbol{\alpha}_r$ 线性无关；

(2) $\boldsymbol{T}$ 中任意 $r+1$ 个向量(如果存在的话)都线性相关，

称 $\boldsymbol{\alpha}_1,\boldsymbol{\alpha}_2,\cdots,\boldsymbol{\alpha}_r$ 为 $\boldsymbol{T}$ 的一个极大线性无关组.

例 1 向量组 $\boldsymbol{\alpha}_1=(1,1,0)^{\mathrm{T}},\boldsymbol{\alpha}_2=(0,1,1)^{\mathrm{T}},\boldsymbol{\alpha}_3=(1,2,1)^{\mathrm{T}}$ 中，由于 $\boldsymbol{\alpha}_1,\boldsymbol{\alpha}_2$ 线性无关，而 $\boldsymbol{\alpha}_3=\boldsymbol{\alpha}_1+\boldsymbol{\alpha}_2$，所以 $\boldsymbol{\alpha}_1,\boldsymbol{\alpha}_2,\boldsymbol{\alpha}_3$ 线性相关. 故 $\boldsymbol{\alpha}_1,\boldsymbol{\alpha}_2$ 组成的部分组是这个向量组的一个极大线性无关组.

由上一节定理 4 和定理 5 可以得到极大线性无关组的等价定义：

定义 1′ 向量组 $\boldsymbol{T}$ 的一个部分组 $\boldsymbol{\alpha}_1,\boldsymbol{\alpha}_2,\cdots,\boldsymbol{\alpha}_r$ 如果满足：

(1) $\boldsymbol{\alpha}_1,\boldsymbol{\alpha}_2,\cdots,\boldsymbol{\alpha}_r$ 线性无关；

(2) 向量组中任一向量都可由 $\boldsymbol{\alpha}_1,\boldsymbol{\alpha}_2,\cdots,\boldsymbol{\alpha}_r$ 线性表示，称 $\boldsymbol{\alpha}_1,\boldsymbol{\alpha}_2,\cdots,\boldsymbol{\alpha}_r$ 为向量组 $\boldsymbol{T}$ 的一个极大线性无关组.

例如，n 维单位向量 $\boldsymbol{\varepsilon}_1,\boldsymbol{\varepsilon}_2,\cdots,\boldsymbol{\varepsilon}_n$ 线性无关，且任意 n 维向量都可以由 $\boldsymbol{\varepsilon}_1,\boldsymbol{\varepsilon}_2,\cdots,\boldsymbol{\varepsilon}_n$ 线性表示，所以 $\boldsymbol{\varepsilon}_1,\boldsymbol{\varepsilon}_2,\cdots,\boldsymbol{\varepsilon}_n$ 为全体 n 维向量构成的向量组的一个极大线性无关组.

从定义中可直接得到：一个线性无关的向量组的极大线性无关组就是向量组本身.

定理 1 向量组的极大线性无关组具有如下性质：

性质 1 向量组与其极大线性无关组等价. 即向量组与其极大线性无关组之间可以相互线性表示.

利用等价的传递性有：

性质 2 向量组的任意两个极大线性无关组是等价的线性无关向量组.

由上一节定理 4 的推论 2 有：

性质 3 任意两个极大线性无关组含向量个数相同.

定义 2 称向量组的极大线性无关组所含向量的个数 r 为这个向量组的秩.

特别约定：只含有零向量的向量组的秩为 0.

如例 1 中向量组 $\boldsymbol{\alpha}_1,\boldsymbol{\alpha}_2,\boldsymbol{\alpha}_3$ 的秩为 2；全体 n 维构成的向量组的秩为 n.

由于矩阵的初等行变换保持列向量组的线性关系. 要寻找矩阵 $\boldsymbol{A}$ 的列向量的线性关系，只需要对 $\boldsymbol{A}$ 进行初等行变换. 先将 $\boldsymbol{A}$ 化简为行最简形矩阵 $\boldsymbol{B}$，再由 $\boldsymbol{B}$ 的列向量的线性关系来确定 $\boldsymbol{A}$ 的列向量的线性关系.

例 2　求矩阵

$$\boldsymbol{A}=\begin{pmatrix}1&1&2&2&1\\0&2&1&5&-1\\2&0&3&-1&3\\1&1&0&4&-1\end{pmatrix}$$

的列向量组的秩和一个极大线性无关组，并用该极大线性无关组表示向量组中其余向量.

解　$$\boldsymbol{A}=(\boldsymbol{\alpha}_1,\boldsymbol{\alpha}_2,\boldsymbol{\alpha}_3,\boldsymbol{\alpha}_4,\boldsymbol{\alpha}_5)=\begin{pmatrix}1&1&2&2&1\\0&2&1&5&-1\\2&0&3&-1&3\\1&1&0&4&-1\end{pmatrix}$$

$$\xrightarrow[r_4-r_1]{r_3-2r_1}\begin{pmatrix}1&1&2&2&1\\0&2&1&5&-1\\0&-2&-1&-5&1\\0&0&-2&2&-2\end{pmatrix}\xrightarrow[r_3\leftrightarrow r_4]{\substack{r_3+r_2\\ r_4\times\left(-\frac{1}{2}\right)}}\begin{pmatrix}1&1&2&2&1\\0&2&1&5&-1\\0&0&1&-1&1\\0&0&0&0&0\end{pmatrix}$$

$$\xrightarrow[r_2-r_3]{r_1-2r_3}\begin{pmatrix}1&1&0&4&-1\\0&2&0&6&-2\\0&0&1&-1&1\\0&0&0&0&0\end{pmatrix}\xrightarrow[r_1-r_2]{r_2\times\frac{1}{2}}\begin{pmatrix}1&0&0&1&0\\0&1&0&3&-1\\0&0&1&-1&1\\0&0&0&0&0\end{pmatrix}$$

$$\overset{\text{记为}}{=\!=\!=}(\boldsymbol{\beta}_1,\boldsymbol{\beta}_2,\boldsymbol{\beta}_3,\boldsymbol{\beta}_4,\boldsymbol{\beta}_5)=\boldsymbol{B}.$$

$\boldsymbol{B}$ 的前 3 列 $\boldsymbol{\beta}_1=(1,0,0,0)^{\mathrm{T}},\boldsymbol{\beta}_2=(0,1,0,0)^{\mathrm{T}},\boldsymbol{\beta}_3=(0,0,1,0)^{\mathrm{T}}$ 线性无关，且

$$\boldsymbol{\beta}_4=1\boldsymbol{\beta}_1+3\boldsymbol{\beta}_2-\boldsymbol{\beta}_3,\ \boldsymbol{\beta}_5=-\boldsymbol{\beta}_2+\boldsymbol{\beta}_3.$$

而 $\boldsymbol{A}$ 的列向量组与 $\boldsymbol{B}$ 的列向量组具有完全相同的线性关系，所以 $\boldsymbol{\alpha}_1,\boldsymbol{\alpha}_2,\boldsymbol{\alpha}_3$ 线性无关，且

$$\boldsymbol{\alpha}_4=1\boldsymbol{\alpha}_1+3\boldsymbol{\alpha}_2-\boldsymbol{\alpha}_3,\boldsymbol{\alpha}_5=-\boldsymbol{\alpha}_2+\boldsymbol{\alpha}_3.$$

所以 $\boldsymbol{A}$ 的列向量组的秩为 3，前 3 个列向量 $\boldsymbol{\alpha}_1,\boldsymbol{\alpha}_2,\boldsymbol{\alpha}_3$ 是列向量组 $\boldsymbol{\alpha}_1,\boldsymbol{\alpha}_2,\boldsymbol{\alpha}_3,\boldsymbol{\alpha}_4,\boldsymbol{\alpha}_5$ 的一个极线性大无关组，且 $\boldsymbol{\alpha}_4=\boldsymbol{\alpha}_1+3\boldsymbol{\alpha}_2-\boldsymbol{\alpha}_3,\boldsymbol{\alpha}_5=-\boldsymbol{\alpha}_2+\boldsymbol{\alpha}_3$.

从例 2 中可以看出将 $\boldsymbol{A}$ 化为行最简形时，阶梯头所在列线性无关，且其他列向量可由阶梯头所在列线性表示，所以阶梯头所在列就构成一个列向量组的极大

线性无关组.

所以,我们有:

定理 2 矩阵 $\boldsymbol{A}$ 的列向量组的秩等于矩阵 $\boldsymbol{A}$ 的秩.

再由 $r(\boldsymbol{A}^{\mathrm{T}})=r(\boldsymbol{A})$,可得:

推论 1 矩阵 $\boldsymbol{A}$ 的行向量组的秩等于矩阵 $\boldsymbol{A}$ 的秩.

由于 n 阶方阵 $\boldsymbol{A}$ 可逆的充分必要条件是 $r(\boldsymbol{A})=n$,因此有:

推论 2 n 阶方阵 $\boldsymbol{A}$ 可逆的充分必要条件是 $\boldsymbol{A}$ 的列向量组(行向量组)线性无关.

求向量组 $\boldsymbol{\alpha}_1,\boldsymbol{\alpha}_2,\cdots,\boldsymbol{\alpha}_s$ 的极大线性无关组和秩的步骤:

(1) 以 $\boldsymbol{\alpha}_1,\boldsymbol{\alpha}_2,\cdots,\boldsymbol{\alpha}_s$ 为列向量做矩阵 $\boldsymbol{A}=(\boldsymbol{\alpha}_1,\boldsymbol{\alpha}_2,\cdots,\boldsymbol{\alpha}_s)$;

(2) 对 $\boldsymbol{A}=(\boldsymbol{\alpha}_1,\boldsymbol{\alpha}_2,\cdots,\boldsymbol{\alpha}_s)$ 进行初等行变换,化为行最简形矩阵 $\boldsymbol{B}=(\boldsymbol{\beta}_1,\boldsymbol{\beta}_2,\cdots,\boldsymbol{\beta}_s)$;

(3) 确定 $\boldsymbol{B}$ 的列向量组 $\boldsymbol{\beta}_1,\boldsymbol{\beta}_2,\cdots,\boldsymbol{\beta}_s$ 的秩和极大线性无关组,并用该极大线性无关组表示 $\boldsymbol{B}$ 的列向量组中其余向量的表达式;

(4) 利用 $\boldsymbol{A}$ 的列向量组与 $\boldsymbol{B}$ 的列向量组具有完全相同的线性关系,写出 $\boldsymbol{A}$ 的列向量组 $\boldsymbol{\alpha}_1,\boldsymbol{\alpha}_2,\cdots,\boldsymbol{\alpha}_s$ 的秩、极大线性无关组,以及用该极大线性无关组表示 $\boldsymbol{A}$ 的列向量组中其余向量的表达式.

熟练后,不必先写出 $\boldsymbol{B}$ 的列向量组的线性关系,可以直接由 $\boldsymbol{B}$ 的列向量组的线性关系写出 $\boldsymbol{A}$ 的列向量组的线性关系,即可以省略第 3 步.

例 3 试确定 a,使向量组 $\boldsymbol{\alpha}_1=(1,2,-2,3)^{\mathrm{T}}$,$\boldsymbol{\alpha}_2=(-2,-4,4,-6)^{\mathrm{T}}$,$\boldsymbol{\alpha}_3=(2,8,-2,0)^{\mathrm{T}}$,$\boldsymbol{\alpha}_4=(-1,0,3,-6)^{\mathrm{T}}$,$\boldsymbol{\alpha}_5=(1,2,-2,a)^{\mathrm{T}}$ 的秩为 2,并求此时向量组的一个极大线性无关组,再用所求的极大线性无关组表示向量组中其余向量.

解 $$\boldsymbol{A}=(\boldsymbol{\alpha}_1,\boldsymbol{\alpha}_2,\boldsymbol{\alpha}_3,\boldsymbol{\alpha}_4,\boldsymbol{\alpha}_5)=\begin{pmatrix}1&-2&2&-1&1\\2&-4&8&0&2\\-2&4&-2&3&-2\\3&-6&0&-6&a\end{pmatrix}$$

$$\xrightarrow[r_4-3r_1]{\substack{r_2-2r_1\\ r_3+2r_2}}\begin{pmatrix}1&-2&2&-1&1\\0&0&4&2&0\\0&0&2&1&0\\0&0&-6&-3&a-3\end{pmatrix}\xrightarrow[r_4+3r_3]{\substack{r_2-2r_3\\ r_2\leftrightarrow r_3}}\begin{pmatrix}1&-2&2&-1&1\\0&0&2&1&0\\0&0&0&0&0\\0&0&0&0&a-3\end{pmatrix}$$

$$\xrightarrow[r_2\times\frac{1}{2}]{r_1-r_2}\begin{pmatrix}1&-2&0&-2&1\\0&0&1&\frac{1}{2}&0\\0&0&0&0&a-3\\0&0&0&0&0\end{pmatrix}.$$

所以，$a=3$ 时向量组的秩为 2，且 1,3 两列对应的列向量

$$\boldsymbol{\alpha}_1=(1,2,-2,3)^{\mathrm{T}},\ \boldsymbol{\alpha}_3=(2,8,-2,0)^{\mathrm{T}}$$

是向量组的一个极大线性无关组，且

$$\boldsymbol{\alpha}_2=-2\boldsymbol{\alpha}_1,\ \boldsymbol{\alpha}_4=-2\boldsymbol{\alpha}_1+\frac{1}{2}\boldsymbol{\alpha}_3,\ \boldsymbol{\alpha}_5=\boldsymbol{\alpha}_1.$$

也可以由

$$\boldsymbol{A}\rightarrow\begin{pmatrix}1&-2&2&-1&1\\0&0&2&1&0\\0&0&0&0&a-3\\0&0&0&0&0\end{pmatrix}\xrightarrow{r_1+r_2}\begin{pmatrix}1&-2&4&0&1\\0&0&2&1&0\\0&0&0&0&a-3\\0&0&0&0&0\end{pmatrix},$$

得到 $a=3$ 时，向量组的积为 2，且

$$\boldsymbol{\alpha}_1=(1,2,-2,3)^{\mathrm{T}},\ \boldsymbol{\alpha}_4=(-1,0,3,-6)^{\mathrm{T}}$$

是列向量组的一个极大线性无关组，则

$$\boldsymbol{\alpha}_2=-2\boldsymbol{\alpha}_1,\ \boldsymbol{\alpha}_3=4\boldsymbol{\alpha}_1+2\boldsymbol{\alpha}_4,\ \boldsymbol{\alpha}_5=\boldsymbol{\alpha}_1.$$

显然后一种化简得到的不是行最简形矩阵，但也能看出列向量的线性关系.

有时矩阵不一定要化为行最简形，也可以得到向量组的极大线性无关组和向量间的线性关系. 在遇到具体问题时，可以灵活掌握.

前面都是讨论矩阵 $\boldsymbol{A}$ 的列向量组的线性关系，如果要讨论矩阵 $\boldsymbol{A}$ 的行向量组的线性关系，只需要讨论矩阵 $\boldsymbol{A}^{\mathrm{T}}$ 的列向量组的线性关系，这里不再举例.

读一读

除了前面给出的性质，向量组的极大线性无关组和秩还具如下性质：

性质 4　秩为 r 的向量组中，任何多于 r 个向量都线性相关；秩为 r 的向量组中，任何 r 个线性无关向量都是向量组的极大线性无关组；

性质 5　向量组线性无关的充要条件是其秩与其所含向量的个数相等；

性质 6　向量组 $\boldsymbol{A}$ 可由向量组 $\boldsymbol{B}$ 线性表示，则向量组 $\boldsymbol{A}$ 的秩不超过向量组 $\boldsymbol{B}$ 的秩.

推论　等价的向量组秩相同.

习　题　4-3

1. 求下列向量组的秩和一个极大线性无关组，并用其线性表示向量组中其余向量：

(1) $\boldsymbol{\alpha}_1=(1,2,1,3)^{\mathrm{T}}$，$\boldsymbol{\alpha}_2=(4,-1,-5,-6)^{\mathrm{T}}$，$\boldsymbol{\alpha}_3=(1,-3,-4,-7)^{\mathrm{T}}$，$\boldsymbol{\alpha}_4=(2,1,-1,0)^{\mathrm{T}}$；

(2) $\boldsymbol{\alpha}_1=(2,-1,3)^{\mathrm{T}},\boldsymbol{\alpha}_2=(1,0,-1)^{\mathrm{T}},\boldsymbol{\alpha}_3=(0,-1,5)^{\mathrm{T}},\boldsymbol{\alpha}_4=(2,-2,7)^{\mathrm{T}}$.

2. 求下列矩阵的秩和列向量组的极大线性无关组，并用其表示向量组中其余向量：

(1) $\boldsymbol{A}=\begin{pmatrix}1&0&0&1\\1&1&0&0\\0&1&1&0\\0&0&1&1\end{pmatrix}$；　　(2) $\boldsymbol{A}=\begin{pmatrix}1&1&1&-1&1&0\\1&0&-1&1&2&2\\-1&0&0&2&0&1\\1&1&0&2&3&3\end{pmatrix}$.

3. 试确定 a,b，使矩阵 $\boldsymbol{A}=\begin{pmatrix}1&1&1&1&1&1\\3&2&1&1&-3&a\\0&1&2&2&6&3\\5&4&3&3&-1&b\end{pmatrix}$ 的秩为 2，再求此时 A 的列向量组的一个极大线性无关组．并用该极大线性无关组表示其余列向量．

4. 证明：向量组 $\boldsymbol{\alpha}_1,\boldsymbol{\alpha}_2,\cdots,\boldsymbol{\alpha}_n$ 与 $\boldsymbol{\alpha}_1,\boldsymbol{\alpha}_2,\cdots,\boldsymbol{\alpha}_n,\boldsymbol{\beta}$ 等价的充分必要条件是向量组 $\boldsymbol{\alpha}_1,\boldsymbol{\alpha}_2,\cdots,\boldsymbol{\alpha}_n$ 与 $\boldsymbol{\alpha}_1,\boldsymbol{\alpha}_2,\cdots,\boldsymbol{\alpha}_n,\boldsymbol{\beta}$ 秩相同．

*5. 已知向量组 $\boldsymbol{\alpha}_1,\boldsymbol{\alpha}_2,\cdots,\boldsymbol{\alpha}_n$ 的秩为 r，证明 $\boldsymbol{\alpha}_1,\boldsymbol{\alpha}_2,\cdots,\boldsymbol{\alpha}_n$ 中任何 r 个线性无关向量都是该向量组的一个极大线性无关组．

第四节　线性方程组解的结构

本节我们将借助向量的线性关系对线性方程组解的结构进行深入的探讨．

定义 1　如果 $x_1=k_1,x_2=k_2,\cdots,x_n=k_n$ 是线性方程组 $\boldsymbol{AX}=\boldsymbol{\beta}$ 或 $\boldsymbol{AX}=\boldsymbol{0}$ 的一组解，则称 $\boldsymbol{\xi}=(k_1,k_2,\cdots,k_n)^{\mathrm{T}}$ 是线性方程组 $\boldsymbol{AX}=\boldsymbol{\beta}$ 或 $\boldsymbol{AX}=\boldsymbol{0}$ 的一个解向量，简称 ξ 为 $\boldsymbol{AX}=\boldsymbol{\beta}$ 或 $\boldsymbol{AX}=\boldsymbol{0}$的一个解．

即 $\boldsymbol{\xi}$ 使得 $\boldsymbol{A\xi}=\boldsymbol{\beta}$ 或 $\boldsymbol{A\xi}=\boldsymbol{0}$ 成立，称 ξ 是 $\boldsymbol{AX}=\boldsymbol{\beta}$ 或 $\boldsymbol{AX}=\boldsymbol{0}$的一个解．

定理 1(齐次线性方程组解的性质)　设 $\boldsymbol{\xi},\boldsymbol{\eta}$ 是齐次线性方程组 $\boldsymbol{AX}=\boldsymbol{0}$的两个解，则两个解的和 $\boldsymbol{\xi}+\boldsymbol{\eta}$ 和解的倍数 $k\boldsymbol{\xi}$(k 是任意数)都是 $\boldsymbol{AX}=\boldsymbol{0}$ 的解，即齐次线性方程组的解对加法和数乘法是封闭的．

证　设 $\boldsymbol{\xi},\boldsymbol{\eta}$ 是齐次线性方程组 $\boldsymbol{AX}=\boldsymbol{0}$ 的两个解，则 $\boldsymbol{A\xi}=\boldsymbol{0},\boldsymbol{A\eta}=\boldsymbol{0}$. 利用矩阵乘法的分配律有 $\boldsymbol{A}(\boldsymbol{\xi}+\boldsymbol{\eta})=\boldsymbol{A\xi}+\boldsymbol{A\eta}=\boldsymbol{0}$，所以，$\xi+\boldsymbol{\eta}$ 是 $\boldsymbol{Ax}=\boldsymbol{0}$的解. 考虑到 k 是一个数，又有

$$\boldsymbol{A}(k\boldsymbol{\xi})=k\boldsymbol{A\xi}=\boldsymbol{0},$$

所以 $k\boldsymbol{\xi}$ 是 $\boldsymbol{Ax}=\boldsymbol{0}$ 的解．

进一步有：设 $\boldsymbol{\xi},\boldsymbol{\eta}$ 是齐次线性方程组 $\boldsymbol{AX}=\boldsymbol{0}$ 的两个解，则 $\boldsymbol{\xi},\boldsymbol{\eta}$ 的任意线性组合 $k\boldsymbol{\xi}+l\boldsymbol{\eta}$($k,l$ 是任意数)仍是 $\boldsymbol{AX}=\boldsymbol{0}$的解．

为了进一步探讨齐次线性方程组解的结构，我们先研究一个具体的线性方程组．

例 1　求解齐次线性方程组

$$\begin{cases} x_1 - x_2 + 5x_3 - x_4 = 0, \\ x_1 + x_2 - 2x_3 + 3x_4 = 0, \\ 3x_1 - x_2 + 8x_3 + x_4 = 0, \\ x_1 + 3x_2 - 9x_3 + 7x_4 = 0. \end{cases}$$

解　对系数矩阵 $\boldsymbol{A}$ 作初等行变换.

$$\boldsymbol{A} = \begin{pmatrix} 1 & -1 & 5 & -1 \\ 1 & 1 & -2 & 3 \\ 3 & -1 & 8 & 1 \\ 1 & 3 & -9 & 7 \end{pmatrix} \xrightarrow[r_4 - r_1]{\substack{r_2 - r_1 \\ r_3 - 3r_1}} \begin{pmatrix} 1 & -1 & 5 & -1 \\ 0 & 2 & -7 & 4 \\ 0 & 2 & -7 & 4 \\ 0 & 4 & -14 & 8 \end{pmatrix}$$

$$\xrightarrow[r_4 - 2r_2]{r_3 - r_2} \begin{pmatrix} 1 & -1 & 5 & -1 \\ 0 & 2 & -7 & 4 \\ 0 & 0 & 0 & 0 \\ 0 & 0 & 0 & 0 \end{pmatrix} \xrightarrow[r_1 + r_2]{r_2 \times \frac{1}{2}} \begin{pmatrix} 1 & 0 & \frac{3}{2} & 1 \\ 0 & 1 & -\frac{7}{2} & 2 \\ 0 & 0 & 0 & 0 \\ 0 & 0 & 0 & 0 \end{pmatrix}.$$

最后一个矩阵对应的齐次线性方程组为

$$\begin{cases} x_1 = -\frac{3}{2}x_3 - x_4, \\ x_2 = \frac{7}{2}x_3 - 2x_4 \end{cases} \quad (x_3, x_4 \text{ 为自由未知量}).$$

令 $x_3 = k_1, x_4 = k_2$，则

$$\begin{pmatrix} x_1 \\ x_2 \\ x_3 \\ x_4 \end{pmatrix} = \begin{pmatrix} -\frac{3}{2}x_3 - x_4 \\ \frac{7}{2}x_3 - 2x_4 \\ x_3 \\ x_4 \end{pmatrix} = \begin{pmatrix} -\frac{3}{2} \\ \frac{7}{2} \\ 1 \\ 0 \end{pmatrix} k_1 + \begin{pmatrix} -1 \\ -2 \\ 0 \\ 1 \end{pmatrix} k_2 \quad (k_1, k_2 \text{ 为任意数}).$$

向量 $\boldsymbol{\eta}_1 = \left(-\frac{3}{2}, \frac{7}{2}, 1, 0\right)^{\mathrm{T}}, \boldsymbol{\eta}_2 = (-1, -2, 0, 1)^{\mathrm{T}}$ 具有如下性质：

(1) $\boldsymbol{\eta}_1, \boldsymbol{\eta}_2$ 是该齐次线性方程组的解，分别是 $x_3 = k_1 = 1, x_k = k_2 = 0$ 和 $x_3 = k_1 = 0, x_4 = k_2 = 1$ 时的解；

(2) $\boldsymbol{\eta}_1, \boldsymbol{\eta}_2$ 线性无关；

(3) 方程组的任意解都由 $\boldsymbol{\eta}_1, \boldsymbol{\eta}_2$ 的线性表示

$$\boldsymbol{X} = k_1 \boldsymbol{\eta}_1 + k_2 \boldsymbol{\eta}_2 \quad (k_1, k_2 \text{ 为任意数}).$$

显然 $\boldsymbol{\eta}_1, \boldsymbol{\eta}_2$ 是例 1 中齐次线性方程组解向量集合中的一个极大线性无关组.

定义 2 设 $\boldsymbol{\eta}_1,\boldsymbol{\eta}_2,\cdots,\boldsymbol{\eta}_t$ 是齐次线性方程组 $\boldsymbol{AX}=\boldsymbol{0}$ 的 t 个线性无关解，且 $\boldsymbol{AX}=\boldsymbol{0}$ 的任何解都能表成 $\boldsymbol{\eta}_1,\boldsymbol{\eta}_2,\cdots,\boldsymbol{\eta}_t$ 的线性组合，则称 $\boldsymbol{\eta}_1,\boldsymbol{\eta}_2,\cdots,\boldsymbol{\eta}_t$ 为 $\boldsymbol{AX}=\boldsymbol{0}$ 的一个基础解系.

即 $\boldsymbol{\eta}_1,\boldsymbol{\eta}_2,\cdots,\boldsymbol{\eta}_t$ 如果满足：

(1) $\boldsymbol{\eta}_1,\boldsymbol{\eta}_2,\cdots,\boldsymbol{\eta}_t$ 是 $\boldsymbol{AX}=\boldsymbol{0}$ 的解；

(2) $\boldsymbol{\eta}_1,\boldsymbol{\eta}_2,\cdots,\boldsymbol{\eta}_t$ 线性无关；

(3) $\boldsymbol{\eta}_1,\boldsymbol{\eta}_2,\cdots,\boldsymbol{\eta}_t$ 可以线性表示 $\boldsymbol{AX}=\boldsymbol{0}$ 的任一个解，

则称 $\boldsymbol{\eta}_1,\boldsymbol{\eta}_2,\cdots,\boldsymbol{\eta}_t$ 为 $\boldsymbol{AX}=\boldsymbol{0}$ 的一个基础解系.

从例 1 可以看出，有非零解的齐次线性方程组的基础解系含向量的个数与方程组解中自由未知量的个数相同. 当系数矩阵的秩 $r(\boldsymbol{A})=r$ 时，方程组 $\boldsymbol{AX}=\boldsymbol{0}$ 中有 r 个"有效"方程，所以能确定 r 个未知量，而另 $n-r$ 未知量是自由取值的.

所以有：

定理 2 设 $m\times n$ 矩阵 $\boldsymbol{A}$ 的秩为 r，$r<n$ 时(即齐次线性方程组 $\boldsymbol{AX}=\boldsymbol{0}$ 有非零解时)，它必有基础解系，并且基础解系所含向量的个数等于 $n-r$.

齐次线性方程组的基础解系是方程组的解所构成的向量组(解集合)的一个极大线性无关组. 再由极大线性无关组和秩的性质容易得到：

(1) 齐次线性方程组的基础解系不唯一，但它们是等价的；

(2) $\boldsymbol{AX}=\boldsymbol{0}$ 的任何 $n-r(\boldsymbol{A})$ 个线性无关解都是基础解系.

称用基础解系的线性组合表示的解 $\boldsymbol{X}=k_1\boldsymbol{\eta}_1+\cdots+k_{n-r}\boldsymbol{\eta}_{n-r}$($k_1,\cdots,k_{n-r}$ 为任意数)为齐次线性方程组 $\boldsymbol{AX}=\boldsymbol{0}$ 的通解.

例 2 求齐次线性方程组

$$\begin{cases} x_1+2x_2+x_3-2x_4=0, \\ 2x_1+3x_2-x_4=0, \\ x_1-x_2-5x_3+7x_4=0 \end{cases}$$

的一个基础解系，并求该方程组的通解.

解 对系数矩阵进行初等行变换有

$$\boldsymbol{A}=\begin{pmatrix} 1 & 2 & 1 & -2 \\ 2 & 3 & 0 & -1 \\ 1 & -1 & -5 & 7 \end{pmatrix} \xrightarrow[r_3-r_1]{r_2-2r_1} \begin{pmatrix} 1 & 2 & 1 & -2 \\ 0 & -1 & -2 & 3 \\ 0 & -3 & -6 & 9 \end{pmatrix}$$

$$\xrightarrow[r_2\times(-1)]{\substack{r_1+2r_2 \\ r_3-3r_2}} \begin{pmatrix} 1 & 0 & -3 & 4 \\ 0 & 1 & 2 & -3 \\ 0 & 0 & 0 & 0 \end{pmatrix}.$$

所以原方程同解于

$$\begin{cases}x_1-3x_3+4x_4=0,\\x_2+2x_3-3x_4=0,\end{cases}$$

即

$$\begin{cases}x_1=\ \ 3x_3-4x_4,\\x_2=-2x_3+3x_4\end{cases}\ (x_3,x_4\text{ 是自由未知量}).$$

令 $x_3=k_1,x_4=k_2$，则方程组的解为

$$\boldsymbol{X}=\begin{pmatrix}x_1\\x_2\\x_3\\x_4\end{pmatrix}=\begin{pmatrix}3k_1-4k_2\\-2k_1+3k_2\\k_1\\k_2\end{pmatrix}=\begin{pmatrix}3\\-2\\1\\0\end{pmatrix}k_1+\begin{pmatrix}-4\\3\\0\\1\end{pmatrix}k_2\quad(\text{其中 }k_1,k_2\text{ 为任意数}).$$

令 $k_1=1,k_2=0$，得到方程组的一个解 $\boldsymbol{\eta}_1=(3,-2,1,0)^{\mathrm{T}}$. 令 $k_1=0,k_2=1$，得到方程组的另一个解 $\boldsymbol{\eta}_2=(-4,3,0,1)^{\mathrm{T}}$. 而 $\boldsymbol{\eta}_1,\boldsymbol{\eta}_2$ 线性无关，且方程组的任意解都可以写成 $\boldsymbol{\eta}_1,\boldsymbol{\eta}_2$ 的线性组合 $k_1\boldsymbol{\eta}_1+k_2\boldsymbol{\eta}_2$（$k_1,k_2$ 为任意数）的形式，所以 $\boldsymbol{\eta}_1,\boldsymbol{\eta}_2$ 为方程组的基础解系，通解为

$$\boldsymbol{X}=k_1\boldsymbol{\eta}_1+k_2\boldsymbol{\eta}_2\quad(k_1,k_2\text{ 为任意数}).$$

现考虑一般线性方程组 $\boldsymbol{AX}=\boldsymbol{\beta}$ 的解的结构.

例 3　解线性方程组

$$\begin{cases}x_1+2x_2+\ x_3-2x_4=1,\\2x_1+3x_2\qquad\ -\ x_4=3,\\x_1-\ x_2-5x_3+7x_4=4.\end{cases}$$

解　对增广矩阵进行初等行变换有

$$\overline{\boldsymbol{A}}=\begin{pmatrix}1&2&1&-2&1\\2&3&0&-1&3\\1&-1&-5&7&4\end{pmatrix}\xrightarrow[r_2-r_1]{r_2-2r_1}\begin{pmatrix}1&2&1&-2&1\\0&-1&-2&3&1\\0&-3&-6&9&3\end{pmatrix}$$

$$\xrightarrow{\substack{r_1+2r_2\\r_3-3r_2\\r_2\times(-1)}}\begin{pmatrix}1&0&-3&4&3\\0&1&2&-3&-1\\0&0&0&0&0\end{pmatrix}.$$

所以原方程同解于

$$\begin{cases}x_1=\ \ 3x_3-4x_4+3,\\x_2=-2x_3+3x_4-1\end{cases}\ (x_3,x_4\text{ 是自由未知量}).$$

令 $x_3=k_1,x_4=k_2$，则方程组的解为

$$\begin{cases}x_1=3k_1-4k_2+3,\\x_2=-2k_1+3k_2-1,\\x_3=k_1,\\x_4=k_2,\end{cases}\ (\text{其中 }k_1,k_2\text{ 为任意数}).$$

解可表示为向量组合的形式

$$\boldsymbol{X}=\begin{pmatrix}x_1\\x_2\\x_3\\x_4\end{pmatrix}=\begin{pmatrix}3k_1-4k_2+3\\-2k_1+3k_2-1\\k_1\\k_2\end{pmatrix}=\begin{pmatrix}3\\-2\\1\\0\end{pmatrix}k_1+\begin{pmatrix}-4\\3\\0\\1\end{pmatrix}k_2+\begin{pmatrix}3\\-1\\0\\0\end{pmatrix}$$ （其中 k_1,k_2 为任意数）.

如果令 $k_1=0,k_2=0$，我们就得到方程组的一个解 $\boldsymbol{\gamma}_0=(3,-1,0,0)^{\mathrm{T}}$，

令 $\boldsymbol{\eta}_1=(3,-2,1,0)^{\mathrm{T}}$，$\boldsymbol{\eta}_2=(-4,3,0,1)^{\mathrm{T}}$. 则方程组的任意解都可以写成 $\boldsymbol{\eta}_1$，$\boldsymbol{\eta}_2$ 的线性组合加上 $\boldsymbol{\gamma}_0$ 的形式 $k_1\boldsymbol{\eta}_1+k_2\boldsymbol{\eta}_2+\boldsymbol{\gamma}_0$.

由例 2 知

$$\boldsymbol{\eta}_1=(3,-2,1,0)^{\mathrm{T}},\ \boldsymbol{\eta}_2=(-4,3,0,1)^{\mathrm{T}}$$

是方程组对应的齐次线性方程组

$$\begin{cases}x_1+2x_2+x_3-2x_4=0,\\2x_1+3x_2-x_4=0,\\x_1-x_2-5x_3+7x_4=0\end{cases}$$

的基础解系，而 $k_1\boldsymbol{\eta}_1+k_2\boldsymbol{\eta}_2$ 为该齐次线性方程组的通解.

由此我们看到非齐次线性方程组与齐次线性方程组的解之间的密切联系.

定义 3 非齐次线性方程组 $\boldsymbol{AX}=\boldsymbol{\beta}$ 对应的齐次线性方程组 $\boldsymbol{AX}=\boldsymbol{0}$ 称为 $\boldsymbol{AX}=\boldsymbol{\beta}$ 的导出组.

例如，

$$\begin{cases}x_1+2x_2+x_3-2x_4=0,\\2x_1+3x_2-x_4=0,\\x_1-x_2-5x_3+7x_4=0\end{cases}$$

为

$$\begin{cases}x_1+2x_2+x_3-2x_4=1,\\2x_1+3x_2-x_4=3,\\x_1-x_2-5x_3+7x_4=4\end{cases}$$

的导出组.

定理 3 非齐次线性方程组 $\boldsymbol{AX}=\boldsymbol{\beta}$ 的任意解都可以表示为其导出组 $\boldsymbol{AX}=\boldsymbol{0}$ 的通解与 $\boldsymbol{AX}=\boldsymbol{\beta}$ 的一个特解之和的形式.

设 $\boldsymbol{\eta}_1,\boldsymbol{\eta}_2,\cdots,\boldsymbol{\eta}_{n-r}$ 是导出组 $\boldsymbol{AX}=\boldsymbol{0}$ 的一个基础解系，如果 $\boldsymbol{\gamma}_0$ 是非齐次线性方程组 $\boldsymbol{AX}=\boldsymbol{\beta}$ 的一个特解，则方程组 $\boldsymbol{AX}=\boldsymbol{\beta}$ 的任一个解 γ 都可以表示成

$$\boldsymbol{\gamma}=\boldsymbol{\gamma}_0+k_1\boldsymbol{\eta}_1+k_2\boldsymbol{\eta}_2+\cdots+k_{n-r}\boldsymbol{\eta}_{n-r}\quad(k_1,\cdots,k_{n-r}\text{为任意数}).$$

称该表达式为非齐次线性方程组 $\boldsymbol{AX}=\boldsymbol{\beta}$ 的通解.

推论 在方程组 $\boldsymbol{AX}=\boldsymbol{\beta}$ 有解的情况下，解是唯一的充要条件是它的导出组 $\boldsymbol{AX}=\boldsymbol{0}$ 只有零解.

例 4 设线性方程组

$$\begin{cases} x_1+x_2+x_3+x_4+x_5=1, \\ 3x_1+2x_2+x_3+x_4-3x_5=0, \\ x_2+2x_3+2x_4+6x_5=3, \\ 5x_1+4x_2+3x_3+3x_4-x_5=2. \end{cases}$$

用导出组的基础解系表出线性方程组的通解.

解 $$\overline{\boldsymbol{A}}=\begin{pmatrix} 1 & 1 & 1 & 1 & 1 & 1 \\ 3 & 2 & 1 & 1 & -3 & 0 \\ 0 & 1 & 2 & 2 & 6 & 3 \\ 5 & 4 & 3 & 3 & -1 & 2 \end{pmatrix} \xrightarrow[r_4-5r_1]{r_2-3r_1} \begin{pmatrix} 1 & 1 & 1 & 1 & 1 & 1 \\ 0 & -1 & -2 & -2 & -6 & -3 \\ 0 & 1 & 2 & 2 & 6 & 3 \\ 0 & -1 & -2 & -2 & -6 & -3 \end{pmatrix}$$

$$\xrightarrow{\substack{r_1-r_2 \\ r_3+r_2 \\ r_4-r_2 \\ r_2\times(-1)}} \begin{pmatrix} 1 & 0 & -1 & -1 & -5 & -2 \\ 0 & 1 & 2 & 2 & 6 & 3 \\ 0 & 0 & 0 & 0 & 0 & 0 \\ 0 & 0 & 0 & 0 & 0 & 0 \end{pmatrix}.$$

最后一个矩阵对应的方程组为

$$\begin{cases} x_1=-2+x_3+x_4+5x_5, \\ x_2=3-2x_3-2x_4-6x_5. \end{cases}$$

令 $x_3=k_1, x_4=k_2, x_5=k_3$，则得线性方程组的通解为

$$\boldsymbol{X}=\begin{pmatrix} x_1 \\ x_2 \\ x_3 \\ x_4 \\ x_5 \end{pmatrix}=\begin{pmatrix} -2+k_1+k_2+5k_3 \\ 3-2k_1-2k_2-6k_3 \\ k_1 \\ k_2 \\ k_3 \end{pmatrix}=\begin{pmatrix} -2 \\ 3 \\ 0 \\ 0 \\ 0 \end{pmatrix}+\begin{pmatrix} 1 \\ -2 \\ 1 \\ 0 \\ 0 \end{pmatrix}k_1+\begin{pmatrix} 1 \\ -2 \\ 0 \\ 1 \\ 0 \end{pmatrix}k_2+\begin{pmatrix} 5 \\ -6 \\ 0 \\ 0 \\ 1 \end{pmatrix}k_3$$

(其中 k_1,k_2,k_3 为任意数).

这里，

$$\boldsymbol{\eta}_1=(1,-2,1,0,0)^{\mathrm{T}},\ \boldsymbol{\eta}_2=(1,-2,0,1,0)^{\mathrm{T}},\ \boldsymbol{\eta}_3=(5,-6,0,0,1)^{\mathrm{T}}$$

为导出组的基础解系，$\boldsymbol{\gamma}_0=(-2,3,0,0,0)^{\mathrm{T}}$ 为一个特解.

用导出组的基础解系表出线性方程组的全部解即为

$$\boldsymbol{X}=\boldsymbol{\gamma}_0+k_1\boldsymbol{\eta}_1+k_2\boldsymbol{\eta}_2+k_3\boldsymbol{\eta}_3 \text{（其中 } k_1,k_2,k_3 \text{ 为任意数）}.$$

也可以先求导出组的通解，再求特解. 不过这样做比较繁琐.

注 (1) $\boldsymbol{\gamma}_1,\boldsymbol{\gamma}_2$ 是非齐次线性方程组 $\boldsymbol{AX}=\boldsymbol{\beta}$ 的两个解，$\boldsymbol{\gamma}_1+\boldsymbol{\gamma}_2$ 不再是 $\boldsymbol{AX}=\boldsymbol{\beta}$ 的解；

(2) $\boldsymbol{\gamma}$ 是非齐次线性方程组 $\boldsymbol{AX}=\boldsymbol{\beta}$ 的解，k 是一个数，$k\neq 1$，则 $k\boldsymbol{\gamma}$ 不再是 $\boldsymbol{AX}=\boldsymbol{\beta}$ 的解；

(3) 解非齐次线性方程组时，不可利用自由未知量取特殊值得到一组线性无关解，再用这组线性无关解的线性组合表示 $\boldsymbol{AX}=\boldsymbol{\beta}$ 的通解.

读一读

非齐次线性方程组解的性质

性质 1 非齐次线性方程组 $\boldsymbol{AX}=\boldsymbol{\beta}$ 的两个解的差是其导出组 $\boldsymbol{AX}=\boldsymbol{0}$ 的解.

证 设 $\boldsymbol{\xi}_1,\boldsymbol{\xi}_2$ 是 $\boldsymbol{AX}=\boldsymbol{\beta}$ 的两个解，则 $\boldsymbol{A\xi}_1=\boldsymbol{\beta},\boldsymbol{A\xi}_2=\boldsymbol{\beta}$，所以

$$\boldsymbol{A}(\boldsymbol{\xi}_1-\boldsymbol{\xi}_2)=\boldsymbol{A\xi}_1-\boldsymbol{A\xi}_2=\boldsymbol{\beta}-\boldsymbol{\beta}=\boldsymbol{0}.$$

即 $\boldsymbol{\xi}_1-\boldsymbol{\xi}_2$ 是导出组 $\boldsymbol{AX}=\boldsymbol{0}$ 的解.

性质 2 非齐次线性方程组 $\boldsymbol{AX}=\boldsymbol{\beta}$ 的一个解与它的导出组 $\boldsymbol{AX}=\boldsymbol{0}$ 的一个解之和是线性方程组 $\boldsymbol{AX}=\boldsymbol{\beta}$ 的一个解.

证 设 $\boldsymbol{\gamma}_0$ 是 $\boldsymbol{AX}=\boldsymbol{\beta}$ 的一个解，$\boldsymbol{\eta}$ 是它的导出组 $\boldsymbol{AX}=\boldsymbol{0}$ 的一个解，则 $\boldsymbol{A\gamma}_0=\boldsymbol{\beta}$，$\boldsymbol{A\eta}=\boldsymbol{0}$，所以

$$\boldsymbol{A}(\boldsymbol{\gamma}_0+\boldsymbol{\eta})=\boldsymbol{A\gamma}_0+\boldsymbol{A\eta}=\boldsymbol{\beta}+\boldsymbol{0}=\boldsymbol{\beta},$$

即 $\boldsymbol{\gamma}_0+\boldsymbol{\eta}$ 是 $\boldsymbol{AX}=\boldsymbol{\beta}$ 的解.

定理 3 非齐次线性方程组 $\boldsymbol{AX}=\boldsymbol{\beta}$ 的任意解都可以表示为其导出组 $\boldsymbol{AX}=\boldsymbol{0}$ 的通解与 $\boldsymbol{AX}=\boldsymbol{\beta}$ 的一个特解之和的形式.

证 设 $\boldsymbol{\gamma}_0$ 是非齐次线性方程组 $\boldsymbol{AX}=\boldsymbol{\beta}$ 的一个特解，$\boldsymbol{\gamma}$ 是非齐次线性方程组 $\boldsymbol{AX}=\boldsymbol{\beta}$ 的任一个解，则 $\boldsymbol{\gamma}=\boldsymbol{\gamma}_0+(\boldsymbol{\gamma}-\boldsymbol{\gamma}_0)$，其中 $\boldsymbol{\gamma}-\boldsymbol{\gamma}_0$ 是导出组 $\boldsymbol{AX}=\boldsymbol{0}$ 的一个解. 令 $\boldsymbol{\gamma}-\boldsymbol{\gamma}_0=\boldsymbol{\eta}$，则 $\boldsymbol{\gamma}=\boldsymbol{\gamma}_0+\boldsymbol{\eta}$. 当 $\boldsymbol{\eta}$ 取遍它的导出组的全部解时，$\boldsymbol{\gamma}=\boldsymbol{\gamma}_0+\boldsymbol{\eta}$ 就给出 $\boldsymbol{AX}=\boldsymbol{\beta}$ 的全部解.

习 题 4-4

1. 求下列齐次线性方程组的基础解系和通解：

(1) $\begin{cases} x_1+x_2+x_3+x_4=0, \\ 2x_2+x_3+x_4=0, \\ x_1+2x_3+2x_4=0; \end{cases}$　　(2) $\begin{cases} x_1+2x_2-x_3+x_4=0, \\ 2x_1-x_2+x_3-x_4=0, \\ -x_2+x_3+x_4=0, \\ x_2+x_3+7x_4=0; \end{cases}$

(3) $\begin{cases} x_1+x_2+x_3+x_4+x_5=0, \\ x_2+2x_3+2x_4+6x_5=0, \\ x_1+4x_2+3x_3+3x_4-x_5=0. \end{cases}$

2. 解下列线性方程组，并用导出组的基础解系表出线性方程组的通解：

(1) $\begin{cases} x_1+x_2+x_3+x_4=2, \\ -x_1+x_3-x_4=-1, \\ x_1+x_2-x_3+x_4=1; \end{cases}$　　(2) $\begin{cases} x_1-x_2+2x_3=2, \\ -x_1+2x_2-3x_3=3, \\ 2x_1-3x_2+5x_3=-1; \end{cases}$

(3) $\begin{cases} x_1+3x_3+x_4=2, \\ -x_1+3x_2-x_4=1, \\ 2x_1+x_2+7x_3+2x_4=5, \\ 4x_1+2x_2+14x_3=18. \end{cases}$

3. 设 $\boldsymbol{\gamma}_1,\boldsymbol{\gamma}_2,\cdots,\boldsymbol{\gamma}_t$ 都是非齐次线性方程组 $\boldsymbol{AX}=\boldsymbol{\beta}$ 的解向量，$k_1,k_2,\cdots,k_t$ 是 t 个数，证明：(1) $k_1\boldsymbol{\gamma}_1+k_2\boldsymbol{\gamma}_2+\cdots+k_t\boldsymbol{\gamma}_t$ 是 $\boldsymbol{AX}=\boldsymbol{\beta}$ 的解的充分必要条件为 $k_1+k_2+\cdots+k_t=1$；(2) $k_1\boldsymbol{\gamma}_1+k_2\boldsymbol{\gamma}_2+\cdots+k_t\boldsymbol{\gamma}_t$ 是 $\boldsymbol{AX}=\boldsymbol{\beta}$ 的导出组 $\boldsymbol{AX}=\boldsymbol{0}$的解的充分必要条件为 $k_1+k_2+\cdots+k_t=0$.

*4. 设 $\boldsymbol{A}$ 为 $m\times n$ 矩阵，$\boldsymbol{B}$ 为 $n\times s$ 矩阵，且 $\boldsymbol{AB}=\boldsymbol{O}$. 证明：$r(\boldsymbol{A})+r(\boldsymbol{B})\leqslant n$.

第五节　向量空间与欧氏空间简介

本节的知识是第五章的基础，由于相关知识较多，在这里很多结论没有给出相关证明，只做简单介绍.（详细内容见参考文献[2].）

一、向量空间介绍

P 为一个至少含有 0，1 两个数的数集，如果 P 对数的加法、减法、乘法、除法（除数不为零）都封闭，则称 P 是一个数域.

例如，有理数集合 $\mathbf{Q}$ 就是一个数域；整数集合 $\mathbf{Z}$ 不是数域，因为两个非零整数相除不一定是整数.

我们常用的数域包括有理数域 $\mathbf{Q}$，实数域 $\mathbf{R}$，复数域 $\mathbf{C}$.

实际上除了这几个常用的数域，数域还有无穷多种，这里不再进行探讨.

设 P 是一个数域，

$$P^n=\{(a_1,a_2,\cdots,a_n)^{\mathrm{T}}\mid a_i\in P(i=1,2,\cdots,n)\}.$$

下面的讨论都是在 $\mathbf{R}^n$ 中进行的，且涉及的概念和结论都能推广到 P^n 中.

定义 1　设 V 是 $\mathbf{R}^n$ 的一个非空子集，如果 V 对 $\mathbf{R}^n$ 中向量的加法和数乘法封闭，即任意的 $\boldsymbol{\alpha},\boldsymbol{\beta}\in V,k\in\mathbf{R}$，有 $\boldsymbol{\alpha}+\boldsymbol{\beta}\in V,k\boldsymbol{\alpha}\in V$，则称 V 为一个向量空间.

由单独的零向量构成的集合 $V=\{0\}$以及由 $\mathbf{R}^n$ 上全体 n 维向量构成的集合 $V=\mathbf{R}^n$都是向量空间，分别称为零空间和 n 维实向量空间.

$\mathbf{R}^2,\mathbf{R}^3$ 就是解析几何中的二维和三维实向量空间.

向量空间的线性运算满足如下运算律：

(1) 加法交换律　$\boldsymbol{\alpha}+\boldsymbol{\beta}=\boldsymbol{\beta}+\boldsymbol{\alpha}$；

(2) 加法结合律　$\boldsymbol{\alpha}+(\boldsymbol{\beta}+\boldsymbol{\gamma})=(\boldsymbol{\alpha}+\boldsymbol{\beta})+\boldsymbol{\gamma}$；

(3) 存在 n 维零向量 $\mathbf{0}=(0,0,\cdots,0)^{\mathrm{T}}$ 对任意的 n 维向量 $\boldsymbol{\alpha}$ 都有 $\boldsymbol{\alpha}+\mathbf{0}=\boldsymbol{\alpha}$;

(4) 对任意 n 维向量 $\boldsymbol{\alpha}=(a_1,a_2,\cdots,a_n)^{\mathrm{T}}$,存在 $-\boldsymbol{\alpha}=(-a_1,-a_2,\cdots,-a_n)^{\mathrm{T}}$,使得 $\boldsymbol{\alpha}+(-\boldsymbol{\alpha})=\mathbf{0}$;

(5) $1\boldsymbol{\alpha}=\boldsymbol{\alpha}$;

(6) $k(l\boldsymbol{\alpha})=(kl)\boldsymbol{\alpha}$;

(7) $(k+l)\boldsymbol{\alpha}=k\boldsymbol{\alpha}+l\boldsymbol{\alpha}$;

(8) $k(\boldsymbol{\alpha}+\boldsymbol{\beta})=k\boldsymbol{\alpha}+k\boldsymbol{\beta}$.

例 1 齐次线性方程组 $\boldsymbol{AX}=\mathbf{0}$ 的解向量构成的集合 V 对向量的加法和数乘法封闭.所以齐次线性方程组 $\boldsymbol{AX}=\mathbf{0}$ 的解向量构成向量空间,称其为 $\boldsymbol{AX}=\mathbf{0}$ 的解空间.

设 $\boldsymbol{A}$ 为 $m\times n$ 矩阵,则 $\boldsymbol{AX}=\mathbf{0}$ 的解空间为 $V=\{\boldsymbol{X}\mid\boldsymbol{AX}=\mathbf{0},\boldsymbol{X}\in\mathbf{R}^n\}$.

如

$$V=\{(x,y,z)^{\mathrm{T}}\mid x+y+z=0,x,y,z\in\mathbf{R}\}$$

就是一个向量空间.这个向量空间是由一个方程构成的齐次方程组 $x+y+z=0$ 的解空间,也可以看成三维向量空间 $\mathbf{R}^3$ 中从原点出发,终点在平面 $x+y+z=0$ 上的向量构成的向量空间.

例 2 $V=\{(x,y,0)^{\mathrm{T}}\mid x,y\in\mathbf{R}\}$是一个向量空间,是 $\mathbf{R}^3$ 中从原点出发,终点在 xOy 坐标平面上向量构成的向量空间.

例 3 设 $\boldsymbol{A}$ 为 $m\times n$ 矩阵,非齐次线性方程组 $\boldsymbol{AX}=\boldsymbol{\beta}$ 的解向量构成的集合 $W=\{\boldsymbol{X}\mid\boldsymbol{AX}=\boldsymbol{\beta},\boldsymbol{X}\in\mathbf{R}^n\}$不构成向量空间.

定义 2 如果在向量空间 V 中存在 r 个线性无关的向量 $\boldsymbol{\alpha}_1,\boldsymbol{\alpha}_2,\cdots,\boldsymbol{\alpha}_r$,但是 V 中任意 $r+1$ 个向量均线性相关,称 r 为 V 的维数,V 称为 r 维向量空间,并称 $\boldsymbol{\alpha}_1,\boldsymbol{\alpha}_2,\cdots,\boldsymbol{\alpha}_r$ 为 V 的一组基.

特别地,零空间 $V=\{0\}$是 0 维的,且没有基.

事实上,我们将向量空间 V 看成向量组,则 V 的一组基就是向量组 V 的一个极大线性无关组,V 的维数就是向量组 V 的秩.

齐次线性方程组 $\boldsymbol{AX}=\mathbf{0}$ 有非零解时,基础解系就是解空间的基,解空间是 $n-r(\boldsymbol{A})$维的.

例如,$\boldsymbol{\alpha}_1=(1,0,-1)^{\mathrm{T}},\boldsymbol{\alpha}_2=(0,1,-1)^{\mathrm{T}}$ 是

$$V=\{(x,y,z)^{\mathrm{T}}\mid x+y+z=0,x,y,z\in\mathbf{R}\}$$

的一组基,V 是二维的;

$\boldsymbol{\alpha}_1=(1,0,0)^{\mathrm{T}},\boldsymbol{\alpha}_2=(0,1,0)^{\mathrm{T}}$ 是

$$V=\{(x,y,0)^{\mathrm{T}}\mid x,y\in\mathbf{R}\}$$

的一组基,V 是二维的.

与向量组的极大线性无关组理论相类似,我们有:

定理 1　设 $\boldsymbol{\alpha}_1,\boldsymbol{\alpha}_2,\cdots,\boldsymbol{\alpha}_r$ 是向量空间 V 中 r 个线性无关向量，$\boldsymbol{\alpha}_1,\boldsymbol{\alpha}_2,\cdots,\boldsymbol{\alpha}_r$ 是 V 的一组基的充分必要条件是 V 中任一向量都可以由 $\boldsymbol{\alpha}_1,\boldsymbol{\alpha}_2,\cdots,\boldsymbol{\alpha}_r$ 线性表示.

推论　V 为 r 维向量空间，则 V 中多于 r 个向量都线性相关.

二、欧氏空间介绍

定义 3　设 $\boldsymbol{\alpha}=(a_1,a_2,\cdots,a_n)^{\mathrm{T}},\boldsymbol{\beta}=(b_1,b_2,\cdots,b_n)^{\mathrm{T}}$ 是 $\mathbf{R}^n$ 中两个向量，称实数 $(\boldsymbol{\alpha},\boldsymbol{\beta})=\boldsymbol{\alpha}^{\mathrm{T}}\boldsymbol{\beta}=a_1b_1+a_2b_2+\cdots+a_nb_n$ 为 $\boldsymbol{\alpha}$ 与 $\boldsymbol{\beta}$ 的内积.

这里定义的内积就是解析几何中内积概念的推广.

内积具有以下性质：

(1) 对称性　$(\boldsymbol{\alpha},\boldsymbol{\beta})=(\boldsymbol{\beta},\boldsymbol{\alpha})$；

(2) 齐次性　$(k\boldsymbol{\alpha},\boldsymbol{\beta})=k(\boldsymbol{\alpha},\boldsymbol{\beta})$；

(3) 分配律　$(\boldsymbol{\alpha}+\boldsymbol{\beta},\boldsymbol{\gamma})=(\boldsymbol{\alpha},\boldsymbol{\gamma})+(\boldsymbol{\beta},\boldsymbol{\gamma})$；

(4) 非负性 $(\boldsymbol{\alpha},\boldsymbol{\alpha})\geqslant 0$，当且仅当 $\boldsymbol{\alpha}=\mathbf{0}$ 时 $(\boldsymbol{\alpha},\boldsymbol{\alpha})=0$.

这里 $\boldsymbol{\alpha},\boldsymbol{\beta},\boldsymbol{\gamma}$ 是 $\mathbf{R}^n$ 中任意向量，k 是任意实数. 我们称定义了内积的向量空间为欧氏空间.

例 4　设 $\boldsymbol{\alpha}=(3,2,-1)^{\mathrm{T}},\boldsymbol{\beta}=(1,1,-2)^{\mathrm{T}}$，求：(1) $(\boldsymbol{\alpha},\boldsymbol{\beta})$；(2) $(2\boldsymbol{\alpha},\boldsymbol{\beta})$.

解　(1) $(\boldsymbol{\alpha},\boldsymbol{\beta})=3\times1+2\times1+(-1)\times(-2)=7$；

(2) $(2\boldsymbol{\alpha},\boldsymbol{\beta})=2(\boldsymbol{\alpha},\boldsymbol{\beta})=14$.

由齐次性和分配律可得：

$$(k_1\boldsymbol{\alpha}_1+k_2\boldsymbol{\alpha}_2,l_1\boldsymbol{\beta}_1+l_2\boldsymbol{\beta}_2)=k_1l_1(\boldsymbol{\alpha}_1,\boldsymbol{\beta}_1)+k_1l_2(\boldsymbol{\alpha}_1,\boldsymbol{\beta}_2)+k_2l_1(\boldsymbol{\alpha}_2,\boldsymbol{\beta}_1)+k_2l_2(\boldsymbol{\alpha}_2,\boldsymbol{\beta}_2).$$

该性质还可以推广到多个向量线性组合的内积运算中.

在向量空间中引入内积后，我们也可以将解析几何中长度和夹角的概念进行推广.

定义 4　称非负实数 $\sqrt{(\boldsymbol{\alpha},\boldsymbol{\alpha})}$ 为向量 $\boldsymbol{\alpha}$ 的长度，记为 $|\boldsymbol{\alpha}|$. 长度为 1 的向量称为单位向量. $\boldsymbol{\alpha}\neq\mathbf{0}$ 时，称向量 $\dfrac{1}{|\boldsymbol{\alpha}|}\boldsymbol{\alpha}$ 为 $\boldsymbol{\alpha}$ 方向的单位向量，记为 $\boldsymbol{\alpha}^{\circ}$.

$\boldsymbol{\alpha}=(a_1,a_2,\cdots,a_n)^{\mathrm{T}}$ 时，$|\boldsymbol{\alpha}|=\sqrt{a_1{}^2+a_2{}^2+\cdots+a_n{}^2}$，这正是解析几何中长度的推广.

定理 2(柯西不等式)　设 $\boldsymbol{\alpha},\boldsymbol{\beta}$ 是欧氏空间 $\mathbf{R}^n$ 中的两个向量，则

$$|(\boldsymbol{\alpha},\boldsymbol{\beta})|\leqslant|\boldsymbol{\alpha}||\boldsymbol{\beta}|.$$

当且仅当 $\boldsymbol{\alpha},\boldsymbol{\beta}$ 线性相关时，等号才成立.(证明过程见参考文献[2].)

长度的性质：

(1) 非负性　$|\boldsymbol{\alpha}|=0$ 当且仅当 $\boldsymbol{\alpha}=0$.

(2) 齐次性　$|k\boldsymbol{\alpha}|=|k||\boldsymbol{\alpha}|$.

如果 $\boldsymbol{\alpha}\neq\mathbf{0}$,那么 $|\boldsymbol{\alpha}|\neq0$,$\dfrac{1}{|\boldsymbol{\alpha}|}\boldsymbol{\alpha}$ 是一个单位向量,并称其为 $\boldsymbol{\alpha}$ 的单位化向量.

(3) 三角不等式　$|\boldsymbol{\alpha}+\boldsymbol{\beta}|\leqslant|\boldsymbol{\alpha}|+|\boldsymbol{\beta}|$.

在解析几何中有 $\boldsymbol{a}\cdot\boldsymbol{b}=|\boldsymbol{a}|\cdot|\boldsymbol{b}|\cos\theta$($\theta$ 是 $\boldsymbol{a},\boldsymbol{b}$ 的夹角),如果 $\boldsymbol{a},\boldsymbol{b}$ 为两个非零向量,则 $\cos\theta=\dfrac{\boldsymbol{a}\cdot\boldsymbol{b}}{|\boldsymbol{a}|\cdot|\boldsymbol{b}|}$.

由柯西不等式 $|(\boldsymbol{\alpha},\boldsymbol{\beta})|\leqslant|\boldsymbol{\alpha}||\boldsymbol{\beta}|$ 可得:$\boldsymbol{\alpha},\boldsymbol{\beta}$ 都为非零向量时,

$$-1\leqslant\frac{(\boldsymbol{\alpha},\boldsymbol{\beta})}{|\boldsymbol{\alpha}||\boldsymbol{\beta}|}\leqslant1.$$

因此,可以推广夹角概念.

定义 5　非零向量 $\boldsymbol{\alpha},\boldsymbol{\beta}$ 的夹角 θ 规定为

$$\theta=\arccos\frac{(\boldsymbol{\alpha},\boldsymbol{\beta})}{|\boldsymbol{\alpha}||\boldsymbol{\beta}|},\quad 0\leqslant\theta\leqslant\pi.$$

当 $(\boldsymbol{\alpha},\boldsymbol{\beta})=0$ 时,称 $\boldsymbol{\alpha}$ 与 $\boldsymbol{\beta}$ 正交,或互相垂直,记为 $\boldsymbol{\alpha}\perp\boldsymbol{\beta}$. 特别地,规定零向量与任何向量正交.

例 5　证明:$\boldsymbol{\alpha}$ 与 $\boldsymbol{\beta}$ 正交当且仅当 $|\boldsymbol{\alpha}+\boldsymbol{\beta}|^2=|\boldsymbol{\alpha}|^2+|\boldsymbol{\beta}|^2$.

证

$$\begin{aligned}|\boldsymbol{\alpha}+\boldsymbol{\beta}|^2&=(\boldsymbol{\alpha}+\boldsymbol{\beta},\boldsymbol{\alpha}+\boldsymbol{\beta})=(\boldsymbol{\alpha},\boldsymbol{\alpha})+(\boldsymbol{\alpha},\boldsymbol{\beta})+(\boldsymbol{\alpha},\boldsymbol{\beta})+(\boldsymbol{\beta},\boldsymbol{\beta})\\&=|\boldsymbol{\alpha}|^2+2(\boldsymbol{\beta},\boldsymbol{\alpha})+|\boldsymbol{\beta}|^2.\end{aligned}$$

所以 $|\boldsymbol{\alpha}+\boldsymbol{\beta}|^2=|\boldsymbol{\alpha}|^2+|\boldsymbol{\beta}|^2$ 当且仅当 $(\boldsymbol{\alpha},\boldsymbol{\beta})=0$,即 $\boldsymbol{\alpha}$ 与 $\boldsymbol{\beta}$ 正交.

这是勾股定理的推广.

例 6　设 $\boldsymbol{\alpha}_1=(1,1,0)^{\mathrm{T}}$,$\boldsymbol{\alpha}_2=(1,-1,2)^{\mathrm{T}}$,求与 $\boldsymbol{\alpha}_1,\boldsymbol{\alpha}_2$ 都正交的单位向量.

解　设 $\boldsymbol{\beta}=(x_1,x_2,x_3)^{\mathrm{T}}$ 与 $\boldsymbol{\alpha}_1,\boldsymbol{\alpha}_2$ 都正交,则

$$\begin{cases}(\boldsymbol{\beta},\boldsymbol{\alpha}_1)=x_1+x_2=0,\\(\boldsymbol{\beta},\boldsymbol{\alpha}_2)=x_1-x_2+2x_3=0,\end{cases}$$

所以

$$\begin{cases}x_1=-x_3,\\x_2=x_3.\end{cases}$$

令 $x_3=k(k\neq0)$,得到与 $\boldsymbol{\alpha}_1,\boldsymbol{\alpha}_2$ 都正交的非零向量 $\boldsymbol{\beta}=k(-1,1,1)^{\mathrm{T}}$.

因此,与 $\boldsymbol{\alpha}_1,\boldsymbol{\alpha}_2$ 都正交的单位向量 $\boldsymbol{\alpha}_3=\pm\dfrac{\boldsymbol{\beta}}{|\boldsymbol{\beta}|}=\pm\left(-\dfrac{1}{\sqrt3},\dfrac{1}{\sqrt3},\dfrac{1}{\sqrt3}\right)^{\mathrm{T}}$.

定义 6　如果 $\mathbf{R}^n$ 中一组非零的向量 $\boldsymbol{\alpha}_1,\boldsymbol{\alpha}_2,\cdots,\boldsymbol{\alpha}_m$ 两两正交,则称 $\boldsymbol{\alpha}_1,\boldsymbol{\alpha}_2,\cdots,\boldsymbol{\alpha}_m$ 为正交向量组.

定理 3　正交向量组是线性无关的.(证明过程见参考文献[4].)

定义 7　设 $\boldsymbol{\varepsilon}_1,\boldsymbol{\varepsilon}_2,\cdots,\boldsymbol{\varepsilon}_s$ 是 $\mathbf{R}^n$ 中一组向量,且满足

$$(\boldsymbol{\varepsilon}_i,\boldsymbol{\varepsilon}_j)=\begin{cases}1,& i=j,\\0,& i\neq j,\end{cases}$$

称 $\boldsymbol{\varepsilon}_1,\boldsymbol{\varepsilon}_2,\cdots,\boldsymbol{\varepsilon}_s$ 为 $\mathbf{R}^n$ 中的一个标准正交组. 如果 $s=n$，称 $\boldsymbol{\varepsilon}_1,\boldsymbol{\varepsilon}_2,\cdots,\boldsymbol{\varepsilon}_n$ 为 $\mathbf{R}^n$ 的一组标准正交基.

例 7　在 $\mathbf{R}^n$ 中，单位向量 $\boldsymbol{\varepsilon}_1=(1,0,\cdots,0)^{\mathrm{T}},\boldsymbol{\varepsilon}_2=(0,1,\cdots,0)^{\mathrm{T}},\cdots,\boldsymbol{\varepsilon}_n=(0,0,\cdots,1)^{\mathrm{T}}$ 是一组标准正交基.

$\mathbf{R}^2$ 中 $\boldsymbol{\varepsilon}_1=(1,0)^{\mathrm{T}},\boldsymbol{\varepsilon}_2=(0,1)^{\mathrm{T}}$ 和 $\boldsymbol{\alpha}_1=\left(\frac{1}{\sqrt{2}},\frac{1}{\sqrt{2}}\right)^{\mathrm{T}},\boldsymbol{\alpha}_2=\left(-\frac{1}{\sqrt{2}},\frac{1}{\sqrt{2}}\right)^{\mathrm{T}}$ 都是 $\mathbf{R}^2$ 的标准正交基.

标准正交基的存在性及求法.

定理 4(施密特(Schmidt)正交化)　对于 n 维欧氏空间 V 中任意一组基 $\boldsymbol{\alpha}_1,\boldsymbol{\alpha}_2,\cdots,\boldsymbol{\alpha}_n$，都可以找到一组标准正交基 $\boldsymbol{\eta}_1,\boldsymbol{\eta}_2,\cdots,\boldsymbol{\eta}_n$，使 $\boldsymbol{\eta}_k(k=1,2,\cdots,n)$ 可以由 $\boldsymbol{\alpha}_1,\boldsymbol{\alpha}_2,\cdots,\boldsymbol{\alpha}_k$ 线性表示.(几何解释见本节“读一读”.)

证　该证明过程也是具体标准正交化的过程，正交化过程如下：

(1) 取

$$\boldsymbol{\beta}_1=\boldsymbol{\alpha}_1,$$

$$\boldsymbol{\beta}_2=\boldsymbol{\alpha}_2-\frac{(\boldsymbol{\alpha}_2,\boldsymbol{\beta}_1)}{(\boldsymbol{\beta}_1,\boldsymbol{\beta}_1)}\boldsymbol{\beta}_1,$$

$$\boldsymbol{\beta}_3=\boldsymbol{\alpha}_3-\frac{(\boldsymbol{\alpha}_3,\boldsymbol{\beta}_1)}{(\boldsymbol{\beta}_1,\boldsymbol{\beta}_1)}\boldsymbol{\beta}_1-\frac{(\boldsymbol{\alpha}_3,\boldsymbol{\beta}_2)}{(\boldsymbol{\beta}_2,\boldsymbol{\beta}_2)}\boldsymbol{\beta}_2,$$

…………

$$\boldsymbol{\beta}_n=\boldsymbol{\alpha}_n-\frac{(\boldsymbol{\alpha}_n,\boldsymbol{\beta}_1)}{(\boldsymbol{\beta}_1,\boldsymbol{\beta}_1)}\boldsymbol{\beta}_1-\frac{(\boldsymbol{\alpha}_n,\boldsymbol{\beta}_2)}{(\boldsymbol{\beta}_2,\boldsymbol{\beta}_2)}\boldsymbol{\beta}_2-\cdots-\frac{(\boldsymbol{\alpha}_n,\boldsymbol{\beta}_{n-1})}{(\boldsymbol{\beta}_{n-1},\boldsymbol{\beta}_{n-1})}\boldsymbol{\beta}_{n-1},$$

这样就得到一组正交向量组 $\boldsymbol{\beta}_1,\boldsymbol{\beta}_2,\cdots,\boldsymbol{\beta}_n$，且每个 $\boldsymbol{\beta}_k$ 都只用 $\boldsymbol{\alpha}_1,\boldsymbol{\alpha}_2,\cdots,\boldsymbol{\alpha}_k$ 线性表示.

(2) 将 $\boldsymbol{\beta}_1,\boldsymbol{\beta}_2,\cdots,\boldsymbol{\beta}_n$ 单位化，即令 $\boldsymbol{\eta}_k=\dfrac{\boldsymbol{\beta}_k}{|\boldsymbol{\beta}_k|}(k=1,2,\cdots,n)$，则 $\boldsymbol{\eta}_1,\boldsymbol{\eta}_2,\cdots,\boldsymbol{\eta}_n$ 为 V 的一组标准正交基.

注　(1) 定理的证明过程实际上给出了一个扩充正交向量组的具体方法，我们称之为施密特正交化法.

(2) 对欧氏空间 V 中任一组线性无关向量 $\boldsymbol{\alpha}_1,\boldsymbol{\alpha}_2,\cdots,\boldsymbol{\alpha}_r$，也可以用施密特正交化方法得到一个标准正交组.

例 8　用施密特正交化的方法将 $\mathbf{R}^3$ 的一组基 $\boldsymbol{\alpha}_1=(1,1,0)^{\mathrm{T}}$, $\boldsymbol{\alpha}_2=(1,0,1)^{\mathrm{T}}$, $\boldsymbol{\alpha}_3=(0,1,1)^{\mathrm{T}}$ 化为标准正交基.

解　先正交化.

取

$$\boldsymbol{\beta}_1=\boldsymbol{\alpha}_1=\begin{pmatrix}1\\1\\0\end{pmatrix},$$

$$\boldsymbol{\beta}_2=\boldsymbol{\alpha}_2-\frac{(\boldsymbol{\alpha}_2,\boldsymbol{\beta}_1)}{(\boldsymbol{\beta}_1,\boldsymbol{\beta}_1)}\boldsymbol{\beta}_1=\begin{pmatrix}1\\0\\1\end{pmatrix}-\frac{1}{2}\begin{pmatrix}1\\1\\0\end{pmatrix}=\frac{1}{2}\begin{pmatrix}1\\-1\\2\end{pmatrix},$$

$$\boldsymbol{\beta}_3=\boldsymbol{\alpha}_3-\frac{(\boldsymbol{\alpha}_3,\boldsymbol{\beta}_1)}{(\boldsymbol{\beta}_1,\boldsymbol{\beta}_1)}\boldsymbol{\beta}_1-\frac{(\boldsymbol{\alpha}_3,\boldsymbol{\beta}_2)}{(\boldsymbol{\beta}_2,\boldsymbol{\beta}_2)}\boldsymbol{\beta}_2=\begin{pmatrix}0\\1\\1\end{pmatrix}-\frac{1}{2}\begin{pmatrix}1\\1\\0\end{pmatrix}-\frac{\frac{1}{2}}{\frac{3}{2}}\frac{1}{2}\begin{pmatrix}1\\-1\\2\end{pmatrix}=\frac{2}{3}\begin{pmatrix}-1\\1\\1\end{pmatrix}.$$

单位化得

$$\boldsymbol{\eta}_1=\frac{\boldsymbol{\beta}_1}{|\boldsymbol{\beta}_1|}=\left(\frac{1}{\sqrt{2}},\frac{1}{\sqrt{2}},0\right)^{\mathrm{T}},$$

$$\boldsymbol{\eta}_2=\frac{\boldsymbol{\beta}_2}{|\boldsymbol{\beta}_2|}=\left(\frac{1}{\sqrt{6}},-\frac{1}{\sqrt{6}},\frac{2}{\sqrt{6}}\right)^{\mathrm{T}},$$

$$\boldsymbol{\eta}_3=\frac{\boldsymbol{\beta}_3}{|\boldsymbol{\beta}_3|}=\left(-\frac{1}{\sqrt{3}},\frac{1}{\sqrt{3}},\frac{1}{\sqrt{3}}\right)^{\mathrm{T}}.$$

注 由于 $k\boldsymbol{\alpha}(k\neq0)$与 $\boldsymbol{\alpha}$ 的单位化向量相同，所以在将 $\boldsymbol{\alpha}$ 单位化时，为计算简便我们可以将 $k\boldsymbol{\alpha}$ 单位化.

如

$$\boldsymbol{\beta}_2=\frac{1}{2}(1,-1,2)^{\mathrm{T}}=\left(\frac{1}{2},-\frac{1}{2},1\right)^{\mathrm{T}},$$

$$\frac{\boldsymbol{\beta}_2}{|\boldsymbol{\beta}_2|}=\frac{1}{\sqrt{\frac{3}{2}}}\left(\frac{1}{2},-\frac{1}{2},1\right)^{\mathrm{T}}=\left(\frac{1}{\sqrt{6}},-\frac{1}{\sqrt{6}},\frac{2}{\sqrt{6}}\right)^{\mathrm{T}},$$

而

$$2\boldsymbol{\beta}_2=(1,-1,2)^{\mathrm{T}},$$

$$\frac{2\boldsymbol{\beta}_2}{|2\boldsymbol{\beta}_2|}=\frac{1}{\sqrt{6}}(1,-1,2)^{\mathrm{T}}=\left(\frac{1}{\sqrt{6}},-\frac{1}{\sqrt{6}},\frac{2}{\sqrt{6}}\right)^{\mathrm{T}}.$$

定义 8 设 $\boldsymbol{A}$ 是 n 阶实方阵，如果 $\boldsymbol{A}^{\mathrm{T}}\boldsymbol{A}=\boldsymbol{A}\boldsymbol{A}^{\mathrm{T}}=\boldsymbol{E}$，则称 $\boldsymbol{A}$ 为正交矩阵.

例如，$\begin{pmatrix}\cos\theta & -\sin\theta\\ \sin\theta & \cos\theta\end{pmatrix}$和$\begin{pmatrix}0 & -1 & 0\\1 & 0 & 0\\0 & 0 & 1\end{pmatrix}$都是正交矩阵.

正交矩阵的性质：

(1) $\boldsymbol{A}$ 为正交矩阵当且仅当 $\boldsymbol{A}^{-1}=\boldsymbol{A}^{\mathrm{T}}$.

(2) 设 $\boldsymbol{A}=(a_{ij})_{n\times n}$，则 $\boldsymbol{A}$ 为正交矩阵当且仅当 $\boldsymbol{A}$ 的列(行)向量组是 n 维列

(行)向量空间 $\mathbf{R}^n$ 的标准正交基.

(3) 两个正交矩阵的乘积仍是正交矩阵.

(4) 正交矩阵的行列式等于±1.

读一读

施密特正交化的几何意义

以 $\mathbf{R}^3$ 为例,给定 $\boldsymbol{\alpha}_1,\boldsymbol{\alpha}_2,\boldsymbol{\alpha}_3$ 线性无关,即 $\boldsymbol{\alpha}_1,\boldsymbol{\alpha}_2,\boldsymbol{\alpha}_3$ 不共面,所以 $\boldsymbol{\alpha}_1,\boldsymbol{\alpha}_2$ 不共线.

第一步:取 $\boldsymbol{\beta}_1=\boldsymbol{\alpha}_1$.

第二步:在 $\boldsymbol{\alpha}_1,\boldsymbol{\alpha}_2$ 确定的平面内找一个与 $\boldsymbol{\beta}_1$(即 $\boldsymbol{\alpha}_1$)垂直的向量(如图 4-6 所示).

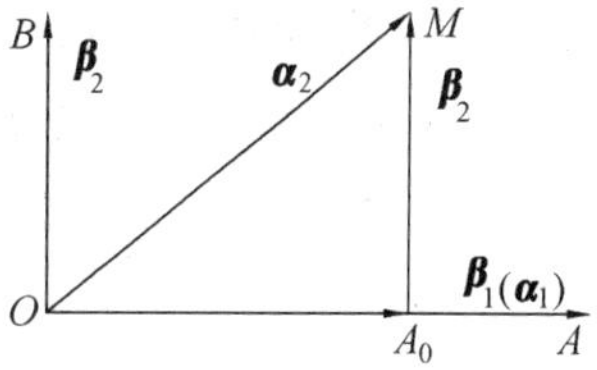

图 4-6

令 $\boldsymbol{\beta}_1=\boldsymbol{\alpha}_1=\overrightarrow{OA},\ \boldsymbol{\alpha}_2=\overrightarrow{OM}$,

$\overrightarrow{OM}$在 $\overrightarrow{OA}$上的投影向量为 $\overrightarrow{OA_0}$,则

$\overrightarrow{A_0M}\perp\overrightarrow{OA}$,

$$\overrightarrow{OA_0}=|\overrightarrow{OM}|\cos\theta(\overrightarrow{OA})^\circ=\frac{|\overrightarrow{OM}|\cos\theta}{|\overrightarrow{OA}|}\overrightarrow{OA},$$ 这里

$(\overrightarrow{OA})^\circ$是 $\overrightarrow{OA}$的单位向量.而

$$\frac{|\overrightarrow{OM}|}{|\overrightarrow{OA}|}\cos\theta=\frac{|\overrightarrow{OM}|\,|\overrightarrow{OA}|\cos\theta}{|\overrightarrow{OA}|^2}=\frac{(\boldsymbol{\alpha}_2,\boldsymbol{\beta}_1)}{(\boldsymbol{\beta}_1,\boldsymbol{\beta}_1)},$$

所以 $\overrightarrow{OA_0}=\dfrac{(\boldsymbol{\alpha}_2,\boldsymbol{\beta}_1)}{(\boldsymbol{\beta}_1,\boldsymbol{\beta}_1)}\boldsymbol{\beta}_1$.

这样得到了一个与 $\boldsymbol{\beta}_1$ 垂直的向量

$$\boldsymbol{\beta}_2=\overrightarrow{A_0M}=\overrightarrow{OM}-\overrightarrow{OA_0}=\boldsymbol{\alpha}_2-\frac{(\boldsymbol{\alpha}_2,\boldsymbol{\beta}_1)}{(\boldsymbol{\beta}_1,\boldsymbol{\beta}_1)}\boldsymbol{\beta}_1.$$

第三步:由于 $\boldsymbol{\alpha}_1,\boldsymbol{\alpha}_2,\boldsymbol{\alpha}_3$ 线性无关,所以 $\boldsymbol{\beta}_1,\boldsymbol{\beta}_2,\boldsymbol{\alpha}_3$ 线性无关,$\boldsymbol{\alpha}_3$ 不在 $\boldsymbol{\beta}_1,\boldsymbol{\beta}_2$ 确定的平面上.设 $\boldsymbol{\beta}_1=\overrightarrow{OA},\boldsymbol{\beta}_2=\overrightarrow{OB},\boldsymbol{\alpha}_3=\overrightarrow{OP}$,如图 4-7 所示.

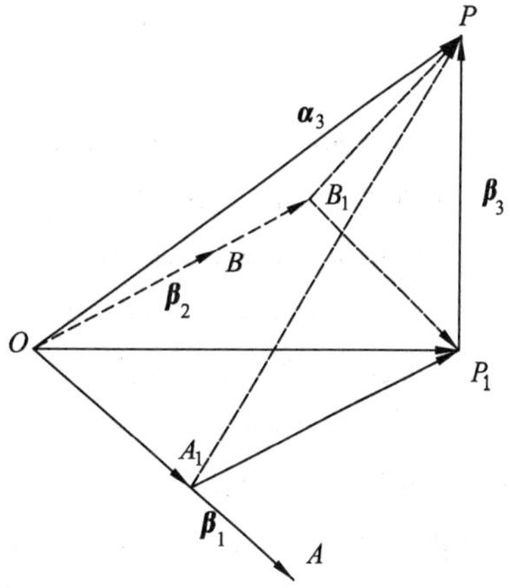

图 4-7

设 $\overrightarrow{OP}$在 $\overrightarrow{OA}$上的投影向量为 $\overrightarrow{OA_1}$,$\overrightarrow{OP}$在 $\overrightarrow{OB}$上的投影向量为 $\overrightarrow{OB_1}$,P_1 是 P 在 $\boldsymbol{\beta}_1,\boldsymbol{\beta}_2$ 确定的平面上的投影点,则

$$\overrightarrow{P_1P}\perp\overrightarrow{OA},\ \overrightarrow{P_1P}\perp\overrightarrow{OB}.$$

由于 $OA\perp A_1P$, $OA\perp P_1P$ 所以 $OA\perp A_1P_1$,同理 $OB\perp B_1P_1$.而 $\boldsymbol{\beta}_1=\overrightarrow{OA},\boldsymbol{\beta}_2=\overrightarrow{OB}$是垂

直向量，所以四边形 $OA_1P_1B_1$ 是矩形，OP_1 是其对角线，故有

$$\overrightarrow{OP_1}=\overrightarrow{OA_1}+\overrightarrow{OB_1}.$$

由于$\overrightarrow{OA_1}$是$\overrightarrow{OP}$在$\overrightarrow{OA}$上的投影向量，$\overrightarrow{OB_1}$是$\overrightarrow{OP}$在$\overrightarrow{OB}$上的投影向量，由第二步的方法知道，

$$\overrightarrow{OA_1}=\frac{(\boldsymbol{\alpha}_3,\boldsymbol{\beta}_1)}{(\boldsymbol{\beta}_1,\boldsymbol{\beta}_1)}\boldsymbol{\beta}_1,$$

同理

$$\overrightarrow{OB_1}=\frac{(\boldsymbol{\alpha}_3,\boldsymbol{\beta}_2)}{(\boldsymbol{\beta}_2,\boldsymbol{\beta}_2)}\boldsymbol{\beta}_2,$$

所以

$$\boldsymbol{\beta}_3=\overrightarrow{P_1P}=\boldsymbol{\alpha}_3-\overrightarrow{OP_1}=\boldsymbol{\alpha}_3-\frac{(\boldsymbol{\alpha}_3,\boldsymbol{\beta}_1)}{(\boldsymbol{\beta}_1,\boldsymbol{\beta}_1)}\boldsymbol{\beta}_1-\frac{(\boldsymbol{\alpha}_3,\boldsymbol{\beta}_2)}{(\boldsymbol{\beta}_2,\boldsymbol{\beta}_2)}\boldsymbol{\beta}_2$$

是与 $\boldsymbol{\beta}_1,\boldsymbol{\beta}_2$ 都垂直的向量.

这样就得到了一个正交向量组 $\boldsymbol{\beta}_1,\boldsymbol{\beta}_2,\boldsymbol{\beta}_3$.

第四步：将 $\boldsymbol{\beta}_1,\boldsymbol{\beta}_2,\boldsymbol{\beta}_3$ 单位化就得到一个标准正交组.

习　题　4-5

1. 设 $\boldsymbol{\alpha}=(1,1,0)^{\mathrm{T}},\boldsymbol{\beta}=(0,1,1)^{\mathrm{T}}$，求 $\boldsymbol{\alpha}+\boldsymbol{\beta},\boldsymbol{\alpha}-\boldsymbol{\beta}$ 的内积$(\boldsymbol{\alpha}+\boldsymbol{\beta},\boldsymbol{\alpha}-\boldsymbol{\beta})$及夹角.

2. 设 $\boldsymbol{\alpha}=(1,1,0)^{\mathrm{T}},\boldsymbol{\beta}=(\lambda,1,1)^{\mathrm{T}}$，(1) 求 λ 使得 $\boldsymbol{\alpha},\boldsymbol{\beta}$ 正交；(2) 求一个单位向量 $\boldsymbol{\gamma}$，使 $\boldsymbol{\alpha},\boldsymbol{\beta},\gamma$ 两两正交.

3. 设 $\boldsymbol{\alpha}_1=(1,1,0)^{\mathrm{T}}$，$\boldsymbol{\alpha}_2=(1,0,1)^{\mathrm{T}},\boldsymbol{\alpha}_3=(-1,0,0)^{\mathrm{T}}$ 是 $\mathbf{R}^3$ 的一组基，用施密特正交化方法将这组基化为标准正交基.

第四章补充题

1. 设 $\boldsymbol{\beta}=(1,2,7)^{\mathrm{T}},\boldsymbol{\alpha}_1=(2,\lambda,5\lambda)^{\mathrm{T}},\boldsymbol{\alpha}_2=(\lambda,-1,-2\lambda)^{\mathrm{T}},\boldsymbol{\alpha}_3=(-1,1,2)^{\mathrm{T}}$，讨论：(1) λ 为何值时，$\boldsymbol{\beta}$ 不能由 $\boldsymbol{\alpha}_1,\boldsymbol{\alpha}_2,\boldsymbol{\alpha}_3$ 线性表示？(2) λ 为何值时，$\boldsymbol{\beta}$ 能由 $\boldsymbol{\alpha}_1,\boldsymbol{\alpha}_2,\boldsymbol{\alpha}_3$ 唯一的线性表示？(3) λ 为何值时，$\boldsymbol{\beta}$ 能由 $\boldsymbol{\alpha}_1,\boldsymbol{\alpha}_2,\boldsymbol{\alpha}_3$ 线性表示，但表示方法不唯一？

2. 已知向量组 $\boldsymbol{\alpha}_1,\boldsymbol{\alpha}_2,\cdots,\boldsymbol{\alpha}_n$ 的秩为 r，证明 $\boldsymbol{\alpha}_1,\boldsymbol{\alpha}_2,\cdots,\boldsymbol{\alpha}_n$ 中任何 r 个线性无关向量都是该向量组的一个极大线性无关组.

3. 设 $m\times n$ 矩阵 $\boldsymbol{A}$ 的秩 $r(\boldsymbol{A})=r,\boldsymbol{\gamma}_1,\boldsymbol{\gamma}_2,\cdots,\boldsymbol{\gamma}_{n-r+1}$是非齐次线性方程组 $\boldsymbol{AX}=\boldsymbol{\beta}$ 的 $n-r+1$ 个线性无关的解向量，(1) 证明 $\boldsymbol{\gamma}_1-\boldsymbol{\gamma}_{n-r+1},\boldsymbol{\gamma}_2-\boldsymbol{\gamma}_{n-r+1},\cdots,\boldsymbol{\gamma}_{n-r}-\boldsymbol{\gamma}_{n-r+1}$ 线性无关；(2) 求导出组 $\boldsymbol{AX}=\mathbf{0}$ 的基础解系，及 $\boldsymbol{AX}=\boldsymbol{\beta}$ 的通解.

4. $\boldsymbol{A}$ 是秩为 n 的 $m\times n$ 矩阵，证明：如果 $\boldsymbol{B}$ 是 $n\times t$ 矩阵，且满足 $\boldsymbol{AB}=\boldsymbol{O}$，则 $\boldsymbol{B}=\boldsymbol{O}$.

5. 设 $\boldsymbol{A}$ 是 3×4 矩阵，且 $r(\boldsymbol{A})=3$，已知 $\boldsymbol{\eta}_1,\boldsymbol{\eta}_2,\boldsymbol{\eta}_3$ 是非齐次线性方程组 $\boldsymbol{AX}=\boldsymbol{\beta}$ 的解向量，

且 $\boldsymbol{\eta}_1+\boldsymbol{\eta}_2=\begin{pmatrix}1\\2\\-1\\1\end{pmatrix}$，$\boldsymbol{\eta}_2+\boldsymbol{\eta}_3=\begin{pmatrix}2\\1\\2\\1\end{pmatrix}$，求 $\boldsymbol{AX}=\boldsymbol{\beta}$ 的通解.

6. 四元非齐次线性方程组 $\boldsymbol{AX}=\boldsymbol{\beta}$ 的系数矩阵的秩为 2，已知 $\boldsymbol{\alpha}_1,\boldsymbol{\alpha}_2,\boldsymbol{\alpha}_3$ 是 3 个解向量，其中 $\boldsymbol{\alpha}_1+\boldsymbol{\alpha}_2=(1,2,3,1)^{\mathrm{T}}$，$\boldsymbol{\alpha}_2+\boldsymbol{\alpha}_3=(0,-1,1,0)^{\mathrm{T}}$，$\boldsymbol{\alpha}_3+\boldsymbol{\alpha}_1=(1,0,-1,0)^{\mathrm{T}}$，试求该方程组的通解.

7. 设 $\boldsymbol{A}=\begin{pmatrix}1&-2&2\\4&3&t\\3&1&-1\end{pmatrix}$，$\boldsymbol{\beta}=\begin{pmatrix}1\\4\\3\end{pmatrix}$. 如果线性方程组 $\boldsymbol{Ax}=\boldsymbol{\beta}$ 的通解是 $\begin{pmatrix}1\\1\\1\end{pmatrix}+k\begin{pmatrix}0\\1\\1\end{pmatrix}$（其中 k 为任意数），求 t 及 $r(\boldsymbol{A})$.

自　测　题　4

1. 判断题（每题 3 分，共 15 分）：

(1) 如果向量组 $\boldsymbol{\alpha}_1,\boldsymbol{\alpha}_2,\cdots,\boldsymbol{\alpha}_s$ 线性相关，则其中任何一个向量都可以由其余向量线性表示；（　　）

(2) $x_1\boldsymbol{\alpha}_1+x_2\boldsymbol{\alpha}_2+\cdots+x_s\boldsymbol{\alpha}_s=\boldsymbol{0}$ 有零解，所以 $\boldsymbol{\alpha}_1,\boldsymbol{\alpha}_2,\cdots,\boldsymbol{\alpha}_s$ 线性无关；（　　）

(3) 如果 $\boldsymbol{\beta}$ 可以由 $\boldsymbol{\alpha}_1,\boldsymbol{\alpha}_2,\cdots,\boldsymbol{\alpha}_s$ 线性表示，则 $\boldsymbol{\beta}$ 可以由 $\boldsymbol{\alpha}_1,\boldsymbol{\alpha}_2,\cdots,\boldsymbol{\alpha}_s,\boldsymbol{\alpha}_{s+1},\cdots,\boldsymbol{\alpha}_m(m>s)$ 线性表示；（　　）

(4) 线性相关的向量组的任意部分组都线性相关；（　　）

(5) $\boldsymbol{\gamma}_1,\boldsymbol{\gamma}_2$ 是非齐次线性方程组 $\boldsymbol{AX}=\boldsymbol{\beta}$ 的两个线性无关解，则 $\boldsymbol{\gamma}_1+\boldsymbol{\gamma}_2$ 也是 $\boldsymbol{AX}=\boldsymbol{\beta}$ 的解.（　　）

2. 填空题（每题 4 分，共 20 分）：

(1) $\boldsymbol{\alpha}_1=\begin{pmatrix}\lambda\\1\\1\end{pmatrix}$，$\boldsymbol{\alpha}_2=\begin{pmatrix}1\\\lambda\\1\end{pmatrix}$，$\boldsymbol{\alpha}_3=\begin{pmatrix}1\\1\\\lambda\end{pmatrix}$ 线性相关，则 $\lambda=$____________.

(2) 设向量 $\boldsymbol{\alpha}=\begin{pmatrix}1\\2\\1\end{pmatrix}$，$\boldsymbol{\beta}=\begin{pmatrix}-1\\2\\1\end{pmatrix}$，则内积 $(\boldsymbol{\alpha},\boldsymbol{\beta})=$____________，长度 $|\boldsymbol{\alpha}|=$____________.

(3) $\boldsymbol{\alpha}_1=\begin{pmatrix}1\\s\end{pmatrix}$，$\boldsymbol{\alpha}_2=\begin{pmatrix}t\\2\end{pmatrix}$ 正交，则 s,t 满足关系____________.

(4) $\boldsymbol{\alpha}_1=(1,0,-1,2)^{\mathrm{T}}$，$\boldsymbol{\alpha}_2=(2,0,1,1)^{\mathrm{T}}$，$\boldsymbol{\alpha}_3=(2,-1,0,1)^{\mathrm{T}}$，且 $\boldsymbol{\alpha}_1-\boldsymbol{\alpha}_2+\boldsymbol{\alpha}_3-2\boldsymbol{\beta}=\boldsymbol{0}$，则 $\boldsymbol{\beta}=$____________.

(5) 等价的非零向量组____________（秩，含向量个数）相同.

3. 设 $\boldsymbol{\beta}=(\lambda,-1,2)^{\mathrm{T}}$ 可由 $\boldsymbol{\alpha}_1=(3,\lambda,\lambda)^{\mathrm{T}},\boldsymbol{\alpha}_2=(4,0,3)^{\mathrm{T}},\boldsymbol{\alpha}_3=(-1,\lambda,\lambda-3)^{\mathrm{T}}$ 线性表示,求 λ.(12 分)

4. 求向量组 $\boldsymbol{\alpha}_1=\begin{pmatrix}1\\0\\4\end{pmatrix},\boldsymbol{\alpha}_2=\begin{pmatrix}2\\1\\5\end{pmatrix},\boldsymbol{\alpha}_3=\begin{pmatrix}1\\1\\0\end{pmatrix},\boldsymbol{\alpha}_4=\begin{pmatrix}1\\0\\-1\end{pmatrix}$ 的极大无关组和秩,并用极大无关组表示向量组中其余向量.(12 分)

5. 求齐次线性方程组 $\begin{cases}x_1-x_2+3x_3-x_4=0,\\2x_1-x_2-x_3+4x_4=0,\\3x_1-2x_2+2x_3+3x_4=0,\\x_1-4x_3+5x_4=0\end{cases}$ 的基础解系和通解.(12 分)

6. 设 $\boldsymbol{\gamma}_1,\boldsymbol{\gamma}_2,\cdots,\boldsymbol{\gamma}_t$ 都是非齐次线性方程组 $\boldsymbol{AX}=\boldsymbol{\beta}$ 的解向量,$k_1,k_2,\cdots,k_t$ 是 t 个数,证明:(1) $k_1\boldsymbol{\gamma}_1+k_2\boldsymbol{\gamma}_2+\cdots+k_t\boldsymbol{\gamma}_t$ 是 $\boldsymbol{AX}=\boldsymbol{\beta}$ 的解的充分必要条件是 $k_1+k_2+\cdots+k_t=1$;

(2) $k_1\boldsymbol{\gamma}_1+k_2\boldsymbol{\gamma}_2+\cdots+k_t\boldsymbol{\gamma}_t$ 是 $\boldsymbol{AX}=\boldsymbol{\beta}$ 的导出组 $\boldsymbol{AX}=\boldsymbol{0}$ 的解的充分必要条件是 $k_1+k_2+\cdots+k_t=0$.(10 分)

7. $\boldsymbol{\alpha}_1,\boldsymbol{\alpha}_2,\cdots,\boldsymbol{\alpha}_s$ 是一组 n 维线性无关向量,$\boldsymbol{\beta}_1=\boldsymbol{\alpha}_1+\boldsymbol{\alpha}_2+\cdots+\boldsymbol{\alpha}_s,\boldsymbol{\beta}_2=\boldsymbol{\alpha}_1+\boldsymbol{\alpha}_2+\cdots+\boldsymbol{\alpha}_{s-1},\cdots,\boldsymbol{\beta}_{s-1}=\boldsymbol{\alpha}_1+\boldsymbol{\alpha}_2,\boldsymbol{\beta}_s=\boldsymbol{\alpha}_1$,证明向量组 $\boldsymbol{\beta}_1,\boldsymbol{\beta}_2,\cdots,\boldsymbol{\beta}_s$ 线性无关.(10 分)

8. λ 取何值时,线性方程组 $\begin{cases}x_1+x_3=\lambda,\\4x_1+x_2+2x_3=\lambda,\\6x_1+x_2+4x_3=2\lambda+3\end{cases}$ 有解,并将其解用导出组的基础解系表示.(9 分)

第五章 矩阵对角化与二次型

本章主要讨论方阵的特征值与特征向量，方阵的相似对角化和二次型化标准形等问题，这些都是线性代数中十分重要的内容，在工程技术、经济理论等学科均有广泛的应用.

第一节 相似矩阵 特征值与特征向量

一、基本概念

例 1 设两个数列$\{x_k\}$，$\{y_k\}$满足方程组

$$\begin{cases} x_k=3x_{k-1}+4y_{k-1}, \\ y_k=5x_{k-1}+2y_{k-1} \end{cases} \quad (k\text{ 为正整数})$$

及条件 $x_0=1$，$y_0=2$，求通项$\{x_k\}$及$\{y_k\}$.

这是两个“耦合”在一起的数列. 上述方程组称为常系数齐次线性差分方程组，其条件 $x_0=1$，$y_0=2$ 称为初始条件. 工程上称此类问题为“线性时不变离散系统”.

由矩阵乘法可以将此问题表示为

$$\begin{pmatrix} x_k \\ y_k \end{pmatrix}=\begin{pmatrix} 3 & 4 \\ 5 & 2 \end{pmatrix}\begin{pmatrix} x_{k-1} \\ y_{k-1} \end{pmatrix}.$$

令
$$\boldsymbol{\alpha}_k=\begin{pmatrix} x_k \\ y_k \end{pmatrix},\boldsymbol{A}=\begin{pmatrix} 3 & 4 \\ 5 & 2 \end{pmatrix},$$

得向量递推公式 $\boldsymbol{\alpha}_k=\boldsymbol{A}\boldsymbol{\alpha}_{k-1}(k=1,2,3,\cdots)$，则

$$\boldsymbol{\alpha}_k=\boldsymbol{A}\boldsymbol{\alpha}_{k-1}=\boldsymbol{A}(\boldsymbol{A}\boldsymbol{\alpha}_{k-2})=\boldsymbol{A}^2\boldsymbol{\alpha}_{k-2}=\cdots=\boldsymbol{A}^k\boldsymbol{\alpha}_0,$$

其中
$$\boldsymbol{\alpha}_0=\begin{pmatrix} 1 \\ 2 \end{pmatrix}.$$

于是问题转化为求方阵 $\boldsymbol{A}$ 的正整数幂 $\boldsymbol{A}^k$.

在很多工程技术问题、经济管理模型中，都要计算某个方阵的方幂或多项式. 对于一般方阵 $\boldsymbol{A}$，直接计算 $\boldsymbol{A}^k$ 较为麻烦，尤其是 $\boldsymbol{A}$ 的阶数 n 和方幂数 k 都较大时.

但对于对角形矩阵

$$A=\begin{pmatrix}\lambda_1 & & \\ & \ddots & \\ & & \lambda_n\end{pmatrix}$$

却很容易得到

$$A^k=\begin{pmatrix}\lambda_1^k & & \\ & \ddots & \\ & & \lambda_n^k\end{pmatrix}.$$

一般来讲 A 不一定是对角矩阵，但若存在可逆矩阵 P 和对角矩阵 Λ，使得

$$P^{-1}AP=\Lambda.$$

则 $A=P\Lambda P^{-1}$，再由矩阵乘法的结合律得

$$A^k=(P\Lambda P^{-1})^k=\underbrace{P\Lambda P^{-1}\cdot P\Lambda P^{-1}\cdots P\Lambda P^{-1}}_{k个}=P\Lambda^kP^{-1}.$$

本章的一个核心问题是，对一个给定的 n 阶方阵 A，是否存在 n 阶可逆矩阵 P 使得 $P^{-1}AP$ 是对角阵，如果存在，如何求出 P 和对角阵？

定义 1　设 A,B 都是 n 阶方阵，如果存在 n 阶可逆矩阵 P 使得

$$P^{-1}AP=B,$$

则称 B 与 A 相似，称 P 是由 A 到 B 相似变换矩阵.

特别地，若 B 是对角阵，称 A 可对角化.

由定义可以看出，矩阵的相似关系是一种等价关系，即相似关系满足下列 3 个性质：

(1) 自反性　A 与 A 相似；

(2) 对称性　A 与 B 相似，则 B 也与 A 相似；

(3) 传递性　A 与 B 相似，B 与 C 相似，则 A 与 C 相似.

前面提出的问题就是，讨论给定方阵是否可对角化？可对角化时，如何对角化？

对给定的矩阵 A，下面分析满足 $P^{-1}AP=\Lambda$ 的可逆矩阵 P 和对角矩阵 Λ 应该具有的性质.

矩阵等式 $P^{-1}AP=\Lambda$ 两端左乘 P，即有 $AP=P\Lambda$，反之 $AP=P\Lambda$ 两端左乘 P^{-1} 即有 $P^{-1}AP=\Lambda$，所以 $P^{-1}AP=\Lambda$ 等价于 $AP=P\Lambda$.

利用分块矩阵表示方法设 $P=(\eta_1,\eta_2)$，由矩阵 P 可逆，所以有

$$\begin{aligned}P^{-1}AP=\Lambda &\Leftrightarrow AP=P\Lambda\\ &\Leftrightarrow A(\boldsymbol{\eta}_1,\boldsymbol{\eta}_2)=(\boldsymbol{\eta}_1,\boldsymbol{\eta}_2)\begin{pmatrix}\lambda_1 & 0\\ 0 & \lambda_2\end{pmatrix}\\ &\Leftrightarrow (A\boldsymbol{\eta}_1,A\boldsymbol{\eta}_2)=(\lambda_1\boldsymbol{\eta}_1,\lambda_2\boldsymbol{\eta}_2)\end{aligned}$$

$$\Leftrightarrow \boldsymbol{A}\boldsymbol{\eta}_1=\lambda_1\boldsymbol{\eta}_1,\boldsymbol{A}\boldsymbol{\eta}_2=\lambda_2\boldsymbol{\eta}_2.$$

上面最后两个向量等式具有相同形式：

$$\boldsymbol{A}\boldsymbol{\eta}=\lambda\boldsymbol{\eta}(\eta\neq 0).$$

定义 2　设 $\boldsymbol{A}$ 是 n 阶方阵，如果数 λ 和 n 维非零向量 $\boldsymbol{\eta}$ 使得

$$\boldsymbol{A}\boldsymbol{\eta}=\lambda\boldsymbol{\eta} \tag{1}$$

成立，则称数 λ 为方阵 $\boldsymbol{A}$ 的特征值，非零向量 $\boldsymbol{\eta}$ 称为 $\boldsymbol{A}$ 的对应于特征值 λ 的特征向量(或称 $\boldsymbol{\eta}$ 为 $\boldsymbol{A}$ 的属于特征值 λ 的特征向量).

注　(1) 特征值、特征向量是对于方阵才有的概念.

(2) 特征向量是非零向量.

(3) 特征值和特征向量是一对概念,每个特征值必有属于它的特征向量,反之每个特征向量必属于某一特征值.

(4) 几何意义：设 $\boldsymbol{\eta}$ 是 $\boldsymbol{A}$ 的属于特征值 λ 的一个特征向量,则 $\boldsymbol{A}\boldsymbol{\eta}$ 只是对 $\boldsymbol{\eta}$ 进行了"伸缩"变换,即向量 $\boldsymbol{A}\boldsymbol{\eta}=\lambda\boldsymbol{\eta}$ 与 $\boldsymbol{\eta}$ 共线. 当 $\lambda>0$ 时,方向不变,当 $\lambda<0$ 时,方向相反,当 $\lambda=0$ 时,特征向量变为零向量.

例 2　设

$$\boldsymbol{A}=\begin{pmatrix}1&1&0\\0&2&2\\0&0&3\end{pmatrix},\ \boldsymbol{\eta}_1=\begin{pmatrix}1\\0\\0\end{pmatrix},\ \boldsymbol{\eta}_2=\begin{pmatrix}1\\1\\0\end{pmatrix},\ \boldsymbol{\eta}_3=\begin{pmatrix}1\\2\\1\end{pmatrix}.$$

问：(1) $\boldsymbol{\eta}_1,\boldsymbol{\eta}_2,\boldsymbol{\eta}_3$ 是否是 $\boldsymbol{A}$ 的特征向量？如果是,它们分别属于哪个特征值？

(2) 判断 $\boldsymbol{A}$ 是否可对角化？如可对角化,求可逆矩阵 $\boldsymbol{P}$ 和对角矩阵 $\boldsymbol{\Lambda}$,使得 $\boldsymbol{P}^{-1}\boldsymbol{A}\boldsymbol{P}=\boldsymbol{\Lambda}$.

解　(1)
$$\boldsymbol{A}\boldsymbol{\eta}_1=\begin{pmatrix}1&1&0\\0&2&2\\0&0&3\end{pmatrix}\begin{pmatrix}1\\0\\0\end{pmatrix}=\begin{pmatrix}1\\0\\0\end{pmatrix}=1\boldsymbol{\eta}_1,$$

所以 $\boldsymbol{\eta}_1$ 是 $\boldsymbol{A}$ 的属于特征值 1 的特征向量.

$$\boldsymbol{A}\boldsymbol{\eta}_2=\begin{pmatrix}1&1&0\\0&2&2\\0&0&3\end{pmatrix}\begin{pmatrix}1\\1\\0\end{pmatrix}=\begin{pmatrix}2\\2\\0\end{pmatrix}=2\boldsymbol{\eta}_2,$$

所以 $\boldsymbol{\eta}_2$ 是 $\boldsymbol{A}$ 的属于特征值 2 的特征向量.

$$\boldsymbol{A}\boldsymbol{\eta}_3=\begin{pmatrix}1&1&0\\0&2&2\\0&0&3\end{pmatrix}\begin{pmatrix}1\\2\\1\end{pmatrix}=\begin{pmatrix}3\\6\\3\end{pmatrix}=3\boldsymbol{\eta}_3,$$

所以 $\boldsymbol{\eta}_3$ 是 $\boldsymbol{A}$ 的属于特征值 3 的特征向量.

(2) 由于

$$(\boldsymbol{A}\boldsymbol{\eta}_1,\boldsymbol{A}\boldsymbol{\eta}_2,\boldsymbol{A}\boldsymbol{\eta}_3)=(1\boldsymbol{\eta}_1,2\boldsymbol{\eta}_2,3\boldsymbol{\eta}_3),$$

所以

$$A(\boldsymbol{\eta}_1,\boldsymbol{\eta}_2,\boldsymbol{\eta}_3)=(\boldsymbol{\eta}_1,\boldsymbol{\eta}_2,\boldsymbol{\eta}_3)\begin{pmatrix}1&&\\&2&\\&&3\end{pmatrix},$$

显然 $\boldsymbol{\eta}_1,\boldsymbol{\eta}_2,\boldsymbol{\eta}_3$ 线性无关.

取

$$\boldsymbol{P}=(\boldsymbol{\eta}_1,\boldsymbol{\eta}_2,\boldsymbol{\eta}_3)=\begin{pmatrix}1&2&1\\0&2&2\\0&0&1\end{pmatrix},$$

则 $\boldsymbol{P}$ 可逆,且 $\boldsymbol{AP}=\boldsymbol{P}\begin{pmatrix}1&&\\&2&\\&&3\end{pmatrix}$,即

$$\boldsymbol{P}^{-1}\boldsymbol{AP}=\boldsymbol{\Lambda}=\begin{pmatrix}1&&\\&2&\\&&3\end{pmatrix}.$$

所以 $\boldsymbol{A}$ 可对角化.

该例中,可逆矩阵 $\boldsymbol{P}=(\boldsymbol{\eta}_1,\boldsymbol{\eta}_2,\boldsymbol{\eta}_3)$是以 $\boldsymbol{A}$ 的 3 个线性无关的特征向量 $\boldsymbol{\eta}_1,\boldsymbol{\eta}_2,\boldsymbol{\eta}_3$ 为列构成的,且 $\boldsymbol{P}^{-1}\boldsymbol{AP}$ 是对角矩阵,而对角线上的元素是与 $\boldsymbol{P}$ 的列相对应的特征值.

二、特征值和特征向量的求法

由特征值与特征向量的定义知:如果 λ 是 n 阶方阵 $\boldsymbol{A}$ 的特征值,则齐次线性方程组

$$(\lambda\boldsymbol{E}-\boldsymbol{A})\boldsymbol{X}=\boldsymbol{0}$$

有非零解 $\boldsymbol{\eta}$($\boldsymbol{\eta}$ 是属于 λ 的特征向量),反之数值 λ 使得齐次线性方程组$(\lambda\boldsymbol{E}-\boldsymbol{A})\boldsymbol{X}=\boldsymbol{0}$ 有非零解 $\boldsymbol{\eta}$,即有 $\boldsymbol{A\eta}=\lambda\boldsymbol{\eta}(\boldsymbol{\eta}\neq\boldsymbol{0})$, 所以 λ 是 n 阶方阵 $\boldsymbol{A}$ 的特征值. 由于齐次线性方程组$(\lambda\boldsymbol{E}-\boldsymbol{A})\boldsymbol{X}=\boldsymbol{0}$ 的系数矩阵是方阵,该方程组有非零解的充分必要条件是系数行列式为零,即

$$|\lambda\boldsymbol{E}-\boldsymbol{A}|=\begin{vmatrix}\lambda-a_{11}&-a_{12}&\cdots&-a_{1n}\\-a_{21}&\lambda-a_{22}&\cdots&a_{2n}\\\vdots&\vdots&&\vdots\\-a_{n1}&-a_{n2}&\cdots&\lambda-a_{nn}\end{vmatrix}=0. \qquad (2)$$

定义 3 设 $\boldsymbol{A}$ 是 n 阶方阵,多项式 $f(\lambda)=|\lambda\boldsymbol{E}-\boldsymbol{A}|$ 称为 $\boldsymbol{A}$ 的特征多项式,方程

$$|\lambda\boldsymbol{E}-\boldsymbol{A}|=0$$

称为方阵 $\boldsymbol{A}$ 的特征方程.

由定义易知：

(1) 方阵 $\boldsymbol{A}$ 的特征值即为 $\boldsymbol{A}$ 的特征方程的根，所以 $\boldsymbol{A}$ 的特征值也称为 $\boldsymbol{A}$ 的特征根.

(2) 向量 $\boldsymbol{\eta}$ 是 $\boldsymbol{A}$ 的属于特征值 λ 的特征向量的充要条件为 $\boldsymbol{X}=\boldsymbol{\eta}$ 是齐次线性方程组 $(\lambda\boldsymbol{E}-\boldsymbol{A})\boldsymbol{X}=\boldsymbol{0}$ 的非零解.

求特征值与特征向量的一般步骤：

第一步：求出方程 $|\lambda\boldsymbol{E}-\boldsymbol{A}|=0$ 的所有根 $\lambda_1,\lambda_2\cdots,\lambda_n$，即 $\boldsymbol{A}$ 的全部特征值.

第二步：对每个不同的 λ_i，解齐次方程组 $(\lambda_i\boldsymbol{E}-\boldsymbol{A})\boldsymbol{X}=\boldsymbol{0}$，求出一个基础解系 $\boldsymbol{\eta}_{i_1},\boldsymbol{\eta}_{i_2},\cdots,\boldsymbol{\eta}_{i_k}$，即 $\boldsymbol{A}$ 的属于 λ_i 的线性无关特征向量，而 $(\lambda_i\boldsymbol{E}-\boldsymbol{A})\boldsymbol{X}=\boldsymbol{0}$ 的所有非零解为 $t_1\boldsymbol{\eta}_{i_1}+t_2\boldsymbol{\eta}_{i_2}+\cdots+t_k\boldsymbol{\eta}_{i_k}$（其中任意常数 $t_1,t_2\cdots t_k$ 不全为零），也就是 $\boldsymbol{A}$ 的属于 λ_i 的全部特征向量.

例 3　求

$$\boldsymbol{A}=\begin{pmatrix}1&2&2\\2&1&2\\2&2&1\end{pmatrix}$$

的全部特征值和对应的特征向量.

解　将 $|\lambda\boldsymbol{E}-\boldsymbol{A}|$ 的各行元素加到第 1 行对应位置元素上，再提取公因式有

$$|\lambda\boldsymbol{E}-\boldsymbol{A}|=\begin{vmatrix}\lambda-1&-2&-2\\-2&\lambda-1&-2\\-2&-2&\lambda-1\end{vmatrix}=(\lambda-5)\begin{vmatrix}1&1&1\\2&1-\lambda&2\\2&2&1-\lambda\end{vmatrix}$$

$$=(\lambda-5)\begin{vmatrix}1&1&1\\0&-1-\lambda&0\\0&0&-1-\lambda\end{vmatrix}=(\lambda-5)(1+\lambda)^2,$$

所以 $\boldsymbol{A}$ 的全部特征值为 $\lambda_1=5,\lambda_{2,3}=-1$.

当 $\lambda_1=5$ 时，解齐次线性方程组 $(5\boldsymbol{E}-\boldsymbol{A})\boldsymbol{X}=\boldsymbol{0}$，对系数矩阵 $5\boldsymbol{E}-\boldsymbol{A}$ 作如下变换：

$$5\boldsymbol{E}-\boldsymbol{A}=\begin{pmatrix}4&-2&-2\\-2&4&-2\\-2&-2&4\end{pmatrix}\xrightarrow[\substack{r_2-r_1\\r_3+2r_1}]{\substack{r_1\leftrightarrow r_3\\\text{然后}}}\begin{pmatrix}-2&-2&4\\0&6&-6\\0&-6&6\end{pmatrix}\longrightarrow\begin{pmatrix}1&0&-1\\0&1&-1\\0&0&0\end{pmatrix},$$

所以

$$\begin{cases}x_1=x_3,\\x_2=x_3.\end{cases}$$

令 $x_3=1$ 得基础解系

$$\boldsymbol{\eta}_1=\begin{pmatrix}1\\1\\1\end{pmatrix}.$$

则 $\boldsymbol{\eta}_1$ 就是矩阵 $\boldsymbol{A}$ 的属于特征值 5 的特征向量，又 $(5\boldsymbol{E}-\boldsymbol{A})\boldsymbol{X}=\boldsymbol{0}$ 的所有非零解可表示为 $k_1\boldsymbol{\eta}_1(k_1\neq 0)$，所以 $\boldsymbol{A}$ 的属于特征值 5 的所有特征向量为 $k_1\boldsymbol{\eta}_1(k_1\neq 0)$.

当 $\lambda_{2,3}=-1$ 时，解齐次线性方程组 $(-1\boldsymbol{E}-\boldsymbol{A})\boldsymbol{X}=\boldsymbol{0}$，

$$-\boldsymbol{E}-\boldsymbol{A}=\begin{pmatrix}-2&-2&-2\\-2&-2&-2\\-2&-2&-2\end{pmatrix}\rightarrow\begin{pmatrix}1&1&1\\0&0&0\\0&0&0\end{pmatrix},$$

所以 $x_1+x_2+x_3=0$. 分别取 $x_2=1,x_3=0$；$x_2=0,x_3=1$，得基础解系

$$\boldsymbol{\eta}_2=\begin{pmatrix}-1\\1\\0\end{pmatrix},\quad \boldsymbol{\eta}_3=\begin{pmatrix}-1\\0\\1\end{pmatrix}.$$

$\boldsymbol{\eta}_2,\boldsymbol{\eta}_3$ 为 $\boldsymbol{A}$ 的特征值 $\lambda_{2,3}=-1$ 的两个线性无关的特征向量，又齐次线性方程组 $(-1\boldsymbol{E}-\boldsymbol{A})\boldsymbol{X}=\boldsymbol{0}$ 的所有非零解可表示为 $k_2\boldsymbol{\eta}_2+k_3\boldsymbol{\eta}_3$（其中 k_2,k_3 不全为零），所以 $\boldsymbol{A}$ 的属于特征值 -1 全部特征向量为 $k_2\boldsymbol{\eta}_2+k_3\boldsymbol{\eta}_3$（其中 k_2,k_3 不全为零）.

例 4 设

$$\boldsymbol{A}=\begin{pmatrix}0&1\\0&0\end{pmatrix},$$

求 $\boldsymbol{A}$ 的特征值和特征向量.

解
$$|\lambda\boldsymbol{E}-\boldsymbol{A}|=\begin{vmatrix}\lambda&-1\\0&\lambda\end{vmatrix}=\lambda^2.$$

由 $|\lambda\boldsymbol{E}-\boldsymbol{A}|=0$ 得特征值 $\lambda_{1,2}=0$.

解齐次方程组 $(0\boldsymbol{E}-\boldsymbol{A})\boldsymbol{X}=\boldsymbol{0}$，

$$0\boldsymbol{E}-\boldsymbol{A}=\begin{pmatrix}0&-1\\0&0\end{pmatrix},$$

得 $x_2=0$. 令自由未知量 $x_1=1$，得基础解系

$$\eta=\begin{pmatrix}1\\0\end{pmatrix},$$

所以 $\boldsymbol{A}$ 的属于特征值 0 的所有特征向量为 $k\boldsymbol{\eta}(k\neq 0)$.

定理 1 相似矩阵的特征多项式相同.

** **证** 设矩阵 $\boldsymbol{A},\boldsymbol{B}$ 相似，则存在可逆矩阵 $\boldsymbol{P}$，使得 $\boldsymbol{B}=\boldsymbol{P}^{-1}\boldsymbol{A}\boldsymbol{P}$，那么

$$\begin{aligned}|\lambda\boldsymbol{E}-\boldsymbol{B}|&=|\lambda\boldsymbol{E}-\boldsymbol{P}^{-1}\boldsymbol{A}\boldsymbol{P}|=|\boldsymbol{P}^{-1}(\lambda\boldsymbol{E}-\boldsymbol{A})\boldsymbol{P}|\\&=|\boldsymbol{P}^{-1}|\,|(\lambda\boldsymbol{E}-\boldsymbol{A})|\,|\boldsymbol{P}|=|(\lambda\boldsymbol{E}-\boldsymbol{A})|.\end{aligned}$$

推论 1 相似矩阵的特征值相同.

特征多项式相同仅是两矩阵相似的一个必要条件而非充分条件。

例 5　证明矩阵

$$\boldsymbol{A}=\begin{pmatrix}2&1\\0&2\end{pmatrix} \text{ 与 } \boldsymbol{B}=\begin{pmatrix}2&0\\0&2\end{pmatrix}$$

特征多项式相同，但并不相似.

证　显然

$$|(\lambda\boldsymbol{E}-\boldsymbol{A})|=(\lambda-2)^2=|\lambda\boldsymbol{E}-\boldsymbol{B}|,$$

即 $\boldsymbol{A}$ 与 $\boldsymbol{B}$ 有相同的特征多项式.

假设 $\boldsymbol{A}$ 与 $\boldsymbol{B}$ 相似，则存在可逆矩阵 $\boldsymbol{P}$ 使得 $\boldsymbol{A}=\boldsymbol{P}^{-1}\boldsymbol{B}\boldsymbol{P}$，即

$$\boldsymbol{A}=\boldsymbol{P}^{-1}(2\boldsymbol{E})\boldsymbol{P}=2\boldsymbol{E},$$

显然矛盾，所以 $\boldsymbol{A}$ 与 $\boldsymbol{B}$ 不相似.

由特征值是多项式 $f(\lambda)=|\lambda\boldsymbol{E}-\boldsymbol{A}|$ 的根，及根与系数关系可得（证明过程见参考文献[1]）：

定理 2　设 $\lambda_1,\lambda_2,\cdots,\lambda_n$（实数或复数，重根按重数算）是 n 阶方阵 $\boldsymbol{A}=(a_{ij})_{n\times n}$ 的 n 个特征值，则

(1) $\lambda_1\lambda_2\cdots\lambda_n=|\boldsymbol{A}|$，

(2) $\lambda_1+\lambda_2+\cdots+\lambda_n=a_{11}+a_{22}+\cdots+a_{nn}$.

我们称 $a_{11}+a_{22}+\cdots+a_{nn}$ 为矩阵 $\boldsymbol{A}$ 的迹，记为 $\operatorname{tr}\boldsymbol{A}$.

例 6　设 $\boldsymbol{A}$ 与 $\boldsymbol{B}$ 相似，且

$$\boldsymbol{A}=\begin{pmatrix}3&6&6\\0&2&0\\-3&-12&a\end{pmatrix},\quad \boldsymbol{B}=\begin{pmatrix}0&0&0\\0&-3&0\\0&0&b\end{pmatrix},$$

求 a 与 b.

解　由于矩阵 $\boldsymbol{A}$ 与 $\boldsymbol{B}$ 相似，所以它们有相同的特征值，即 $0,b,-3$ 是 $\boldsymbol{A}$ 的特征值. 则

$$\begin{cases}\operatorname{tr}\boldsymbol{A}=0+(-3)+b,\\|\boldsymbol{A}|=0\times(-3)\times b,\end{cases}$$

即

$$\begin{cases}3+2+a=-3+b,\\\begin{vmatrix}3&6&6\\0&2&0\\-3&-12&a\end{vmatrix}=0.\end{cases}$$

解得

$$\begin{cases}a=-6,\\b=2.\end{cases}$$

例 7 如果 n 阶矩阵 $\boldsymbol{A}$ 满足 $\boldsymbol{A}^2=\boldsymbol{A}$，则称 $\boldsymbol{A}$ 为幂等矩阵. 试证明幂等矩阵的特征值只能是 1 和 0.

证 设 λ_0 是 $\boldsymbol{A}$ 的特征值，$\boldsymbol{\eta}(\boldsymbol{\eta}\neq 0)$是 $\boldsymbol{A}$ 的属于特征值 λ_0 的特征向量，则

$$\boldsymbol{A\eta}=\lambda_0\boldsymbol{\eta}.$$

于是

$$\boldsymbol{A}^2\boldsymbol{\eta}=\boldsymbol{A}(\boldsymbol{A\eta})=\boldsymbol{A}(\lambda_0\boldsymbol{\eta})=\lambda_0(\boldsymbol{A\eta})=\lambda_0^2\boldsymbol{\eta},$$

由于 $\boldsymbol{A}^2=\boldsymbol{A}$，所以 $\boldsymbol{A}^2\boldsymbol{\eta}=\boldsymbol{A\eta}$，即

$$\lambda_0^2\boldsymbol{\eta}=\lambda_0\boldsymbol{\eta},$$

所以$(\lambda_0^2-\lambda_0)\boldsymbol{\eta}=\boldsymbol{0}$.

因为 $\boldsymbol{\eta}\neq\boldsymbol{0}$，所以 $\lambda_0^2-\lambda_0=0$，从而 $\lambda_0=1$ 或 0.

三、特征值与特征向量的性质

为了讨论给定的方阵是否可以对角化，需先了解特征值与特征向量的性质.

定理 3 设 $\boldsymbol{A}=(a_{ij})$是 n 阶方阵，则 $\boldsymbol{A}$ 的特征值与特征向量具有如下性质：

性质 1 设 $\boldsymbol{\eta}$ 是 $\boldsymbol{A}$ 的属于特征值 λ 的特征向量，则 $\lambda^k(k=1,2,\cdots)$是 $\boldsymbol{A}^k$ 的特征值，$\boldsymbol{\eta}$ 是 $\boldsymbol{A}^k$ 属于特征值 λ^k 的特征向量. 更一般地，如果 $f(x)$是关于 x 的多项式，则 $f(\lambda)$是 $f(\boldsymbol{A})$的特征值，且 $\boldsymbol{\eta}$ 是 $f(\boldsymbol{A})$的属于 $f(\lambda)$的特征向量.

例 8 设 $f(x)=x^2-4x+3$，若三阶矩阵 $\boldsymbol{A}$ 的特征值分别为 $-2,-1,1$，又 $\boldsymbol{B}=f(\boldsymbol{A})$，求 $\boldsymbol{B}$ 的特征值和$|\boldsymbol{B}|$.

解 由性质 1 知，$\boldsymbol{B}$ 的特征值分别为

$$f(-2)=15,\quad f(-1)=8,\quad f(1)=0.$$

再由定理 2 有$|\boldsymbol{B}|=15\cdot 8\cdot 0=0$.

性质 2 设矩阵 $\boldsymbol{A}$ 是 n 阶可逆方阵，λ 是 $\boldsymbol{A}$ 的特征值，则 $\lambda\neq 0$，且 λ^{-1} 是 $\boldsymbol{A}^{-1}$ 的特征值.

****例 9** 设三阶方阵 $\boldsymbol{A}$ 有特征值 $1,2,-2$，判断 $\boldsymbol{A}$ 是否可逆，如 $\boldsymbol{A}$ 可逆，求行列式$|\boldsymbol{A}^*-2\boldsymbol{A}^{-1}+5\boldsymbol{E}|$.

解
$$|\boldsymbol{A}|=1\cdot 2\cdot(-2)=-4\neq 0,$$

所以 $\boldsymbol{A}$ 可逆.

由 $\boldsymbol{A}^*=|\boldsymbol{A}|\boldsymbol{A}^{-1}=-4\boldsymbol{A}^{-1}$，有

$$\boldsymbol{A}^*-2\boldsymbol{A}^{-1}+5\boldsymbol{E}=-6\boldsymbol{A}^{-1}+5\boldsymbol{E}.$$

$\boldsymbol{A}$ 有特征值 $1,2,-2$，所以 $\boldsymbol{A}^{-1}$有特征值 $1,\frac{1}{2},-\frac{1}{2}$. 因上述等式右端为 $-6\boldsymbol{A}^{-1}+5\boldsymbol{E}$，可令

$$g(\lambda)=-6\lambda+5,$$

则 $g(\boldsymbol{A}^{-1})=-6\boldsymbol{A}^{-1}+5\boldsymbol{E}$ 有特征值

$$g(1)=-1,\ g\left(\frac{1}{2}\right)=2,\ g\left(-\frac{1}{2}\right)=8,$$

即 $\boldsymbol{A}^*-2\boldsymbol{A}^{-1}+5\boldsymbol{E}$ 有特征值$-1,2,8$.所以

$$|\boldsymbol{A}^*-2\boldsymbol{A}^{-1}+5\boldsymbol{E}|=(-1)\cdot 2\cdot 8=-16.$$

性质 3 属于不同特征值的特征向量必线性无关.

推论 方阵 $\boldsymbol{A}$ 的属于不同特征值的特征向量的和不再是 $\boldsymbol{A}$ 的特征向量.

由特征向量定义和性质 3,我们有如下结论：

(1) 如果 $\boldsymbol{\eta}_1,\boldsymbol{\eta}_2$ 是 n 阶方阵 $\boldsymbol{A}$ 的属于同一特征值 λ 的特征向量,k_1,k_2 为任意两个数,且 $\boldsymbol{\eta}=k_1\boldsymbol{\eta}_1+k_2\boldsymbol{\eta}_2\neq\boldsymbol{0}$,则 $\boldsymbol{\eta}$ 仍是 $\boldsymbol{A}$ 的属于特征值 λ 的特征向量；

(2) 如果 $\boldsymbol{\eta}_1,\boldsymbol{\eta}_2$ 是 n 阶方阵 $\boldsymbol{A}$ 的属于不同特征值的特征向量,k_1,k_2 为任意两个非零数,且 $\boldsymbol{\eta}=k_1\boldsymbol{\eta}_1+k_2\boldsymbol{\eta}_2$,则 $\boldsymbol{\eta}$ 不再是 $\boldsymbol{A}$ 的特征向量.

习 题 5-1

1. 设 $\boldsymbol{A}=\begin{pmatrix}0&1&0\\0&0&1\\-6&-11&-6\end{pmatrix}$, $\boldsymbol{\eta}_1=\begin{pmatrix}1\\-1\\1\end{pmatrix}$, $\boldsymbol{\eta}_2=\begin{pmatrix}1\\-2\\4\end{pmatrix}$, $\boldsymbol{\eta}_3=\begin{pmatrix}1\\-3\\9\end{pmatrix}$.

问：(1) $\boldsymbol{\eta}_1,\boldsymbol{\eta}_2,\boldsymbol{\eta}_3$ 是否是 $\boldsymbol{A}$ 的特征向量？如果是,它们分别属于哪个特征值？

(2) 判断 $\boldsymbol{A}$ 是否可对角化？如可对角化,求可逆矩阵 $\boldsymbol{P}$ 和对角矩阵 $\boldsymbol{\Lambda}$,使得 $\boldsymbol{P}^{-1}\boldsymbol{A}\boldsymbol{P}=\boldsymbol{\Lambda}$.

2. 设三阶方阵 $\boldsymbol{A}$ 有特征值$-1,1,2$,求(1) $\boldsymbol{A}^3+\boldsymbol{A}+2\boldsymbol{E}$ 的特征值及$|\boldsymbol{A}^3+\boldsymbol{A}+2\boldsymbol{E}|$;(2) $\boldsymbol{A}^{-1}$ 的特征值;(3) $2\boldsymbol{A}^{-1}+\boldsymbol{E}$ 的特征值.

3. 设 n 阶矩阵 $\boldsymbol{A}$ 满足 $\boldsymbol{A}^2-3\boldsymbol{A}+2\boldsymbol{E}=\boldsymbol{0}$,证明 $\boldsymbol{A}$ 的特征值只能是 1 或 2.

4. 设矩阵 $\boldsymbol{A}=\begin{pmatrix}1&-2&-4\\-2&x&-2\\-4&-2&1\end{pmatrix}$ 与 $\boldsymbol{\Lambda}=\begin{pmatrix}5&0&0\\0&-4&0\\0&0&y\end{pmatrix}$ 相似,求 x,y.

5. 求下列矩阵的特征值和特征向量：

(1) $\boldsymbol{A}=\begin{pmatrix}3&2&-1\\-2&-2&2\\3&6&-1\end{pmatrix}$;　　(2) $\boldsymbol{A}=\begin{pmatrix}1&1&1\\1&1&1\\1&1&1\end{pmatrix}$;

(3) $\boldsymbol{A}=\begin{pmatrix}2&2&0\\8&2&1\\0&0&6\end{pmatrix}$.

*6. 已知四阶矩阵 $\boldsymbol{A},\boldsymbol{B}$ 相似,$\boldsymbol{A}$ 的特征值为 2,3,4,5,求(1) $\boldsymbol{B}$ 的特征值;(2) $|\boldsymbol{B}-\boldsymbol{E}|$.

*7. 设 $\boldsymbol{A}$ 与 $\boldsymbol{C}$ 相似,$\boldsymbol{B}$ 与 $\boldsymbol{D}$ 相似,证明 $\begin{pmatrix}\boldsymbol{A}&\boldsymbol{O}\\\boldsymbol{O}&\boldsymbol{B}\end{pmatrix}$ 与 $\begin{pmatrix}\boldsymbol{C}&\boldsymbol{O}\\\boldsymbol{O}&\boldsymbol{D}\end{pmatrix}$ 相似.

第二节 方阵的对角化

一、方阵可对角化的条件

在上一节例 3 中，

$$A\eta_1=5\eta_1,\ A\eta_2=-\eta_2,A\eta_3=-\eta_3,$$

即
$$(A\eta_1,A\eta_2,A\eta_3)=(5\eta_1,-\eta_2,-\eta_3).$$

利用分块矩阵乘法有

$$A(\eta_1,\eta_2,\eta_3)=(\eta_1,\eta_2,\eta_3)\begin{pmatrix}5&&\\&-1&\\&&-1\end{pmatrix}.$$

又 η_1,η_2,η_3 线性无关,所以

$$P=(\eta_1,\eta_2,\eta_3)=\begin{pmatrix}1&-1&-1\\1&1&0\\1&0&1\end{pmatrix}$$

可逆,且

$$AP=P\begin{pmatrix}5&&\\&-1&\\&&-1\end{pmatrix},$$

即
$$P^{-1}AP=\Lambda=\begin{pmatrix}5&&\\&-1&\\&&-1\end{pmatrix}$$

为对角矩阵,A 可对角化.

这里可逆矩阵 $P=(\eta_1,\eta_2,\eta_3)$是以 A 的 3 个线性无关的特征向量 η_1,η_2,η_3 为列向量而构成的,且 $P^{-1}AP$ 是对角矩阵,而对角线上的元素是与 P 的列向量相对应的特征值.

这里关于可逆矩阵 P 和对角形矩阵 Λ 的结论与上一节例 2 完全相同.

上一节例 4 中,$A=\begin{pmatrix}0&1\\0&0\end{pmatrix}$可否对角化?

如果 A 与对角矩阵 $\Lambda=\begin{pmatrix}\lambda_1&\\&\lambda_2\end{pmatrix}$相似,则存在可逆矩阵 $P=(\eta_1,\eta_2)$使得 $P^{-1}AP=\Lambda$,即有

$$A\eta_1=\lambda_1\eta_1,A\eta_2=\lambda_2\eta_2,$$

则 P 的列向量 η_1,η_2 是矩阵 A 的两个线性无关的特征向量. 而由上一节例 4 知,

$\boldsymbol{A}=\begin{pmatrix}0&1\\0&0\end{pmatrix}$仅有一个线性无关的特征向量，所以$\boldsymbol{A}=\begin{pmatrix}0&1\\0&0\end{pmatrix}$不可以对角化.

方阵$\boldsymbol{A}$可对角化充要条件是存在相似变换矩阵$\boldsymbol{P}=(\eta_1,\eta_2,\cdots,\eta_n)$，使得

$$\boldsymbol{P}^{-1}\boldsymbol{AP}=\boldsymbol{\Lambda}=\begin{pmatrix}\lambda_1&&\\&\ddots&\\&&\lambda_n\end{pmatrix},$$

即

$$\boldsymbol{AP}=\boldsymbol{P\Lambda}.$$

而$\boldsymbol{AP}=\boldsymbol{P\Lambda}$等价于$\boldsymbol{A\eta}_i=\lambda_i\boldsymbol{\eta}_i(i=1,2,\cdots,n)$，故$\boldsymbol{P}$的列向量$\boldsymbol{\eta}_1,\boldsymbol{\eta}_2,\cdots,\boldsymbol{\eta}_n$是线性无关的特征向量.

因此，我们有：

定理 1　n阶方阵$\boldsymbol{A}$与对角矩阵相似的充要条件是$\boldsymbol{A}$有n个线性无关的特征向量.

即方阵$\boldsymbol{A}$可对角化当且仅当$\boldsymbol{A}$的线性无关的特征向量的个数等于方阵的阶数.

矩阵对角化的步骤如下：

(1) 求出方程$|\lambda\boldsymbol{E}-\boldsymbol{A}|=0$的不同根$\lambda_1,\lambda_2,\cdots,\lambda_s$，即$\boldsymbol{A}$的互不相同的特征值；

(2) 对每个特征值$\lambda_t(1\leqslant t\leqslant s)$，解齐次线性方程组$(\lambda_t\boldsymbol{E}-\boldsymbol{A})\boldsymbol{X}=\boldsymbol{0}$，求出基础解系$\boldsymbol{\eta}_t^{(1)},\cdots,\boldsymbol{\eta}_t^{(n_t)}$，则$\boldsymbol{\eta}_t^{(1)},\cdots,\boldsymbol{\eta}_t^{(n_t)}$为属于$\lambda_t$的$n_t$个线性无关的特征向量.

(3) 如果$n_1+n_2+\cdots+n_s=n$，则$\boldsymbol{A}$可对角化.

令$\boldsymbol{P}=(\boldsymbol{\eta}_1^{(1)},\cdots,\boldsymbol{\eta}_1^{(n_1)},\cdots,\boldsymbol{\eta}_s^{(1)},\cdots,\boldsymbol{\eta}_s^{(n_s)})$，则$\boldsymbol{P}^{-1}\boldsymbol{AP}=\boldsymbol{\Lambda}$，其中，

$$\boldsymbol{\Lambda}=\begin{bmatrix}\lambda_1&&&&&&\\&\ddots&&&&&\\&&\lambda_1&&&&\\&&&\ddots&&&\\&&&&\lambda_s&&\\&&&&&\ddots&\\&&&&&&\lambda_s\end{bmatrix}.$$

对角线上$\lambda_t(t=1,2,\cdots,s)$的个数为$n_t$个.

如果$n_1+n_2+\cdots+n_s<n$，则$\boldsymbol{A}$不可对角化.

注意　(1) 这里利用了属于不同特征值的特征向量线性无关，特征向量构成的向量组$\boldsymbol{\eta}_1^{(1)},\cdots,\boldsymbol{\eta}_1^{(n_1)},\boldsymbol{\eta}_2^{(1)},\cdots,\boldsymbol{\eta}_2^{(n_2)},\cdots,\boldsymbol{\eta}_s^{(1)},\cdots,\boldsymbol{\eta}_s^{(n_s)}$也线性无关，且$n_1+n_2+\cdots+n_s=n$，所以$\boldsymbol{P}$的$n$个列向量是$n$个线性无关的特征向量，即$\boldsymbol{P}$可逆，且$\boldsymbol{AP}=\boldsymbol{P\Lambda}$，所以$\boldsymbol{P}^{-1}\boldsymbol{AP}=\boldsymbol{\Lambda}$.

(2) $\boldsymbol{\Lambda}$中λ_t的排序顺序与$\boldsymbol{P}$的列的排序顺序对应.

推论　若n阶方阵$\boldsymbol{A}$有n个互异的特征值，则$\boldsymbol{A}$与对角矩阵相似.

定理 2 方阵 $\boldsymbol{A}$ 与对角矩阵相似的充要条件是:对于 $\boldsymbol{A}$ 的每个 n_i 重特征值 λ_i,都有 n_i 个线性无关的特征向量,即 $r(\lambda_i\boldsymbol{E}-\boldsymbol{A})=n-n_i$.

例 1 矩阵

$$\boldsymbol{A}=\begin{pmatrix}-2 & 1 & 1\\ 0 & 2 & 0\\ -4 & 1 & 3\end{pmatrix},$$

讨论 $\boldsymbol{A}$ 是否可以对角化,如果可以,求出可逆矩阵 $\boldsymbol{P}$ 和对角矩阵 $\boldsymbol{\Lambda}$ 使得 $\boldsymbol{P}^{-1}\boldsymbol{AP}=\boldsymbol{\Lambda}$.

解 由

$$|\lambda\boldsymbol{E}-\boldsymbol{A}|=\begin{vmatrix}\lambda+2 & -1 & -1\\ 0 & \lambda-2 & 0\\ 4 & 1 & \lambda-3\end{vmatrix}=(\lambda-2)^2(\lambda+1)=0,$$

得 $\boldsymbol{A}$ 的特征值 $\lambda_1=-1,\lambda_{2,3}=2$. 下面求 $\boldsymbol{A}$ 的特征向量.

对于 $\lambda_1=-1$,解齐次线性方程组 $(-1\boldsymbol{E}-\boldsymbol{A})\boldsymbol{X}=\boldsymbol{0}$,由于

$$-\boldsymbol{E}-\boldsymbol{A}=\begin{pmatrix}1 & -1 & -1\\ 0 & -3 & 0\\ 4 & -1 & -4\end{pmatrix}\to\begin{pmatrix}1 & 0 & -1\\ 0 & 1 & 0\\ 0 & 0 & 0\end{pmatrix},$$

所以 $\begin{cases}x_1=x_3,\\ x_2=0.\end{cases}$ 令自由未知量 $x_3=1$,得 $(-\boldsymbol{E}-\boldsymbol{A})\boldsymbol{X}=\boldsymbol{0}$ 的一个基础解系

$$\boldsymbol{\eta}_1=\begin{pmatrix}1\\ 0\\ 1\end{pmatrix};$$

对于 $\lambda_{2,3}=2$,解齐次线性方程组 $(2\boldsymbol{E}-\boldsymbol{A})\boldsymbol{X}=\boldsymbol{0}$,由于

$$2\boldsymbol{E}-\boldsymbol{A}=\begin{pmatrix}4 & -1 & -1\\ 0 & 0 & 0\\ 4 & -1 & -1\end{pmatrix}\longrightarrow\begin{pmatrix}4 & -1 & -1\\ 0 & 0 & 0\\ 0 & 0 & 0\end{pmatrix},$$

故 $x_3=4x_1-x_2$. 分别令自由未知量 $x_1=0,x_2=0$ 和 $x_1=0,x_2=1$,得 $(2\boldsymbol{E}-\boldsymbol{A})\boldsymbol{X}=\boldsymbol{0}$ 的一个基础解系

$$\boldsymbol{\eta}_2=\begin{pmatrix}1\\ 0\\ 4\end{pmatrix},\ \boldsymbol{\eta}_3=\begin{pmatrix}0\\ 1\\ -1\end{pmatrix}.$$

则 $\boldsymbol{\eta}_1,\boldsymbol{\eta}_2,\boldsymbol{\eta}_3$ 是三阶矩阵 $\boldsymbol{A}$ 的 3 个线性无关的特征向量,故矩阵 $\boldsymbol{A}$ 可以对角化.

取

$$\boldsymbol{P}=\begin{pmatrix}1 & 1 & 0\\ 0 & 0 & 1\\ 1 & 4 & -1\end{pmatrix},\boldsymbol{\Lambda}=\begin{pmatrix}-1 & & \\ & 2 & \\ & & 2\end{pmatrix},$$

则 $\boldsymbol{P}^{-1}\boldsymbol{AP}=\boldsymbol{\Lambda}$.

注　此题若取

$$\boldsymbol{P}=\begin{pmatrix}1&0&1\\0&1&0\\4&-1&1\end{pmatrix},$$

则对角矩阵应取为

$$\boldsymbol{\Lambda}=\begin{pmatrix}2&&\\&2&\\&&-1\end{pmatrix}.$$

例 2　设

$$\boldsymbol{A}=\begin{pmatrix}-1&1&0\\-4&3&0\\1&0&2\end{pmatrix},$$

讨论 $\boldsymbol{A}$ 是否可以对角化，如果可以，求出可逆矩阵 $\boldsymbol{P}$ 和对角矩阵 $\boldsymbol{\Lambda}$ 使 $\boldsymbol{P}^{-1}\boldsymbol{AP}=\boldsymbol{\Lambda}$.

解　由

$$|\lambda\boldsymbol{E}-\boldsymbol{A}|=\begin{vmatrix}\lambda+1&-1&0\\4&\lambda-3&0\\-1&0&\lambda-2\end{vmatrix}=(\lambda-2)(\lambda-1)^2=0,$$

得 $\boldsymbol{A}$ 的全部特征值 $\lambda_1=2,\lambda_{2,3}=1$.

对于 $\lambda_1=2$，解齐次线性方程组 $(2\boldsymbol{E}-\boldsymbol{A})\boldsymbol{X}=\boldsymbol{0}$，由

$$2\boldsymbol{E}-\boldsymbol{A}=\begin{pmatrix}3&-1&0\\4&-1&0\\-1&0&0\end{pmatrix}\longrightarrow\begin{pmatrix}1&0&0\\0&1&0\\0&0&0\end{pmatrix},$$

所以 $\begin{cases}x_1=0,\\x_2=0.\end{cases}$ 令自由未知量 $x_3=1$，得 $(2\boldsymbol{E}-\boldsymbol{A})\boldsymbol{X}=\boldsymbol{0}$ 的一个基础解系

$$\eta_1=\begin{pmatrix}0\\0\\1\end{pmatrix}.$$

对于 $\lambda_{2,3}=1$，解齐次线性方程组 $(1\boldsymbol{E}-\boldsymbol{A})\boldsymbol{X}=\boldsymbol{0}$，由于

$$\boldsymbol{E}-\boldsymbol{A}=\begin{pmatrix}2&-1&0\\4&-2&0\\-1&0&-1\end{pmatrix}\longrightarrow\begin{pmatrix}1&0&1\\0&1&2\\0&0&0\end{pmatrix},$$

所以 $\begin{cases}x_1=-x_3,\\x_2=-2x_3.\end{cases}$ 令自由未知量 $x_3=1$，得 $(2\boldsymbol{E}-\boldsymbol{A})\boldsymbol{X}=\boldsymbol{0}$ 的一个基础解系

$$\boldsymbol{\eta}_2=\begin{pmatrix}-1\\-2\\1\end{pmatrix}.$$

因此线性无关的特征向量只有两个，所以 $\boldsymbol{A}$ 不可以对角化.

读一读

某试验生产线每年 1 月份进行熟练工与非熟练工的人数统计，然后将 $\frac{1}{6}$ 熟练工支援其他生产部门，其缺额由招收的新的非熟练工补齐. 新、老非熟练工经过培训及实践至年终考核有 $\frac{2}{5}$ 成为熟练工. 设最初的第 1 年 1 月份的熟练工和非熟练工的人数各占 $\frac{1}{2}$，求 k 年过后(即第 k 年)的 1 月份的熟练工与非熟练工的比例.

设第 k 年 1 月份的熟练工和非熟练工占总人数的比例数分别为 x_k，y_k，则有

$$\begin{cases}x_{k+1}=\frac{5}{6}x_k+\frac{2}{5}\left(\frac{1}{6}x_k+y_k\right),\\ y_{k+1}=\frac{3}{5}\left(\frac{1}{6}x_k+y_k\right).\end{cases}$$

即有向量递推公式

$$\begin{pmatrix}x_{k+1}\\y_{k+1}\end{pmatrix}=\begin{pmatrix}\frac{9}{10}&\frac{2}{5}\\ \frac{1}{10}&\frac{3}{5}\end{pmatrix}\begin{pmatrix}x_k\\y_k\end{pmatrix}=\begin{pmatrix}0.9&0.4\\0.1&0.6\end{pmatrix}\begin{pmatrix}x_k\\y_k\end{pmatrix}=\boldsymbol{A}\begin{pmatrix}x_k\\y_k\end{pmatrix}.$$

其中 $\boldsymbol{A}=\begin{pmatrix}0.9&0.4\\0.1&0.6\end{pmatrix}$，则 $\begin{pmatrix}x_{k+1}\\y_{k+1}\end{pmatrix}=\boldsymbol{A}^k\begin{pmatrix}x_1\\y_1\end{pmatrix}$，其中 $\begin{pmatrix}x_1\\y_1\end{pmatrix}=\begin{pmatrix}0.5\\0.5\end{pmatrix}$.

这正是本章开始提出的“线性时不变离散系统”问题. 解决问题的关键是求出 $\boldsymbol{A}^k$.

由

$$\begin{vmatrix}\lambda-0.9&-0.4\\-0.1&\lambda-0.6\end{vmatrix}=\lambda^2-1.5\lambda+0.5=(\lambda-0.5)(\lambda-1)=0$$

得特征值 $\lambda_1=0.5$，$\lambda_2=1$.

对应特征值 $\lambda_1=0.5$，$\lambda_2=1$，分别解齐次线性方程组

$$(0.5\boldsymbol{E}-\boldsymbol{A})\boldsymbol{X}=\boldsymbol{0},\ (1\boldsymbol{E}-\boldsymbol{A})\boldsymbol{X}=\boldsymbol{0},$$

得特征向量 $\boldsymbol{\eta}_1=\begin{pmatrix}-1\\1\end{pmatrix}$，$\boldsymbol{\eta}_2=\begin{pmatrix}4\\1\end{pmatrix}$.

令 $\boldsymbol{P}=\begin{pmatrix}-1&4\\1&1\end{pmatrix}$，则 $\boldsymbol{P}^{-1}\boldsymbol{AP}=\begin{pmatrix}0.5&\\&1\end{pmatrix}$，即 $\boldsymbol{A}=\boldsymbol{P}\begin{pmatrix}0.5&\\&1\end{pmatrix}\boldsymbol{P}^{-1}$.

所以 $\boldsymbol{A}^k=\boldsymbol{P}\begin{pmatrix}0.5^k&\\&1^k\end{pmatrix}\boldsymbol{P}^{-1}$，其中 $\boldsymbol{P}^{-1}=\frac{1}{|\boldsymbol{P}|}\boldsymbol{P}^*=\left(-\frac{1}{5}\right)\begin{pmatrix}1&-4\\-1&-1\end{pmatrix}$. 因此，

$$\begin{pmatrix}x_{k+1}\\y_{k+1}\end{pmatrix}=A^k\begin{pmatrix}0.5\\0.5\end{pmatrix}=\begin{pmatrix}-1&4\\1&1\end{pmatrix}\begin{pmatrix}0.5^k&\\&1^k\end{pmatrix}\left(-\frac{1}{5}\right)\begin{pmatrix}1&-4\\-1&-1\end{pmatrix}\begin{pmatrix}0.5\\0.5\end{pmatrix},$$

即
$$\begin{pmatrix}x_{k+1}\\y_{k+1}\end{pmatrix}=\frac{1}{10}\begin{pmatrix}8-3\times0.5^k\\2+3\times0.5^k\end{pmatrix}.$$

k 年过后 1 月份的熟练工与非熟练工的比例为

$$(8-3\times0.5^k):(2+3\times0.5^k).$$

我们可以看到，随着年数的增长，熟练工和非熟练工比例趋于 4∶1.

很多实际问题，如人口问题、交通流量问题等等，都会涉及用现状推算 k 年或 k 时刻后的状态. 这些问题都会涉及计算 $\boldsymbol{A}^k$.

感兴趣的读者可以求解本章开始时提出的问题：

由

$$\begin{cases}x_k=3x_{k-1}+4y_{k-1},\\y_k=5x_{k-1}+2y_{k-1}\end{cases}\quad(k\text{ 为正整数})$$

及条件 $x_0=1, y_0=2$，求通项 $\{x_k\}$ 及 $\{y_k\}$.

二、实对称矩阵的对角化

我们把满足 $\boldsymbol{A}=\boldsymbol{A}^{\mathrm{T}}$ 的 n 阶实方阵称为实对称矩阵，实对称矩阵是在工程中经常遇到的一种矩阵，由于形式上的特殊性，其具备很多非对称矩阵不具备的性质.

定理 3 设 $\boldsymbol{A}$ 是 n 阶实对称矩阵，则 $\boldsymbol{A}$ 的特征值是实数.（证明过程见参考文献[4].）

定理 4 实对称矩阵 $\boldsymbol{A}$ 的属于不同特征值的特征向量相互正交.

例 3 设三阶实对称矩阵 $\boldsymbol{A}$ 的特征值为 1，3，−3，且 $\boldsymbol{\alpha}_1=(1,-1,0)^{\mathrm{T}}$，$\boldsymbol{\alpha}_2=(1,1,1)^{\mathrm{T}}$ 分别是对应于特征值 1，3 的特征向量，求特征值 $\lambda=-3$ 对应的特征向量.

解 设 $\boldsymbol{\alpha}_3=(x_1,x_2,x_3)^{\mathrm{T}}(\boldsymbol{\alpha}_3\neq\boldsymbol{0})$ 是一个与特征值 $\lambda=-3$ 对应的特征向量，由定理 4，$\boldsymbol{A}$ 的 3 个特征值互异，对应的特征向量相互正交，则有

$$\begin{cases}(\alpha_1,\alpha_3)=0,\\(\alpha_2,\alpha_3)=0,\end{cases}$$

即 $\begin{cases}x_1-x_2\qquad\quad=0,\\x_1+x_2+x_3=0,\end{cases}$ 则 $\begin{cases}x_1=x_2,\\x_3=-2x_2\end{cases}$ （x_2 是自由未知量）.

所以 $\boldsymbol{\alpha}_3=k(1,1,-2)^{\mathrm{T}}(k\neq 0)$ 是 $\boldsymbol{A}$ 的特征值 $\lambda=-3$ 对应的全部特征向量.

定理 5 设 $\boldsymbol{A}$ 是 n 阶实对称矩阵，则 $\boldsymbol{A}$ 可对角化，且存在正交矩阵 $\boldsymbol{Q}$，使得 $\boldsymbol{Q}^{-1}\boldsymbol{A}\boldsymbol{Q}=\boldsymbol{Q}^{\mathrm{T}}\boldsymbol{A}\boldsymbol{Q}=\boldsymbol{\Lambda}$ 为对角矩阵.

定理 4 保证了不同特征值对应的特征向量彼此正交，而用施密特正交化的方法可以将属于同一特征值的线性无关的特征向量标准正交化，这样就可以得到实对称矩阵的一组标准正交的特征向量.

n 阶实对称矩阵正交相似对角化的一般步骤：

(1) 求出 $\boldsymbol{A}$ 的所有不同特征值 $\lambda_1,\lambda_2,\cdots,\lambda_s$；

(2) 对于每个特征值 $\lambda_t(1\leqslant t\leqslant s)$，解齐次线性方程组 $(\lambda_t\boldsymbol{E}-\boldsymbol{A})\boldsymbol{X}=\boldsymbol{0}$，求出基础解系 $\boldsymbol{\eta}_t^{(1)},\cdots,\boldsymbol{\eta}_t^{(n_t)}$，则 $\boldsymbol{\eta}_t^{(1)},\cdots,\boldsymbol{\eta}_t^{(n_t)}$ 为属于 λ_t 的 n_t 个线性无关的特征向量；

(3) 利用施密特正交化方法将属于同一特征值的特征向量 $\eta_t^{(1)},\cdots,\eta_t^{(n_t)}$ 正交化，再单位化；

(4) 以属于所有特征值的标准(单位长)正交的特征向量为列向量得到正交矩阵 $\boldsymbol{Q}=(\eta_1,\eta_2,\cdots,\eta_n)$，则 $\boldsymbol{Q}^{-1}\boldsymbol{A}\boldsymbol{Q}=\boldsymbol{Q}^{\mathrm{T}}\boldsymbol{A}\boldsymbol{Q}=\boldsymbol{\Lambda}$.

例 4 已知

$$\boldsymbol{A}=\begin{pmatrix}2&1&-1\\1&2&-1\\-1&-1&2\end{pmatrix},$$

求一个正交矩阵 $\boldsymbol{Q}$，使得 $\boldsymbol{Q}^{-1}\boldsymbol{A}\boldsymbol{Q}=\boldsymbol{Q}^{\mathrm{T}}\boldsymbol{A}\boldsymbol{Q}=\boldsymbol{\Lambda}$ 为对角阵.

解 由

$$|\lambda\boldsymbol{E}-\boldsymbol{A}|=\begin{vmatrix}\lambda-2&-1&1\\-1&\lambda-2&1\\1&1&\lambda-2\end{vmatrix}=(\lambda-1)^2(\lambda-4),$$

即得 $\boldsymbol{A}$ 的特征值为 $\lambda_1=\lambda_2=1,\lambda_3=4$.

对 $\lambda_1=\lambda_2=1$，解 $(1\boldsymbol{E}-\boldsymbol{A})\boldsymbol{X}=\boldsymbol{0}$，由

$$1\boldsymbol{E}-\boldsymbol{A}=\begin{pmatrix}-1&-1&1\\-1&-1&1\\1&1&-1\end{pmatrix}\to\begin{pmatrix}1&1&-1\\0&0&0\\0&0&0\end{pmatrix},$$

得 $x_1+x_2-x_3=0$，则 $(1\boldsymbol{E}-\boldsymbol{A})\boldsymbol{X}=\boldsymbol{0}$ 的基础解系为

$$\boldsymbol{\eta}_1=(-1,1,0)^{\mathrm{T}},\ \boldsymbol{\eta}_2=(1,0,1)^{\mathrm{T}}.$$

将其正交化得

$$\boldsymbol{\alpha}_1=\boldsymbol{\eta}_1=(-1,1,0)^{\mathrm{T}},$$

$$\boldsymbol{\alpha}_2=\boldsymbol{\eta}_2-\frac{(\boldsymbol{\eta}_2,\boldsymbol{\alpha}_1)}{(\boldsymbol{\alpha}_1,\boldsymbol{\alpha}_1)}\boldsymbol{\alpha}_1=\left(\frac{1}{2},\frac{1}{2},1\right)^{\mathrm{T}},$$

再单位化，得

$$q_1=\left(-\frac{1}{\sqrt{2}},\frac{1}{\sqrt{2}},0\right)^{\mathrm{T}},$$

$$q_2=\left(\frac{1}{\sqrt{6}},\frac{1}{\sqrt{6}},\frac{2}{\sqrt{6}}\right)^{\mathrm{T}}.$$

对 $\lambda_3=4$，解齐次线性方程组 $(4\boldsymbol{E}-\boldsymbol{A})\boldsymbol{X}=\boldsymbol{0}$. 由

$$4\boldsymbol{E}-\boldsymbol{A}=\begin{pmatrix}2&-1&1\\-1&2&1\\1&1&2\end{pmatrix}\to\begin{pmatrix}1&0&1\\0&1&1\\0&0&0\end{pmatrix},$$

得 $\begin{cases}x_1=-x_3\\x_2=-x_3\end{cases}$，则基础解系为

$$\boldsymbol{\eta}_3=(-1,-1,1)^{\mathrm{T}},$$

单位化得

$$q_3=\left(-\frac{1}{\sqrt{3}},-\frac{1}{\sqrt{3}},\frac{1}{\sqrt{3}}\right)^{\mathrm{T}}.$$

令

$$\boldsymbol{Q}=(q_1,q_2,q_3)=\begin{pmatrix}-\frac{1}{\sqrt{2}}&\frac{1}{\sqrt{6}}&-\frac{1}{\sqrt{3}}\\\frac{1}{\sqrt{2}}&\frac{1}{\sqrt{6}}&-\frac{1}{\sqrt{3}}\\0&-\frac{2}{\sqrt{6}}&\frac{1}{\sqrt{3}}\end{pmatrix},$$

则有

$$\boldsymbol{Q}^{-1}\boldsymbol{A}\boldsymbol{Q}=\boldsymbol{Q}^{\mathrm{T}}\boldsymbol{A}\boldsymbol{Q}=\begin{pmatrix}1&&\\&1&\\&&4\end{pmatrix}.$$

例 5　设 $\boldsymbol{A}=\begin{pmatrix}2&1\\1&2\end{pmatrix}$，(1)求正交矩阵 $\boldsymbol{Q}$，使得 $\boldsymbol{Q}^{-1}\boldsymbol{A}\boldsymbol{Q}=\boldsymbol{Q}^{\mathrm{T}}\boldsymbol{A}\boldsymbol{Q}$ 为对角形矩阵.(2) 利用结果(1)化简二次曲线 $2x^2+2xy+2y^2=1$，并确定其图形是什么曲线？

解　(1) 由

$$|\lambda\boldsymbol{E}-\boldsymbol{A}|=\begin{vmatrix}\lambda-2&-1\\-1&\lambda-2\end{vmatrix}=(\lambda-3)(\lambda-1)=0$$

得特征值 $\lambda_1=3,\lambda_2=1$. 对应 $\lambda_1=3,\lambda_2=1$ 分别解齐次线性方程组

$$(3\boldsymbol{E}-\boldsymbol{A})\boldsymbol{X}=\boldsymbol{0},$$

$$(1\boldsymbol{E}-\boldsymbol{A})\boldsymbol{X}=\boldsymbol{0}.$$

求得特征向量

$$\boldsymbol{\eta}_1=\begin{pmatrix}1\\1\end{pmatrix},\boldsymbol{\eta}_2=\begin{pmatrix}-1\\1\end{pmatrix},$$

再将它们单位化得

$$\boldsymbol{\alpha}_1=\begin{pmatrix}\frac{\sqrt{2}}{2}\\ \frac{\sqrt{2}}{2}\end{pmatrix},\ \boldsymbol{\alpha}_2=\begin{pmatrix}-\frac{\sqrt{2}}{2}\\ \frac{\sqrt{2}}{2}\end{pmatrix}.$$

令

$$\boldsymbol{Q}=\begin{pmatrix}\frac{\sqrt{2}}{2} & -\frac{\sqrt{2}}{2}\\ \frac{\sqrt{2}}{2} & \frac{\sqrt{2}}{2}\end{pmatrix},$$

则

$$\boldsymbol{Q}^{-1}\boldsymbol{A}\boldsymbol{Q}=\boldsymbol{Q}^{\mathrm{T}}\boldsymbol{A}\boldsymbol{Q}=\begin{pmatrix}3 & \\ & 1\end{pmatrix}.$$

(2) 令 $f(x,y)=2x^2+2xy+2y^2$

$$=(2x^2+xy)+(2y^2+yx)=x(2x+y)+y(2y+x)$$

$$=(x,y)\begin{pmatrix}2x+y\\ x+2y\end{pmatrix}=(x,y)\begin{pmatrix}2 & 1\\ 1 & 2\end{pmatrix}\begin{pmatrix}x\\ y\end{pmatrix}.$$

设 $\boldsymbol{A}=\begin{pmatrix}2 & 1\\ 1 & 2\end{pmatrix}$,则 $f(x,y)=(x,y)\boldsymbol{A}\begin{pmatrix}x\\ y\end{pmatrix}$. 令

$$\begin{pmatrix}x\\ y\end{pmatrix}=\boldsymbol{Q}\begin{pmatrix}x_1\\ y_1\end{pmatrix},$$

则

$$f(x,y)=(x,y)\boldsymbol{A}\begin{pmatrix}x\\ y\end{pmatrix}=(x_1,y_1)\boldsymbol{Q}^{\mathrm{T}}\boldsymbol{A}\boldsymbol{Q}\begin{pmatrix}x_1\\ y_1\end{pmatrix}$$

$$=(x_1,y_1)\begin{pmatrix}3 & \\ & 1\end{pmatrix}\begin{pmatrix}x_1\\ y_1\end{pmatrix}=3x_1^2+y_1^2.$$

曲线 $2x^2+2xy+2y^2=1$ 化简为 $3x_1^2+y_1^2=1$,图形为椭圆(如图 5-1 所示). 这里 $\begin{pmatrix}x\\ y\end{pmatrix}=\boldsymbol{Q}\begin{pmatrix}x_1\\ y_1\end{pmatrix}$,即

$$\begin{cases}x=\frac{\sqrt{2}}{2}x_1-\frac{\sqrt{2}}{2}y_1,\\ y=\frac{\sqrt{2}}{2}x_1+\frac{\sqrt{2}}{2}y_1.\end{cases}$$

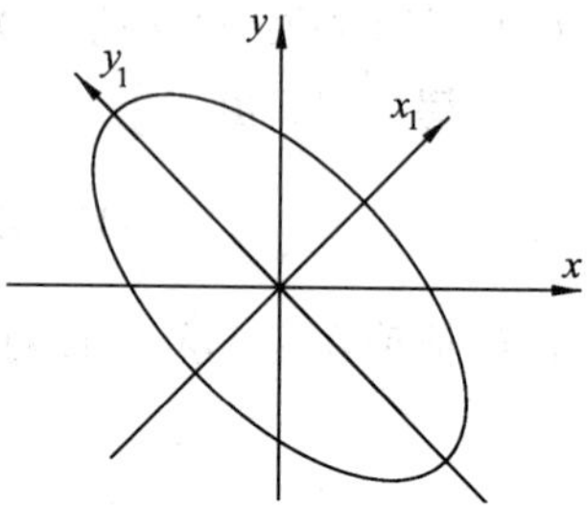

图 5-1

这正是第二章介绍过的线性替换(变换).

事实上,此处采用了一个旋转 $\frac{\pi}{4}$ 的旋转变换,将

二次函数 $f(x,y)=2x^2+2xy+2y^2$ 中的交叉项 xy 消去，这样二次函数就只含平方项，也就很容易判断其形状.

化简只含二次项的二次齐次式是线性代数的一个重要内容，下一节将详细介绍.

习 题 5-2

1. 判断下列矩阵是否可对角化，如可对角化，求可逆矩阵 $\boldsymbol{P}$，使得 $\boldsymbol{P}^{-1}\boldsymbol{AP}$ 是对角矩阵：（可以利用习题 5-1 的第 5 题结论）

(1) $\boldsymbol{A}=\begin{pmatrix}3&2&-1\\-2&-2&2\\3&6&-1\end{pmatrix}$；　(2) $\boldsymbol{A}=\begin{pmatrix}1&1&1\\1&1&1\\1&1&1\end{pmatrix}$；

(3) $\boldsymbol{A}=\begin{pmatrix}2&2&0\\8&2&1\\0&0&6\end{pmatrix}$.

2. 对下列矩阵 $\boldsymbol{A}$，求正交矩阵 $\boldsymbol{Q}$，使得 $\boldsymbol{Q}^{-1}\boldsymbol{AQ}=\boldsymbol{Q}^{\mathrm{T}}\boldsymbol{AQ}$ 为对角形矩阵：

(1) $\boldsymbol{A}=\begin{pmatrix}2&-1\\-1&2\end{pmatrix}$；　(2) $\boldsymbol{A}=\begin{pmatrix}0&1&1\\1&0&1\\1&1&0\end{pmatrix}$；

(3) $\boldsymbol{A}=\begin{pmatrix}0&-1&1\\-1&0&1\\1&1&0\end{pmatrix}$；　(4) $\boldsymbol{A}=\begin{pmatrix}0&1&1&-1\\1&0&-1&1\\1&-1&0&1\\-1&1&1&0\end{pmatrix}$.

*3. 设 $\boldsymbol{A}$ 是三阶实对称矩阵，且 $\boldsymbol{A}$ 的特征值为 1,2,3，且 $\boldsymbol{\alpha}_1=(-1,-1,1)^{\mathrm{T}}$，$\boldsymbol{\alpha}_2=(1,-2,-1)^{\mathrm{T}}$ 分别是属于特征值 1,2 的特征向量，(1) 求属于特征值 3 的特征向量；(2) 求出矩阵 $\boldsymbol{A}$.

第三节　实二次型及其标准形

定义 1（实二次型）　设 $a_{ij}(i,j=1,2,\cdots,n;i\leqslant j)$ 均为实常数，称关于 n 个实变量 $x_1,x_2,\cdots,x_n$ 的二次齐次多项式函数

$$\begin{aligned}f(x_1,x_2,\cdots,x_n)&=a_{11}x_1^2+a_{22}x_2^2+\cdots+a_{nn}x_n^2+2a_{12}x_1x_2\\&\quad+2a_{13}x_1x_3+\cdots+2a_{n-1,n}x_{n-1}x_n\\&=\sum_{i=1}^{n}a_{ii}x_i^2+\sum_{\substack{i,j=1\\i<j}}^{n}2a_{ij}x_ix_j\end{aligned}\tag{1}$$

为一个 n 元实二次型，简称为 n 元二次型.

取 $a_{ij}=a_{ji}$，则

$$2a_{ij}x_ix_j=a_{ij}x_ix_j+a_{ji}x_jx_i.$$

于是

$$\begin{aligned}f(x_1,x_2,\cdots,x_n)&=x_1(a_{11}x_1+a_{12}x_2+\cdots+a_{1n}x_n)+x_2(a_{21}x_1+a_{22}x_2+\cdots+\\&\quad a_{2n}x_n)+\cdots+x_n(a_{n1}x_1+a_{n2}x_2+\cdots+a_{nn}x_n)\\&=(x_1,x_2,\cdots,x_n)\begin{pmatrix}a_{11}&a_{12}&\cdots&a_{1n}\\a_{21}&a_{22}&\cdots&a_{2n}\\\vdots&\vdots&&\vdots\\a_{n1}&a_{n2}&\cdots&a_{nn}\end{pmatrix}\begin{pmatrix}x_1\\x_2\\\vdots\\x_n\end{pmatrix}.\end{aligned}$$

记

$$\boldsymbol{A}=\begin{pmatrix}a_{11}&a_{12}&\cdots&a_{1n}\\a_{21}&a_{22}&\cdots&a_{2n}\\\vdots&\vdots&&\vdots\\a_{n1}&a_{n2}&\cdots&a_{nn}\end{pmatrix},\quad \boldsymbol{X}=(x_1,x_2,\cdots,x_n)^{\mathrm{T}},$$

则二次型(1)可以表示为 $f(x_1,x_2,\cdots,x_n)=\boldsymbol{X}^{\mathrm{T}}\boldsymbol{A}\boldsymbol{X}$,简记为 $f(\boldsymbol{X})=\boldsymbol{X}^{\mathrm{T}}\boldsymbol{A}\boldsymbol{X}$,其称为二次型(1)的矩阵表达式,其中 $\boldsymbol{A}$ 为实对称矩阵,称为二次型 $f(x_1,x_2,\cdots,x_n)$ 的矩阵.

按照定义,二次型 $f(x_1,x_2,\cdots,x_n)$ 的矩阵 $\boldsymbol{A}=(a_{ij})_{n\times n}$ 的元素构成为

(1) a_{ii} 为 x_i^2 的系数($i=1,2,\cdots,n$);

(2) $a_{ij}=a_{ji}$ 为 x_ix_j 的系数的一半($i,j=1,2,\cdots,n;i\neq j$).

显然,实二次型与实对称矩阵之间是一一对应的.

例 1 求下列二次型对应的矩阵:

(1) $f(x_1,x_2,x_3)=3x_1^2+x_3^2$;

(2) $f(x_1,x_2,x_3)=x_1^2+x_2^2+x_3^2-2x_1x_2+6x_2x_3$.

解 通过前面的讨论可知:

(1) $f(x_1,x_2,x_3)=3x_1^2+x_3^2$ 对应的矩阵为

$$\begin{pmatrix}3&0&0\\0&0&0\\0&0&1\end{pmatrix};$$

(2) $f(x_1,x_2,x_3)=x_1^2+x_2^2+x_3^2-2x_1x_2+6x_1x_3$ 对应的矩阵为

$$\begin{pmatrix}1&-1&3\\-1&1&0\\3&0&1\end{pmatrix}.$$

第二章介绍过由变量 $y_1,y_2,\cdots,y_n$ 到变量 $x_1,x_2,\cdots,x_n$ 的线性替换(变换)

$$\begin{cases} x_1 = c_{11}y_1 + c_{12}y_2 + \cdots + c_{1n}y_n, \\ x_2 = c_{21}y_1 + c_{22}y_2 + \cdots + c_{2n}y_n, \\ \cdots\cdots\cdots\cdots \\ x_n = c_{n1}y_1 + c_{n2}y_2 + \cdots + c_{nn}y_n, \end{cases} \tag{2}$$

可以用矩阵乘法简记为

$$\boldsymbol{X} = \boldsymbol{C}\boldsymbol{Y},$$

其中，$\boldsymbol{C} = (c_{ij})_{n \times n}$，$\boldsymbol{X} = (x_1, x_2, \cdots, x_n)^{\mathrm{T}}$，$\boldsymbol{Y} = (y_1, y_2, \cdots, y_n)^{\mathrm{T}}$.

如果矩阵 $\boldsymbol{C} = (c_{ij})_{n \times n}$ 可逆，则称线性变换 $\boldsymbol{X} = \boldsymbol{C}\boldsymbol{Y}$ 为可逆的（或非退化、满秩的）线性变换；如果矩阵 $\boldsymbol{C} = (c_{ij})_{n \times n}$ 是正交矩阵，则称线性变换 $\boldsymbol{X} = \boldsymbol{C}\boldsymbol{Y}$ 为正交的线性变换.

定义 2　只含平方项的二次型 $f(x_1, x_2, \cdots, x_n) = d_1 x_1^2 + d_2 x_2^2 + \cdots + d_n x_n^2$ 称为标准形二次型.

显然二次型为标准形二次型的充分必要条件是对应的矩阵为对角形矩阵.

定义 3　如果二次型 $f(x_1, x_2, \cdots, x_n)$ 经可逆的线性变换化为二次型 $g(y_1, y_2, \cdots, y_n)$，则称这两个二次型等价.

设可逆的线性变换为 $\boldsymbol{X} = \boldsymbol{C}\boldsymbol{Y}$，则

$$f(\boldsymbol{X}) = \boldsymbol{X}^{\mathrm{T}}\boldsymbol{A}\boldsymbol{X} = \boldsymbol{Y}^{\mathrm{T}}(\boldsymbol{C}^{\mathrm{T}}\boldsymbol{A}\boldsymbol{C})\boldsymbol{Y}.$$

定义 4　设 $\boldsymbol{A}, \boldsymbol{B}$ 都是 n 阶方阵，如果存在 n 阶可逆矩阵 $\boldsymbol{C}$，使得 $\boldsymbol{B} = \boldsymbol{C}^{\mathrm{T}}\boldsymbol{A}\boldsymbol{C}$，则称 $\boldsymbol{B}$ 与 $\boldsymbol{A}$ 合同.

矩阵的合同关系是等价关系，即具有：

（1）自反性　$\boldsymbol{A}$ 与 $\boldsymbol{A}$ 自身合同.

（2）对称性　若 $\boldsymbol{A}$ 与 $\boldsymbol{B}$ 合同，则 $\boldsymbol{B}$ 也与 $\boldsymbol{A}$ 合同.

（3）传递性　若 $\boldsymbol{A}$ 与 $\boldsymbol{B}$ 合同，$\boldsymbol{B}$ 与 $\boldsymbol{D}$ 合同，则 $\boldsymbol{A}$ 与 $\boldsymbol{D}$ 合同.

定理 1　设 $\boldsymbol{A}, \boldsymbol{B}$ 都是 n 阶实对称方阵，存在 n 阶可逆矩阵 $\boldsymbol{C}$ 使得 $\boldsymbol{B} = \boldsymbol{C}^{\mathrm{T}}\boldsymbol{A}\boldsymbol{C}$（即 $\boldsymbol{B}$ 与 $\boldsymbol{A}$ 合同）的充分必要条件是二次型 $f(x_1, x_2, \cdots, x_n) = \boldsymbol{X}^{\mathrm{T}}\boldsymbol{A}\boldsymbol{X}$ 经过可逆线性替换 $\boldsymbol{X} = \boldsymbol{C}\boldsymbol{Y}$ 化为二次型 $g(y_1, y_2, \cdots, y_n) = \boldsymbol{Y}^{\mathrm{T}}\boldsymbol{B}\boldsymbol{Y}$.

由于矩阵 $\boldsymbol{C}$ 可逆，则

$$r(\boldsymbol{B}) = r(\boldsymbol{C}^{\mathrm{T}}\boldsymbol{A}\boldsymbol{C}) = r(\boldsymbol{A}).$$

由定理 1 知道，等价的二次型对应的矩阵合同，而合同矩阵秩相同，所以我们给出如下定义：

定义 5　设 $\boldsymbol{A}$ 是 n 阶实对称方阵，称 $\boldsymbol{A}$ 的秩为二次型 $f(x_1, x_2, \cdots, x_n) = \boldsymbol{X}^{\mathrm{T}}\boldsymbol{A}\boldsymbol{X}$ 的秩.

显然，等价二次型的秩相同.

对于二次型，讨论的主要问题是：寻找可逆的线性变换或正交变换 $\boldsymbol{X} = \boldsymbol{C}\boldsymbol{Y}$ 使二次型化为标准形. 而 $\boldsymbol{X}^{\mathrm{T}}\boldsymbol{A}\boldsymbol{X}$ 在经过线性变换 $\boldsymbol{X} = \boldsymbol{C}\boldsymbol{Y}$ 后化为标准形当且仅当

$\boldsymbol{C}^{\mathrm{T}}\boldsymbol{A}\boldsymbol{C}$ 为对角矩阵. 转化为矩阵问题就是：寻找可逆矩阵或正交矩阵 $\boldsymbol{C}$，使 $\boldsymbol{C}^{\mathrm{T}}\boldsymbol{A}\boldsymbol{C}$ 为对角矩阵.

由上一节定理 5 知，对任意 n 阶实对称矩阵 $\boldsymbol{A}$，都存在正交矩阵 $\boldsymbol{Q}$，使得 $\boldsymbol{Q}^{-1}\boldsymbol{A}\boldsymbol{Q}=\boldsymbol{Q}^{\mathrm{T}}\boldsymbol{A}\boldsymbol{Q}=\boldsymbol{\Lambda}$ 为对角矩阵. 所以有如下定理：

定理 2 任给二次型 $f(x_1,x_2,\cdots,x_n)=\boldsymbol{X}^{\mathrm{T}}\boldsymbol{A}\boldsymbol{X}$，总有正交变换 $\boldsymbol{X}=\boldsymbol{Q}\boldsymbol{Y}$（其中 $\boldsymbol{Q}$ 为正交矩阵），使 $f(x_1,x_2,\cdots,x_n)$ 化为标准形 $\lambda_1 y_1^2+\lambda_2 y_2^2+\cdots+\lambda_n y_n^2$，其中 $\lambda_1,\lambda_2,\cdots,\lambda_n$ 为 $\boldsymbol{A}$ 的全部特征值.

用正交变换化二次型为标准形的具体步骤：

(1) 将二次型表成矩阵形式 $f=\boldsymbol{X}^{\mathrm{T}}\boldsymbol{A}\boldsymbol{X}$，求出 $\boldsymbol{A}$；

(2) 求出 $\boldsymbol{A}$ 的所有的特征值 $\lambda_1,\lambda_2,\cdots,\lambda_n$；

(3) 求出特征值对应的特征向量 $\xi_1,\xi_2,\cdots,\xi_n$；

(4) 将特征向量 $\xi_1,\xi_2,\cdots,\xi_n$ 正交化、单位化，得 $\boldsymbol{\eta}_1,\boldsymbol{\eta}_2,\cdots,\boldsymbol{\eta}_n$，记 $\boldsymbol{Q}=(\boldsymbol{\eta}_1,\boldsymbol{\eta}_2,\cdots,\boldsymbol{\eta}_n)$；

(5) 取正交变换 $\boldsymbol{X}=\boldsymbol{Q}\boldsymbol{Y}$，得 $f(x_1,x_2,\cdots,x_n)$ 的标准形 $f=\lambda_1 y_1^2+\cdots+\lambda_n y_n^2$.

例 2 设 $f(x,y,z)=x^2+y^2+z^2+4xy+4yz+4zx$，求正交变换 $\boldsymbol{X}=\boldsymbol{Q}\boldsymbol{Y}$，使得 $f(x,y,z)$ 化为标准形，并利用化简结果判断二次曲面 $x^2+y^2+z^2+4xy+4yz+4zx=1$ 的形状.

解
$$f(x,y,z)=(x,y,z)\boldsymbol{A}\begin{pmatrix}x\\y\\z\end{pmatrix},$$

其中，$\boldsymbol{A}=\begin{pmatrix}1&2&2\\2&1&2\\2&2&1\end{pmatrix}$.

由本章第一节例 3 知 $\boldsymbol{A}$ 有特征值 $\lambda_1=5,\lambda_{2,3}=-1$.

对应 $\lambda_1=5$ 的一个线性无关特征向量为 $\boldsymbol{\eta}_1=(1,1,1)^{\mathrm{T}}$，单位化得
$$\boldsymbol{q}_1=\left(\frac{1}{\sqrt{3}},\frac{1}{\sqrt{3}},\frac{1}{\sqrt{3}}\right)^{\mathrm{T}}.$$
对应 $\lambda_{2,3}=-1$ 的两个线性无关特征向量为
$$\boldsymbol{\eta}_2=(-1,1,0)^{\mathrm{T}},\quad \boldsymbol{\eta}_3=(-1,0,1)^{\mathrm{T}}.$$
将 $\boldsymbol{\eta}_2,\boldsymbol{\eta}_3$ 进行施密特正交化：
$$\boldsymbol{\alpha}_2=\boldsymbol{\eta}_2=(-1,1,0)^{\mathrm{T}},$$
$$\boldsymbol{\alpha}_3=\boldsymbol{\eta}_3-\frac{(\boldsymbol{\eta}_3,\boldsymbol{\alpha}_2)}{(\boldsymbol{\alpha}_2,\boldsymbol{\alpha}_2)}\boldsymbol{\alpha}_2=(-1,0,1)^{\mathrm{T}}-\frac{1}{2}(-1,1,0)^{\mathrm{T}}=\left(-\frac{1}{2},-\frac{1}{2},1\right)^{\mathrm{T}}.$$
再将 $\boldsymbol{\alpha}_2,\boldsymbol{\alpha}_3$ 单位化得到两个彼此正交的单位向量：
$$\boldsymbol{q}_2=\left(-\frac{1}{\sqrt{2}},\frac{1}{\sqrt{2}},0\right)^{\mathrm{T}},\quad \boldsymbol{q}_2=\left(-\frac{1}{\sqrt{6}},-\frac{1}{\sqrt{6}},\frac{2}{\sqrt{6}}\right)^{\mathrm{T}}.$$

取

$$Q=\begin{pmatrix}\frac{1}{\sqrt{3}} & -\frac{1}{\sqrt{2}} & -\frac{1}{\sqrt{6}}\\ \frac{1}{\sqrt{3}} & \frac{1}{\sqrt{2}} & -\frac{1}{\sqrt{6}}\\ \frac{1}{\sqrt{3}} & 0 & \frac{2}{\sqrt{6}}\end{pmatrix},$$

则
$$Q^{-1}AQ=Q^{\mathrm{T}}AQ=\begin{pmatrix}5 & & \\ & -1 & \\ & & -1\end{pmatrix}.$$

令 $\begin{pmatrix}x\\ y\\ z\end{pmatrix}=Q\begin{pmatrix}x_1\\ y_1\\ z_1\end{pmatrix}$,则

$$\begin{aligned}f(x,y,z)&=(x,y,z)A\begin{pmatrix}x\\ y\\ z\end{pmatrix}=(x_1,y_1,z_1)Q^{\mathrm{T}}AQ\begin{pmatrix}x_1\\ y_1\\ z_1\end{pmatrix}\\ &=(x_1,y_1,z_1)\begin{pmatrix}5 & & \\ & -1 & \\ & & -1\end{pmatrix}\begin{pmatrix}x_1\\ y_1\\ z_1\end{pmatrix}\\ &=5x_1^2-y_1^2-z_1^2.\end{aligned}$$

所以曲面 $x^2+y^2+z^2+4xy+4yz+4zx=1$ 可化简为 $5x_1^2-y_1^2-z_1^2=1$,曲面为双叶双曲面.

定义 6　如果实二次型 $f(x_1,x_2,\cdots,x_n)=X^{\mathrm{T}}AX$ 满足对于任意一组不全为零的实数$(c_1,c_2,\cdots,c_n)$都有 $f(c_1,c_2,\cdots,c_n)>0(\geqslant 0)$,则称 $f(x_1,x_2,\cdots,x_n)=X^{\mathrm{T}}AX$ 为正定(半正定)二次型;$f(x_1,x_2,\cdots,x_n)=X^{\mathrm{T}}AX$ 正定(半正定)时,称二次型的矩阵 A 为正定(半正定)矩阵;如果矩阵$(-A)$正定(半正定),则称 A 为负定(半负定)矩阵,称对应的二次型 $f(x_1,x_2,\cdots,x_n)=X^{\mathrm{T}}AX$ 为负定(半负定)二次型.

如果 $f(x_1,x_2,\cdots,x_n)=X^{\mathrm{T}}AX$ 既不正定或半正定,也不负定或半负定,则称其为不定二次型,并称 A 是不定的.

由定义 6 可知,实标准形二次型 $f=d_1x_1^2+d_2x_2^2+\cdots+d_nx_n^2$ 为正定的充分必要条件是 $d_i>0(i=1,2,\cdots,n)$.

注意　$f(x_1,x_2,\cdots,x_n)$为正定,当且仅当 $f(x_1,x_2,\cdots,x_n)$的标准形中 n 个平方项的系数全都为正.

由定理 2 显然有,二次型 $f(x_1,x_2,\cdots,x_n)=X^{\mathrm{T}}AX$ 是正定二次型(实对称矩

阵 **A** 正定)的充分必要条件是 **A** 的所有特征值都是正实数.

一般情况下求特征值比较困难,有时,不求特征值也可以判断实对称矩阵的正定性.

定义 7 矩阵 **A** 左上角的 k 行 k 列元素构成的子式

$$\Delta_k=\begin{vmatrix} a_{11} & a_{12} & \cdots & a_{1k} \\ a_{21} & a_{22} & \cdots & a_{2k} \\ \vdots & \vdots & & \vdots \\ a_{k1} & a_{k2} & \cdots & a_{kk} \end{vmatrix} \quad (k=1,2,\cdots,n)$$

称为矩阵 $\boldsymbol{A}=(a_{ij})_{n\times n}$ 的 k 阶顺序主子式.

定理 3 若 $\boldsymbol{A}=(a_{ij})_{n\times n}$ 是实对称矩阵,则下列命题等价(证明过程见参考文献[2]):

(1) 二次型 $f(x_1,x_2,\cdots,x_n)=\boldsymbol{X}^{\mathrm{T}}\boldsymbol{A}\boldsymbol{X}$ 是正定二次型;

(2) 实对称矩阵 **A** 是正定矩阵;

(3) $f(x_1,x_2,\cdots,x_n)=\boldsymbol{X}^{\mathrm{T}}\boldsymbol{A}\boldsymbol{X}$ 的标准形为 $d_1x_1^2+d_2x_2^2+\cdots+d_nx_n^2$,其中 $d_i>0$,$i=1,2,\cdots,n$.

(4) **A** 与单位矩阵合同;

(5) **A** 的所有顺序主子式全大于零;

(6) **A** 的所有特征值都是正实数.

例 3 判断下列二次型的正定性:

(1) $f(x_1,x_2,x_3)=5x_1^2+x_2^2+5x_3^2+4x_1x_2-8x_1x_3-4x_2x_3$;

(2) $f(x_1,x_2,x_3)=x_1^2+x_2^2+x_3^2+2a\,x_1x_2+2b\,x_2x_3\ (a,b\in\mathbf{R})$.

解 (1) 二次型对应的矩阵

$$\boldsymbol{A}=\begin{pmatrix} 5 & 2 & -4 \\ 2 & 1 & -2 \\ -4 & -2 & 5 \end{pmatrix}$$

且
$$\Delta_1=5>0,\ \Delta_2=\begin{vmatrix} 5 & 2 \\ 2 & 1 \end{vmatrix}=1>0,\ \Delta_3=|\boldsymbol{A}|=1>0,$$

故 **A** 为正定矩阵,$f(x_1,x_2,x_3)$ 为正定二次型.

(2) 二次型对应的矩阵

$$\boldsymbol{A}=\begin{pmatrix} 1 & a & 0 \\ a & 1 & b \\ 0 & b & 1 \end{pmatrix},$$

且
$$\Delta_1=1,\ \Delta_2=\begin{vmatrix} 1 & a \\ a & 1 \end{vmatrix}=1-a^2,\ \Delta_3=|\boldsymbol{A}|=1-(a^2+b^2).$$

当 $a^2+b^2<1$ 时,有 $\Delta_1>0$,$\Delta_2>0$,$\Delta_3>0$,$f(x_1,x_2,x_3)$ 为正定二次型;

当 $a^2+b^2\geqslant 1$ 时，有 $\Delta_1>0$，$\Delta_3\leqslant 0$，$\boldsymbol{A}$ 为不定矩阵，$f(x_1,x_2,x_3)$ 为不定二次型.

读一读

使用正交变换化简二次型比较繁琐，我们也常用可逆变换化二次型为标准型. 在要求精度不高时，通常采用配方法或初等变换法化简二次型.

定理 4 任意一个二次型都可以经可逆线性替换化为标准形. 任意实对称矩阵都合同于一对角矩阵.

(1) 用配方法化简二次型为标准形.

例 4 化二次型为标准形.

解
$$\begin{aligned}f(x,y,z)&=x^2+y^2+5z^2+2xy+6yz+2zx\\&=x^2+2x(y+z)+(y+z)^2-(y+z)^2+y^2+5z^2+6yz\\&=[x+(y+z)]^2+4z^2+4yz=(x+y+z)^2+(2z+y)^2-y^2.\end{aligned}$$

令
$$\begin{cases}x_1=x+y+z,\\y_1=y,\\z_1=2z+y,\end{cases}$$

则
$$f(x,y,z)=x_1^2-y_1^2+z_1^2.$$

用配方法化二次型为标准形的步骤如下：

① 如果二次型 $f(x_1,x_2,\cdots,x_n)$ 含有某个变量的平方项，按该变量配方，使得第一次配方后余下的项中不再含有该变量. 这样一次配方后剩下的部分是一个少于 n 元的二次型，继续配方下去，每次变量的个数都在减少，有限步后就可以得到标准形.

如例 4 中按 x 配方后，剩下的部分为 $4z^2+4yz$，不再含有 x，再按 z 配方即可.

② 如果二次型 $f(x_1,x_2,\cdots,x_n)$ 不含平方项，均为交叉乘积项，可利用平方差公式 $(x+y)(x-y)=x^2-y^2$ 制造平方项后再根据需要进行配方.

例 5 利用配方法化二次型 $f(x_1,x_2,x_3)=2x_1x_2+2x_1x_3-6x_2x_3$ 为标准形.

解 该二次型 f 中没有平方项，先作一可逆的线性替换使之出现平方项.

令
$$\begin{cases}x_1=y_1+y_2,\\x_2=y_1-y_2,\\x_3=y_3.\end{cases}$$

则
$$\begin{aligned}f(x_1,x_2,x_3)&=2(y_1+y_2)(y_1-y_2)+2(y_1+y_2)y_3-6(y_1-y_2)y_3\\&=2y_1^2-2y_2^2-4y_1y_3+8y_2y_3\\&=2(y_1-y_3)^2-2y_3^2-2y_2^2+8y_2y_3\end{aligned}$$

$$=2(y_1-y_3)^2-2(y_2-2y_3)^2+8y_3^2-2y_3^2$$
$$=2(y_1-y_3)^2-2(y_2-2y_3)^2+6y_3^2.$$

作线性替换

$$\begin{cases}z_1=y_1-y_3,\\ z_2=y_2-2y_3,\\ z_3=y_3.\end{cases}$$

则
$$f(x_1,x_2,x_3)=2z_1^2-2z_2^2+6z_3^2.$$

(2) 用初等变换化二次型为标准形.

可以通过寻找可逆线性变换 $\boldsymbol{X}=\boldsymbol{C}\boldsymbol{Y}$,使 $f=\boldsymbol{X}^{\mathrm{T}}\boldsymbol{A}\boldsymbol{X}$ 化成标准形.等同于寻找可逆矩阵 $\boldsymbol{C}$,使 $\boldsymbol{C}^{\mathrm{T}}\boldsymbol{A}\boldsymbol{C}=\boldsymbol{\Lambda}$ 成对角矩阵.由初等矩阵的知识得可逆矩阵 $\boldsymbol{C}$ 可以分解为初等矩阵的乘积:$\boldsymbol{C}=\boldsymbol{C}_1\cdots\boldsymbol{C}_k$.于是

$$\boldsymbol{C}^{\mathrm{T}}\boldsymbol{A}\boldsymbol{C}=\boldsymbol{C}_k^{\mathrm{T}}\cdots\boldsymbol{C}_1^{\mathrm{T}}\boldsymbol{A}\boldsymbol{C}_1\cdots\boldsymbol{C}_k=\boldsymbol{\Lambda}. \tag{3}$$

而矩阵 $\boldsymbol{A}$ 左乘或右乘一个初等矩阵,就相当于对 $\boldsymbol{A}$ 作一次初等行变换或列变换。注意到式(3)中 $\boldsymbol{C}_i^{\mathrm{T}}$ 与 $\boldsymbol{C}_i$ 互为矩阵转置关系,因此,

$$\begin{bmatrix}\boldsymbol{A}\\ \hline \boldsymbol{E}\end{bmatrix}\xrightarrow[\text{整体施行“与行变换相同列变换”}]{\text{对}\boldsymbol{A}\text{施行“行变换”}}\begin{bmatrix}\boldsymbol{\Lambda}\\ \hline \boldsymbol{C}\end{bmatrix}, \tag{4}$$

即有 $f=\boldsymbol{X}^{\mathrm{T}}\boldsymbol{A}\boldsymbol{X}$ 在可逆线性变换 $\boldsymbol{X}=\boldsymbol{C}\boldsymbol{Y}$ 化为 $f=\boldsymbol{Y}^{\mathrm{T}}\boldsymbol{\Lambda}\boldsymbol{Y}$,同时得到所用的可逆线性变换 $\boldsymbol{X}=\boldsymbol{C}\boldsymbol{Y}$.

例 6 用初等变换法化 $f(x_1,x_2,x_3)=2x_1x_2+2x_1x_3-6x_2x_3$ 为标准形.

解
$$\begin{bmatrix}\boldsymbol{A}\\ \hline \boldsymbol{E}\end{bmatrix}=\begin{bmatrix}0&1&1\\1&0&-3\\1&-3&0\\ \hline 1&0&0\\0&1&0\\0&0&1\end{bmatrix}\xrightarrow[c_1+c_2]{r_1+r_2}\begin{bmatrix}2&1&-2\\1&0&-3\\-2&-3&0\\ \hline 1&0&0\\1&1&0\\0&0&1\end{bmatrix}$$

$$\xrightarrow[\text{同类列变换}]{\text{行变换}}\begin{bmatrix}2&0&0\\0&-\frac{1}{2}&0\\0&0&6\\ \hline 1&-\frac{1}{2}&3\\1&\frac{1}{2}&-1\\0&0&1\end{bmatrix},$$

则取可逆变换

$$x=Cy,\ C=\begin{bmatrix}1 & -\frac{1}{2} & 3\\ 1 & \frac{1}{2} & -1\\ 0 & 0 & 1\end{bmatrix},$$

可得标准形

$$f=2z_1^2-\frac{1}{2}z_2^2+6z_3^2.$$

(3) 用正交变换与可逆变换化二次型为标准型的比较.

例 7　确定曲线 $2x^2+2xy+2y^2=1$ 的形状.

解　对二次型 $f(x,y)=2x^2+2xy+2y^2$ 进行配方有

$$f(x,y)=2\left(x+\frac{y}{2}\right)^2-\frac{y^2}{2}+2y^2=2\left(x+\frac{y}{2}\right)^2+\frac{3}{2}y^2.$$

令
$$\begin{cases}x_1=x+\frac{y}{2},\\ y_1=y,\end{cases}$$

则曲线 $2x^2+2xy+2y^2=1$ 化简为 $2x_1^2+\frac{3}{2}y_1^2=1$,图形为椭圆.

本章第二节例 5 讨论过该二次型的化简,令

$$Q=\begin{pmatrix}\frac{\sqrt{2}}{2} & -\frac{\sqrt{2}}{2}\\ \frac{\sqrt{2}}{2} & \frac{\sqrt{2}}{2}\end{pmatrix},$$

利用正交变换

$$\begin{pmatrix}x\\ y\end{pmatrix}=Q\begin{pmatrix}x_1\\ y_1\end{pmatrix},$$

则

$$f(x,y)=(x,y)A\begin{pmatrix}x\\ y\end{pmatrix}=(x_1,y_1)Q^TAQ\begin{pmatrix}x_1\\ y_1\end{pmatrix}=(x_1,y_1)\begin{pmatrix}3 & \\ & 1\end{pmatrix}\begin{pmatrix}x_1\\ y_1\end{pmatrix}=3x_1^2+y_1^2.$$

曲线 $2x^2+2xy+2y^2=1$ 化简为 $3x_1^2+y_1^2=1$,图形为椭圆.

$3x_1^2+y_1^2=1$ 与 $2x_1^2+\frac{3}{2}y_1^2=1$ 都是由 $2x^2+2xy+2y^2=1$ 化简而来,到底哪一个更能反映出曲线原来的形状呢?

观察上面两种线性替换的不同,两种线性替换对应的矩阵分别为

① $A=\begin{pmatrix}1 & \frac{1}{2}\\ 0 & 1\end{pmatrix}$ 是可逆矩阵;

② $A=\begin{pmatrix} \frac{\sqrt{2}}{2} & \frac{\sqrt{2}}{2} \\ -\frac{\sqrt{2}}{2} & \frac{\sqrt{2}}{2} \end{pmatrix}$是正交矩阵.

设$\boldsymbol{Y}=\boldsymbol{C}\boldsymbol{X}$是由变量$x_1,x_2,\cdots,x_n$到变量$y_1,y_2,\cdots,y_n$的正交线性替换,其中$\boldsymbol{X}=(x_1,x_2,\cdots,x_n)^{\mathrm{T}}$,$\boldsymbol{Y}=(y_1,y_2,\cdots,y_n)^{\mathrm{T}}$,$\boldsymbol{C}=(c_{ij})_{n\times n}$是正交矩阵.

如果在正交线性替换$\boldsymbol{Y}=\boldsymbol{C}\boldsymbol{X}$之下:$\boldsymbol{Y}_1=\boldsymbol{C}\boldsymbol{X}_1$,$\boldsymbol{Y}_2=\boldsymbol{C}\boldsymbol{X}_2$,则

$$(\boldsymbol{Y}_1,\boldsymbol{Y}_2)=(\boldsymbol{C}\boldsymbol{X}_1,\boldsymbol{C}\boldsymbol{X}_2)=(\boldsymbol{C}\boldsymbol{X}_1)^{\mathrm{T}}\boldsymbol{C}\boldsymbol{X}_2=\boldsymbol{X}_1^{\mathrm{T}}(\boldsymbol{C}^{\mathrm{T}}\boldsymbol{C})\boldsymbol{X}_2=X_1^{\mathrm{T}}\boldsymbol{X}_2=(\boldsymbol{X}_1,\boldsymbol{X}_2),$$

所以正交替换保持内积不变.因此,

① 正交替换是保内积的;

② 正交替换是保长替换(保持长度不变);

③ 正交替换是保角替换(保持两个向量夹角不变).

虽然$3{x_1}^2+{y_1}^2=1$与$2{x_1}^2+\frac{3}{2}{y_1}^2=1$都是由$2x^2+2xy+2y^2=1$化简而来,化简的结果都是椭圆.但是,可逆替换可能存在长、短轴的长度改变,而正交替换则保持了图形不变.

习　题　5-3

1. 用正交替换化二次型$f(x,y,z)=-2x^2-2y^2-2z^2+2xy+2yz+2zx$为标准形.

2. t取何值时,下列二次型正定:

(1) $f(x_1,x_2,x_3)={x_1}^2+3{x_2}^2+t{x_3}^2+2x_1x_2-2x_2x_3$;

(2) $f(x_1,x_2,x_3,x_4)=t{x_1}^2+t{x_2}^2+t{x_3}^2+4x_1x_2+4x_1x_3+4x_2x_3$;

(3) $f(x,y,z)=x^2+2y^2+z^2+2xy+tyz$.

*3. 用配方法化下列二次型为标准型,判断下列二次型是否正定:

(1) $f(x_1,x_2,x_3)={x_1}^2+2{x_2}^2+3{x_3}^2+2x_1x_2+4x_2x_3$;

(2) $f(x_1,x_2,x_3,x_4)={x_1}^2+{x_2}^2+{x_3}^2+{x_4}^2+2x_1x_2+2x_2x_3+2x_3x_4$;

(3) $f(x_1,x_2,x_3)={x_1}^2+3{x_2}^2+3{x_3}^2+2x_1x_2+4x_2x_3$.

第五章补充题

1. 已知$\boldsymbol{\xi}=(1,1,-1)^{\mathrm{T}}$是$\boldsymbol{A}=\begin{pmatrix} 2 & -1 & 2 \\ 5 & a & 3 \\ -1 & b & -2 \end{pmatrix}$的一个特征向量,(1) 确定参数$a,b$的值;(2) 求$\boldsymbol{A}$的特征值与特征向量;(3) 判断$\boldsymbol{A}$是否可对角化?

2. 设$\boldsymbol{A}$是n阶方阵,如果存在m,使$\boldsymbol{A}^m=\boldsymbol{0}$,证明:$\boldsymbol{A}$的特征值只有0.

3. 设三阶方阵$\boldsymbol{A}$有特征值1,2,3,证明:$\boldsymbol{A}^*+6\boldsymbol{A}^{-1}-4\boldsymbol{E}$不可逆.

4. 矩阵 $\boldsymbol{A}$ 是行等和矩阵(各行元素之和都相等),$\boldsymbol{A}$ 的各行元素之和为 a,则 $\boldsymbol{A}$ 必有特征值______,$\boldsymbol{A}$ 必有一特征向量________.

5. 设四阶方阵 $\boldsymbol{A}$ 的伴随矩阵 $\boldsymbol{A}^*$ 的特征值为 4,2,−1,1,求 $\boldsymbol{A}$ 的特征值.

6. $\boldsymbol{A}$ 是三阶实对称矩阵,$\boldsymbol{A}$ 的特征值为 2,−1,−1,且 $\boldsymbol{\alpha}_1=(-1,1,1)^{\mathrm{T}}$ 是属于特征值 2 的特征向量. 求:(1) 属于特征值−1 的特征向量;(2) 求出矩阵 $\boldsymbol{A}$.

7. 设 $\boldsymbol{A},\boldsymbol{B}$ 都是 n 阶实对称矩阵,且 $\boldsymbol{A},\boldsymbol{B}$ 都正定,证明:$\boldsymbol{A}+\boldsymbol{B}$ 正定.

自 测 题 5

1. 判断题(每题 3 分,共 15 分):

(1) n 阶方阵 $\boldsymbol{A}$ 可对角化,则 $\boldsymbol{A}$ 必有 n 不同的特征值; (　　)

(2) 相似矩阵有相同的特征多项式,反之,特征多项式相同的方阵一定相似; (　　)

(3) $\boldsymbol{A}$ 是 n 阶方阵,λ 是一个数,向量 $\boldsymbol{X}$ 满足 $\boldsymbol{AX}=\lambda\boldsymbol{X}$,则 $\boldsymbol{X}$ 是 $\boldsymbol{A}$ 的属于 λ 的特征向量; (　　)

(4) n 阶方阵 $\boldsymbol{A}$ 可对角化,则 $\boldsymbol{A}$ 必有 n 线性无关的特征向量; (　　)

(5) 二次型 $f(x_1,x_2,x_3)$ 经可逆的线性替换化 $\boldsymbol{Y}=\boldsymbol{CX}$ 为 $f(x_1,x_2,x_3)={y_1}^2+{y_2}^2$,则该二次型正定. (　　)

2. 填空题(每空 4 分,共 20 分):

(1) $\boldsymbol{A}=\begin{pmatrix}1&1\\1&1\end{pmatrix}$ 有特征值____________.

(2) 三阶方阵 $\boldsymbol{A}$ 有特征值 1,2,−1,则 $\boldsymbol{A}^{-1}$ 的特征值为__________,$|2\boldsymbol{A}^{-1}+3\boldsymbol{E}|=$____________.

(3) $\boldsymbol{A}$ 是三阶方阵,$\boldsymbol{\eta}_1$ 是 $\boldsymbol{A}$ 的属于 1 的特征向量;$\boldsymbol{\eta}_2,\boldsymbol{\eta}_3$ 是 $\boldsymbol{A}$ 的属于−2 的线性无关特征向量;向量 $k\boldsymbol{\eta}_1(k\neq0)$,$\boldsymbol{\eta}_2+\boldsymbol{\eta}_3$,$\boldsymbol{\eta}_2-\boldsymbol{\eta}_3$,$\boldsymbol{\eta}_1+\boldsymbol{\eta}_3$ 中,不是 $\boldsymbol{A}$ 的特征向量的是____________.

(4) $\boldsymbol{A}$ 是三阶方阵,$\boldsymbol{\eta}_1=\begin{pmatrix}1\\0\\1\end{pmatrix}$ 是 $\boldsymbol{A}$ 的属于 1 的特征向量,$\boldsymbol{\eta}_2=\begin{pmatrix}1\\-2\\0\end{pmatrix}$ 是 $\boldsymbol{A}$ 的属于−2 的特征向量,$\boldsymbol{\eta}_3=\begin{pmatrix}1\\-3\\9\end{pmatrix}$ 是属于−3 的特征向量,则 $\boldsymbol{T}=$____________,使得

$$\boldsymbol{T}^{-1}\boldsymbol{AT}=\begin{pmatrix}1&&\\&-3&\\&&-2\end{pmatrix}.$$

(5) 二次型 $f(x_1,x_2,x_3)={x_1}^2+3{x_2}^2+3{x_3}^2+2x_1x_2+4x_2x_3$ 的矩阵为

$\boldsymbol{A}=$____________.

3. 已知三阶方阵 $\boldsymbol{A}$ 的特征值为 $-1,-2,1$，求(1) $|\boldsymbol{A}|$；(2) $|2\boldsymbol{A}^2-\boldsymbol{A}+\boldsymbol{E}|$；(3) $|4\boldsymbol{A}^{-1}|$.(15 分)

4. 设 $\boldsymbol{A}$ 与 $\boldsymbol{B}$ 相似，且 $\boldsymbol{A}=\begin{pmatrix}3 & 6 & 6\\ 0 & a & 0\\ -3 & -12 & -6\end{pmatrix}$，$\boldsymbol{B}=\begin{pmatrix}b & 0 & 0\\ 0 & -3 & 0\\ 0 & 0 & 2\end{pmatrix}$，求 a 与 b.(12 分)

5. 设 n 阶矩阵 $\boldsymbol{A}$ 满足 $\boldsymbol{A}^2=\boldsymbol{E}$，证明 $\boldsymbol{A}$ 的特征值只能是 -1 或 1.(10 分)

6. 矩阵 $\boldsymbol{A}=\begin{pmatrix}1 & 0 & 0\\ 0 & 0 & -1\\ 0 & -1 & 0\end{pmatrix}$，求正交矩阵 $\boldsymbol{Q}$，使得 $\boldsymbol{Q}^{-1}\boldsymbol{A}\boldsymbol{Q}=\boldsymbol{Q}^{\mathrm{T}}\boldsymbol{A}\boldsymbol{Q}$ 为对角形矩阵.(12 分)

7. t 取何值时，下列二次型正定 $f(x,y,z)=x^2+5y^2+z^2-4xy-2tyz$，并用可逆线性替换化该二次型为标准形.(6 分)

*8. 设 $\boldsymbol{A},\boldsymbol{B}$ 都是 n 阶实对称矩阵，且 $\boldsymbol{A},\boldsymbol{B}$ 都正定，证明：$\boldsymbol{A}+\boldsymbol{B}$ 正定.(10 分)

习题答案

习题 1-1

2. $x_1=-1, x_2=1$;

3. $x_1=1, x_2=1, x_3=2$;

4. $x=-3, y=2, z=1, w=-1$.

习题 1-2

4. (1) 无解;

(2) $\begin{cases} x_1=\dfrac{1}{2}k+\dfrac{7}{2}, \\ x_2=k, \\ x_3=-2 \end{cases}$ 或 $\begin{cases} x_1=k, \\ x_2=2k-7, \\ x_3=-2 \end{cases}$ (k 为任意数);

(3) $\begin{cases} x_1=3, \\ x_2=-1, \\ x_3=-2. \end{cases}$

5. $a\neq 0, a\neq -3$ 时,方程组有唯一解 $x_1=-\dfrac{1}{a}, x_2=\dfrac{2}{a}, x_3=\dfrac{a-1}{a}$;

$a=0$ 时,无解;

$a=-3$ 时,无穷多解 $\begin{cases} x_1=k-1, \\ x_2=k-2, \\ x_3=k \end{cases}$ (k 为任意数).

6. $\lambda\neq -2$ 且 $\lambda\neq 1$ 时无解;

$\lambda=-2$ 时, $\begin{cases} x_1=k+2, \\ x_2=k+2, \\ x_3=k \end{cases}$ (k 为任意数);

$\lambda=1$ 时, $\begin{cases} x_1=k+1, \\ x_2=k, \\ x_3=k \end{cases}$ (k 为任意数).

*7. $b=0$ 时无解;$a=1, b\neq\dfrac{1}{2}$ 时无解;

$a=1,b=\dfrac{1}{2}$时，无穷多解$\begin{cases}x_1=-k+2,\\x_2=2,\\x_3=k\end{cases}$　（k为任意数）；

$a\neq1,b\neq0$时，有唯一解 $x_1=\dfrac{2b-1}{b(a-1)},x_2=\dfrac{1}{b},x_3=2-\dfrac{2b-1}{b(a-1)}$.

习题 1-3

1. (1) $r(\mathbf{A})=3$；　(2) $r(\mathbf{A})=3$；

 (3) $r(\mathbf{A})=2$.

2. $r(\mathbf{A})=\begin{cases}2, a=1\text{ 或 }a=-2,\\3, a\neq1\text{ 且 }a\neq-2.\end{cases}$

3. $r(\mathbf{A})=\begin{cases}1, k=1,\\2, k=-2,\\3, k\neq1\text{ 且 }k\neq-2.\end{cases}$

4. (1) $\begin{cases}x_1=k_1+2k_2,\\x_2=-2k_1-3k_2,\\x_3=k_1,\\x_4=k_2\end{cases}$　（k_1,k_2为任意数）；

 (2) $\begin{cases}x_1=-2k_1+k_2-6k_3-3k_4,\\x_2=-k_1-k_3-k_4,\\x_3=k_1,\\x_4=k_2,\\x_5=k_3,\\x_6=k_4\end{cases}$　（k_1,k_2,k_3,k_4为任意数）.

5. $\lambda=\dfrac{1}{4}$时，有非零解$\begin{cases}x_1=k,\\x_2=-\dfrac{1}{4}k,\\x_3=-4k,\\x_4=2k\end{cases}$　（k为任意数）；

第一章补充题

1. $a=1,b=-1$时，方程组无穷多解$\begin{pmatrix}x_1\\x_2\\x_3\\x_4\end{pmatrix}=\begin{pmatrix}-1\\1\\0\\0\end{pmatrix}+k_1\begin{pmatrix}1\\-2\\1\\0\end{pmatrix}+k_2\begin{pmatrix}1\\-2\\0\\1\end{pmatrix}$（$k_1,k_2$为任意

数)；$a\neq 1$ 时，方程组有唯一解 $\begin{pmatrix}x_1\\x_2\\x_3\\x_4\end{pmatrix}=\begin{pmatrix}-1+\dfrac{b+1}{a-1}\\1-\dfrac{2(b+1)}{a-1}\\\dfrac{b+1}{a-1}\\0\end{pmatrix}$；$a=1,b\neq -1$ 时，方程组无解.

2. $\overline{\boldsymbol{A}}\to\begin{pmatrix}-2 & -4 & 5-\lambda & -\lambda-1\\0 & 1-\lambda & 1-\lambda & 1-\lambda\\0 & 0 & \dfrac{(\lambda-1)(\lambda-10)}{2} & \dfrac{(\lambda-1)(\lambda-4)}{2}\end{pmatrix}$，

(1) 当 $\lambda\neq 1$ 且 $\lambda\neq 10$ 时，方程组有唯一解；

(2) 当 $\lambda=10$ 时，方程组无解；

(3) 当 $\lambda=1$ 时，解无穷多. 通解为 $\begin{pmatrix}x_1\\x_2\\x_3\end{pmatrix}=\begin{pmatrix}1\\0\\0\end{pmatrix}+c_1\begin{pmatrix}-2\\1\\0\end{pmatrix}+c_2\begin{pmatrix}2\\0\\1\end{pmatrix}$ (c_1,c_2 为任意常数).

自测题 1

1. (1) 错；(2) 错；(3) 对；(4) 对；(5) 对.

2. (1) $x_1=-1,x_2=-1$；　(2) $x=0,y=2,z=1,u=2$；

(3) $\begin{pmatrix}1 & 0 & 0 & -8\\0 & 1 & 0 & 1\\0 & 0 & 1 & 3\end{pmatrix}$；　(4) 否，否.

3. (1) $r(\boldsymbol{A})=2$；(2) $r(\boldsymbol{A})=\begin{cases}1, \lambda=1,\\2, \lambda=-2,\\3, \lambda\neq -2 \text{ 且 } \lambda\neq 1.\end{cases}$

4. (1) $\begin{cases}x_1=\dfrac{7}{3},\\x_2=-\dfrac{2}{3},\\x_3=-\dfrac{2}{3};\end{cases}$　(2) $\begin{cases}x_1=2+k,\\x_2=-2k-1,\\x_3=k\end{cases}$ (k 为任意数).

5. $a=-3$ 时，无解；

$a=2$ 时，无穷多解 $\begin{cases}x_1=5k,\\x_2=-4k+1,\\x_3=k\end{cases}$ (k 为任意数)；

$a\neq -3,a\neq 2$ 时，解唯一，$x_1=1,x_2=\dfrac{1}{a+3},x_3=\dfrac{1}{a+3}$.

6. $t\neq 5$ 时，只有零解；

$t=5$ 时，有非零解 $\begin{cases}x_1=k,\\x_2=-2k,\\x_3=k\end{cases}$ (k 为任意数).

习题 2-1

1. $\boldsymbol{X}=\begin{pmatrix}2&1&0&0\\-2&2&1&1\end{pmatrix}$.

2. (1) $\boldsymbol{\alpha}^{\mathrm{T}}\boldsymbol{\alpha}=6$;$\boldsymbol{\alpha}\boldsymbol{\alpha}^{\mathrm{T}}=\begin{pmatrix}1&2&1\\2&4&2\\1&2&1\end{pmatrix}$;$\boldsymbol{\alpha}\boldsymbol{\alpha}^{\mathrm{T}}\boldsymbol{\alpha}=(6,12,6)^{\mathrm{T}}$;$(\boldsymbol{\alpha}\boldsymbol{\alpha}^{\mathrm{T}})^{101}=6^{100}\begin{pmatrix}1&2&1\\2&4&2\\1&2&1\end{pmatrix}$.

(2) $a_{11}x^2+2a_{12}xy+2b_1x+a_{22}y^2+2b_2y+c$.

(3) $\boldsymbol{A}^2=\begin{pmatrix}\lambda^2&2\lambda&1\\0&\lambda^2&2\lambda\\0&0&\lambda^2\end{pmatrix}$, $\boldsymbol{A}^3=\begin{pmatrix}\lambda^3&3\lambda^2&3\lambda\\0&\lambda^3&3\lambda^2\\0&0&\lambda^3\end{pmatrix}$.

(4) $\boldsymbol{A}^2=\begin{pmatrix}\cos 2\theta&-\sin 2\theta\\\sin 2\theta&\cos 2\theta\end{pmatrix}$.

3. $\boldsymbol{AB}=\begin{pmatrix}6&2&-2\\6&1&0\\8&-1&2\end{pmatrix}$, $\boldsymbol{BA}=\begin{pmatrix}4&0&0\\4&1&0\\4&3&4\end{pmatrix}$, $\boldsymbol{B}^{\mathrm{T}}\boldsymbol{A}^{\mathrm{T}}=(\boldsymbol{AB})^{\mathrm{T}}=\begin{pmatrix}6&6&8\\2&1&-1\\-2&0&2\end{pmatrix}$,

$\boldsymbol{AB}-\boldsymbol{BA}=\begin{pmatrix}2&2&-2\\2&0&0\\4&-4&-2\end{pmatrix}$.

4. $f(\boldsymbol{A})=\begin{pmatrix}4&&\\&9&\\&&26\end{pmatrix}$, $f(\boldsymbol{B})=\begin{pmatrix}9&&\\&4&1\\&&4\end{pmatrix}$.

5. $\begin{cases}w_1=x_1-x_2-5x_3,\\w_2=-4x_1+3x_2-7x_3.\end{cases}$

7. (1) $\begin{pmatrix}a&b\\0&a\end{pmatrix}$; (2) $\begin{pmatrix}\lambda_1&&\\&\ddots&\\&&\lambda_n\end{pmatrix}$.

习题 2-2

1. $\boldsymbol{AB}=\boldsymbol{A}_1\boldsymbol{B}_1$, $\boldsymbol{BA}=\begin{pmatrix}\boldsymbol{B}_1\boldsymbol{A}_1&\boldsymbol{O}\\\boldsymbol{B}_2\boldsymbol{A}_2&\boldsymbol{O}\end{pmatrix}$.

2. $\boldsymbol{A}^{\mathrm{T}}=(\boldsymbol{A}_1^{\mathrm{T}}\quad\boldsymbol{O})$,$\boldsymbol{AB}=\begin{pmatrix}\boldsymbol{A}_1\boldsymbol{B}_1&\boldsymbol{A}_1\boldsymbol{B}_2\\\boldsymbol{O}&\boldsymbol{O}\end{pmatrix}$, $\boldsymbol{BA}=\boldsymbol{B}_1\boldsymbol{A}_1$.

3. $\boldsymbol{AB}=\boldsymbol{A}_1\boldsymbol{B}_1^{\mathrm{T}}+\boldsymbol{B}_2^{\mathrm{T}}=\begin{pmatrix}1&0&1\\1&4&2\end{pmatrix}$.

习题 2-3

1. (1) $A^{-1}=\begin{pmatrix}3 & 2\\1 & 1\end{pmatrix}$; (2) $A^{-1}=\begin{pmatrix}1 & & \\ & \frac{1}{2} & \\ & & \frac{1}{3}\end{pmatrix}$;

(3) $A^{-1}=\begin{pmatrix}\frac{2}{3} & -\frac{1}{3} & \frac{1}{3}\\ -\frac{1}{3} & \frac{2}{3} & \frac{1}{3}\\ \frac{1}{3} & \frac{1}{3} & -\frac{1}{3}\end{pmatrix}$; (4) $A^{-1}=\begin{pmatrix}1 & 0 & 0 & 0\\ -2 & 1 & 0 & 0\\ 0 & 0 & 2 & -3\\ 0 & 0 & -1 & 2\end{pmatrix}$.

2. $(A-3E)^{-1}=\frac{1}{5}(A-2E)$.

5. $X=\begin{pmatrix}2 & 3 & 4\\ 0 & -1 & 0\\ -1 & 0 & -1\end{pmatrix}$.

6. $X=\begin{pmatrix}1 & 2 & 1\\ 0 & -3 & 1\\ 0 & -1 & 0\end{pmatrix}$.

7. $B=\begin{pmatrix}1 & & \\ & -\frac{1}{8} & \\ & & 1\end{pmatrix}$.

习题 2-4

1. (1) $A\to\begin{pmatrix}1 & 0 & \frac{7}{2} & 0\\ 0 & 1 & -\frac{1}{2} & 0\\ 0 & 0 & 0 & 1\\ 0 & 0 & 0 & 0\end{pmatrix}\to\begin{pmatrix}1 & 0 & 0 & 0\\ 0 & 1 & 0 & 0\\ 0 & 0 & 1 & 0\\ 0 & 0 & 0 & 0\end{pmatrix}$;

(2) $A\to\begin{pmatrix}1 & 0 & -\frac{3}{2} & \frac{5}{4}\\ 0 & 1 & \frac{1}{2} & \frac{1}{4}\\ 0 & 0 & 0 & 0\end{pmatrix}\to\begin{pmatrix}1 & 0 & 0 & 0\\ 0 & 1 & 0 & 0\\ 0 & 0 & 0 & 0\end{pmatrix}$;

(3) $A\to\begin{pmatrix}1 & & \\ & 1 & \\ & & 1\end{pmatrix}$.

*2. (1) $\boldsymbol{P}_1^{2009}\boldsymbol{A}\boldsymbol{P}_3=\begin{pmatrix}0&1&1\\1&3&0\\1&2&1\end{pmatrix}$;　　(2) $\boldsymbol{P}_2\boldsymbol{A}\boldsymbol{P}_1^{2009}=\begin{pmatrix}1&1&0\\1&0&1\\0&2&2\end{pmatrix}$.

第二章补充题

1. $(\boldsymbol{A}^{-1}-\boldsymbol{E})\boldsymbol{X}=6\boldsymbol{E},\boldsymbol{X}=6(\boldsymbol{A}^{-1}-\boldsymbol{E})^{-1}=\begin{pmatrix}3&&\\&2&\\&&1\end{pmatrix}$.

2. $\boldsymbol{AB}=\boldsymbol{B}+6\boldsymbol{A},\boldsymbol{B}=6(\boldsymbol{A}-\boldsymbol{E})^{-1}\boldsymbol{A}=6\begin{pmatrix}2&0&0&0\\0&2&0&0\\-1&0&2&0\\-1&3&0&2\end{pmatrix}=\begin{pmatrix}12&0&0&0\\0&12&0&0\\-6&0&12&0\\-6&18&0&12\end{pmatrix}$.

3. 提示:由 $\boldsymbol{A}+\boldsymbol{B}=\boldsymbol{AB}$ 有 $\boldsymbol{A}-(\boldsymbol{A}-\boldsymbol{E})\boldsymbol{B}=\boldsymbol{O}$,所以 $\boldsymbol{A}-\boldsymbol{E}-(\boldsymbol{A}-\boldsymbol{E})\boldsymbol{B}=-\boldsymbol{E}$,于是$(\boldsymbol{A}-\boldsymbol{E})^{-1}=\boldsymbol{B}-\boldsymbol{E}$,所以由$(\boldsymbol{A}-\boldsymbol{E})(\boldsymbol{B}-\boldsymbol{E})=\boldsymbol{E}$,有$(\boldsymbol{B}-\boldsymbol{E})(\boldsymbol{A}-\boldsymbol{E})=\boldsymbol{E}$,即 $\boldsymbol{AB}=\boldsymbol{BA}$.

4. $\boldsymbol{A}$ 的秩为 1,存在三阶可逆矩阵 $\boldsymbol{P},\boldsymbol{Q}$,使得 $\boldsymbol{PAQ}=\begin{pmatrix}1&0&0\\0&0&0\\0&0&0\end{pmatrix}=\begin{pmatrix}1\\0\\0\end{pmatrix}(1,0,0)$,

$\boldsymbol{P}^{-1}\begin{pmatrix}1\\0\\0\end{pmatrix}=\begin{pmatrix}a_1\\a_2\\a_3\end{pmatrix},(1,0,0)\boldsymbol{Q}^{-1}=(b_1,b_2,b_3)$;

$\boldsymbol{A}^{100}=k^{99}\begin{pmatrix}a_1b_1&a_1b_2&a_1b_3\\a_2b_1&a_2b_2&a_2b_3\\a_3b_1&a_3b_2&a_3b_3\end{pmatrix}$,其中 $k=a_1b_1+a_2b_2+a_3b_3$.

5. 证明:(1) 设 $\boldsymbol{A}=\begin{pmatrix}a_{11}&a_{12}&\cdots&a_{1n}\\a_{21}&a_{22}&\cdots&a_{2n}\\\vdots&\vdots&&\vdots\\a_{n1}&a_{n2}&\cdots&a_{nn}\end{pmatrix},\boldsymbol{A\alpha}=\begin{pmatrix}a_{11}+a_{12}+\cdots+a_{1n}\\a_{21}+a_{22}+\cdots+a_{2n}\\\vdots\\a_{n1}+a_{n2}+\cdots+a_{n}\end{pmatrix}=\begin{pmatrix}1\\1\\\vdots\\1\end{pmatrix}=\boldsymbol{\alpha}$;

(2) 由 $\boldsymbol{A\alpha}=\boldsymbol{\alpha}$,有 $\boldsymbol{A}^{-1}\boldsymbol{\alpha}=\boldsymbol{A}^{-1}\boldsymbol{A\alpha}=\boldsymbol{\alpha}$,所以 $\boldsymbol{A}^{-1}$ 各行元素之和也都是 1;

(3) 如果 $\boldsymbol{A}$ 是 n 阶可逆方阵,且各行元素之和都是 $k(k\neq0)$,$\boldsymbol{A\alpha}=k\boldsymbol{\alpha}$ 及 $\boldsymbol{A}^{-1}\boldsymbol{\alpha}=\frac{1}{k}\boldsymbol{\alpha}$;

6. 利用初等变换与初等矩阵的关系有:

$$\boldsymbol{B}=\boldsymbol{A}\begin{pmatrix}1&&\\&1&\\&5&1\end{pmatrix}\begin{pmatrix}1&&\\-2&1&\\&&1\end{pmatrix},\ \boldsymbol{B}^{-1}\boldsymbol{A}=\begin{pmatrix}1&&\\2&1&\\&-5&1\end{pmatrix}.$$

自测题 2

1. (1) 错;(2) 错;(3) 对;(4) 错;(5) 对.

2. (1) $\boldsymbol{\alpha\beta}=-1$; $\boldsymbol{\beta\alpha}=\begin{pmatrix}-1&-1&-2\\2&2&4\\-1&-1&-2\end{pmatrix}$; $(\boldsymbol{\beta\alpha})^{2009}=\begin{pmatrix}-1&-1&-2\\2&2&4\\-1&-1&-2\end{pmatrix}$.

(2) $\boldsymbol{X}=\begin{pmatrix}0&1&2\\-1&3&1\end{pmatrix}$.　　(3) $f(\boldsymbol{A})=\begin{pmatrix}2&&\\&11&\\&&1\end{pmatrix}$.

(4) $\begin{pmatrix}2&-1&3\\1&2&-1\end{pmatrix}\begin{pmatrix}x_1\\x_2\\x_3\end{pmatrix}=\begin{pmatrix}1\\2\end{pmatrix}$; $x_1\begin{pmatrix}2\\1\end{pmatrix}+x_2\begin{pmatrix}-1\\2\end{pmatrix}+x_3\begin{pmatrix}3\\-1\end{pmatrix}=\begin{pmatrix}1\\2\end{pmatrix}$.

(5) $\boldsymbol{B}^{\mathrm{T}}=(\boldsymbol{B}_1^{\mathrm{T}}\quad \boldsymbol{B}_2^{\mathrm{T}})$.

3. (1) $\boldsymbol{AB}=\begin{pmatrix}1&1&3\\0&3&5\\1&-2&-1\end{pmatrix}$,　　(2) $\boldsymbol{BA}=\begin{pmatrix}1&-1&0\\2&3&-1\\3&5&-1\end{pmatrix}$;

(3) $\boldsymbol{A}^{\mathrm{T}}\boldsymbol{B}^{\mathrm{T}}=(\boldsymbol{BA})^{\mathrm{T}}=\begin{pmatrix}1&2&3\\-1&3&5\\0&-1&-1\end{pmatrix}$.

4. $\boldsymbol{B}=\begin{pmatrix}a_1&0&0&0\\0&a_2&0&0\\0&0&a_3&0\\0&0&b&a_3\end{pmatrix}$ (a_1,a_2,a_3,b 可取任意数).

5. $\boldsymbol{A}^{-1}=\begin{pmatrix}-\frac{1}{2}&\frac{1}{2}&\frac{1}{2}\\\frac{1}{2}&-\frac{1}{2}&\frac{1}{2}\\\frac{1}{2}&\frac{1}{2}&-\frac{1}{2}\end{pmatrix}$.

6. $\boldsymbol{X}=\begin{pmatrix}3&&\\&2&\\&&1\end{pmatrix}$.

7. $(\boldsymbol{A}+2\boldsymbol{E})^{-1}=-\frac{1}{7}(\boldsymbol{A}-3\boldsymbol{E})$.

8. 提示:$\boldsymbol{A}^{\mathrm{T}}\boldsymbol{A}=\boldsymbol{O}$ 的充分必要条件是每个位置的元素都为零,考察 $\boldsymbol{A}^{\mathrm{T}}\boldsymbol{A}=\boldsymbol{O}$ 的主对角线上的元素即可得到结果.

习题 3-1

1. (1) 1;　　(2) 1.

2. (1) -26;　　(2) $a_{11}a_{22}a_{33}-a_{11}a_{23}a_{32}$;

(3) $a_{11}a_{22}a_{33}$.

3. 2.

4. (1) 3;(2) 3;(3) 0,0.

5. $x_1=3, x_2=-4, x_3=2$.

习题 3-2

1. (1) -20; (2) $D=14$;

   (3) 0.

2. (1) $D=0$; (2) $D=39$;

   (3) $D=23$; (4) $D=12$.

3. (1) 0; (2) $1+a_1+a_2+a_3$.

4. (1) $D_n=[a+(n-1)b](a-b)^{n-1}$; (2) $D_n=[x+(n-2)a](x-2a)^{n-1}$;

   (3) $D_n=\begin{cases}2a_1, & n=1,\\ -(a_1-a_2)^2, & n=2,\\ 0, & n>2.\end{cases}$

*5. (1) $\alpha^4+\alpha^3\beta+\alpha^2\beta^2+\alpha\beta^3+\beta^4$; (2) $D_n=n+1$;

   (3) $(-1)^{\frac{n(n-1)}{2}}\cdot n$; (4) $a_1a_2\cdots a_n\left(1+\sum\limits_{k=1}^{n}\dfrac{k}{a_k}\right)$.

*7. -7.

习题 3-3

1. (1) $x=3, y=-2, z=2$; (2) $x_1=1, x_2=1, x_3=2$;

   (3) $x_1=-a, x_2=b, x_3=c$.

2. (1) $\lambda\neq1$ 且 $\lambda\neq3$ 时仅有零解; (2) $\lambda=1$ 或 $\lambda=3$ 时有非零解.

3. (1) $a\neq1$ 且 $b\neq0$ 时仅有零解; (2) $a=1$ 或 $b=0$ 时有非零解.

习题 3-4

1. (1) $\boldsymbol{A}^*=\boldsymbol{A}^{-1}=\begin{pmatrix}\cos\theta & \sin\theta\\ -\sin\theta & \cos\theta\end{pmatrix}$; (2) $\boldsymbol{A}^*=\boldsymbol{A}^{-1}=\begin{pmatrix}\frac{1}{2} & 0 & 0\\ 0 & 2 & -3\\ 0 & -1 & 2\end{pmatrix}$;

   (3) $\boldsymbol{A}^*=\boldsymbol{A}^{-1}=\begin{pmatrix}1 & \frac{3}{2} & -\frac{1}{2}\\ 0 & \frac{3}{2} & -\frac{1}{2}\\ 0 & -\frac{1}{2} & \frac{1}{2}\end{pmatrix}$.

2. (1) $\boldsymbol{A}^{-1}=\begin{pmatrix}-\frac{1}{2} & 0 & 0 & 0\\ 0 & \frac{1}{3} & \frac{2}{3} & -\frac{1}{3}\\ 0 & -\frac{1}{2} & \frac{1}{2} & 0\\ 0 & \frac{1}{6} & -\frac{1}{6} & \frac{1}{3}\end{pmatrix}$; (2) $\boldsymbol{A}^{-1}=\begin{pmatrix}1 & 0 & 0 & 0\\ \frac{1}{2} & \frac{1}{2} & 0 & 0\\ 0 & 0 & 1 & -3\\ 0 & 0 & -1 & 4\end{pmatrix}$.

3. $\begin{pmatrix} \boldsymbol{O} & \boldsymbol{A} \\ \boldsymbol{B} & \boldsymbol{O} \end{pmatrix}^{-1} = \begin{pmatrix} \boldsymbol{O} & \boldsymbol{B}^{-1} \\ \boldsymbol{A}^{-1} & \boldsymbol{O} \end{pmatrix}$.

4. (1) $\begin{vmatrix} \boldsymbol{A} & \boldsymbol{O} \\ \boldsymbol{O} & -\boldsymbol{B} \end{vmatrix} = -6$；　　(2) $|2\boldsymbol{A}^*| = 32$；

(3) $\left| \begin{pmatrix} \boldsymbol{A} & \boldsymbol{O} \\ \boldsymbol{O} & 2\boldsymbol{B} \end{pmatrix}^{-1} \right| = -\frac{1}{24}$.

*5. $|\boldsymbol{B}| = -\frac{27}{4}$.

习题 3-5

1. (1) $\lambda=1$ 时，$r(\boldsymbol{A})=1$；　　(2) $\lambda=-2$ 时，$r(\boldsymbol{A})=2$；

(3) $\lambda\neq1$ 且 $\lambda\neq-2$ 时，$r(\boldsymbol{A})=3$.

第三章补充题

1. $$D_n \xlongequal[r_{n-1}-r_n]{r_1-r_n \\ \vdots} \begin{vmatrix} -\lambda_1 & 0 & \cdots & \lambda_n \\ \vdots & \vdots & & \vdots \\ -\lambda_1 & \lambda_2 & \cdots & 0 \\ a_1+\lambda_1 & a_2 & \cdots & a_n \end{vmatrix} \xlongequal{c_1+\frac{\lambda_1}{\lambda_2}c_2+\cdots+\frac{\lambda_1}{\lambda_n}c_n} (-1)^{\frac{n(n-1)}{2}} \left(a_1+\lambda_1+\frac{\lambda_1}{\lambda_2}a_2+\cdots+\frac{\lambda_1}{\lambda_n}a_n \right)\lambda_2\cdots\lambda_n.$$

2. $$D_n \xlongequal{c_1-\frac{b_i}{d_i}c_i(i=2,\cdots,n)} \begin{vmatrix} a_1-\sum\limits_{i=2}^{n}\frac{b_i}{d_i}a_i & a_2 & a_3 & \cdots & a_n \\ 0 & d_2 & 0 & \cdots & 0 \\ 0 & 0 & d_3 & \cdots & 0 \\ \vdots & \vdots & \vdots & & \vdots \\ 0 & 0 & \cdots & 0 & d_n \end{vmatrix} = d_2\cdots d_n \left(a_1-\sum_{i=2}^{n}\frac{b_i}{d_i}a_i \right)$$

3. $\boldsymbol{A}^*=|\boldsymbol{A}|\boldsymbol{A}^{-1}=6\boldsymbol{A}^{-1}$，所以 $\boldsymbol{ABA}^{-1}=\boldsymbol{BA}^{-1}+6\boldsymbol{A}^{-1}$，右乘 $\boldsymbol{A}$ 有 $\boldsymbol{AB}=\boldsymbol{B}+6\boldsymbol{E}$，$(\boldsymbol{A}-\boldsymbol{E})\boldsymbol{B}=6\boldsymbol{E}$，$\boldsymbol{B}=6(\boldsymbol{A}-\boldsymbol{E})^{-1}$.

4. (1) 由于 $r(\boldsymbol{AB})=r(\boldsymbol{E}_m)=m$，而 $r(\boldsymbol{AB})\leqslant r(\boldsymbol{B})$，即有 $m\leqslant r(\boldsymbol{B})\leqslant m$，所以 $r(\boldsymbol{B})=m$；

(2) 由(1)$r(\boldsymbol{B})=m$，所以 $\boldsymbol{BX}=\boldsymbol{0}$ 只有零解.

自测题 3

1. (1) 错；(2) 错；(3) 错；(4) 错；(5) 对.

2. (1) $|2(\boldsymbol{A}^{\mathrm{T}}\boldsymbol{B}^{-1})|=-4$；　　(2) $\begin{vmatrix} -\boldsymbol{A} & \boldsymbol{O} \\ \boldsymbol{O} & 2\boldsymbol{E} \end{vmatrix}=4$；

(3) $\begin{pmatrix} \cos\theta & \sin\theta \\ -\sin\theta & \cos\theta \end{pmatrix}$；　　(4) 2；

(5) 0.

3. (1) $D=-18$；　　(2) $D=23$；

(3) $D_n=[x+(n-1)a](x-a)^{n-1}$.

4. (1) $\lambda\neq2$ 时,仅有零解;(2) $\lambda=2$ 时,有非零解.

5. $\boldsymbol{A}^*=\begin{pmatrix}-1&0&0\\0&-4&6\\0&2&-2\end{pmatrix}$; $\boldsymbol{A}^{-1}=\begin{pmatrix}-\frac{1}{2}&0&0\\0&-2&3\\0&1&-1\end{pmatrix}$.

6. (1) $\begin{vmatrix}2\boldsymbol{A}&\boldsymbol{O}\\\boldsymbol{O}&\boldsymbol{B}\end{vmatrix}=-8$; (2) $\left|\begin{pmatrix}\boldsymbol{A}&\boldsymbol{O}\\\boldsymbol{O}&2\boldsymbol{B}\end{pmatrix}^{-1}\right|=-\frac{1}{16}$.

7. (1) $t=1$ 时,$r(\boldsymbol{A})=2$; (2) $t\neq1$ 时,$r(\boldsymbol{A})=3$.

习题 4-1

1. $\boldsymbol{\alpha}=\left(\frac{5}{3},-\frac{1}{3},0,\frac{4}{3}\right)^{\mathrm{T}}$.
2. 可以唯一线性表示,且 $\boldsymbol{\beta}=\boldsymbol{\alpha}_1-\boldsymbol{\alpha}_2+\boldsymbol{\alpha}_3$.
3. $k\neq0$ 且 $k\neq-3$.
4. 证明两组向量可以相互线性表示.

**5. (1) $a=1,b\neq-2$ 时,$\boldsymbol{\beta}$ 不能由 $\boldsymbol{\alpha}_1,\boldsymbol{\alpha}_2,\boldsymbol{\alpha}_3,\boldsymbol{\alpha}_4$ 线性表示;
(2) $a\neq1$ 时,$\boldsymbol{\beta}$ 能由 $\boldsymbol{\alpha}_1,\boldsymbol{\alpha}_2,\boldsymbol{\alpha}_3,\boldsymbol{\alpha}_4$ 唯一的线性表示;
(3) $a=1,b=-2$ 时,$\boldsymbol{\beta}$ 能由 $\boldsymbol{\alpha}_1,\boldsymbol{\alpha}_2,\boldsymbol{\alpha}_3,\boldsymbol{\alpha}_4$ 线性表示,但表示方法不唯一.

习题 4-2

1. (1) 线性无关; (2) 线性无关; (3) 线性相关.
2. $k\neq0$ 且 $k\neq-3$.

*6. $t\neq-1$ 时,$\boldsymbol{\beta}_1,\boldsymbol{\beta}_2,\boldsymbol{\beta}_3$ 线性无关;$t=-1$ 时,$\boldsymbol{\beta}_1,\boldsymbol{\beta}_2,\boldsymbol{\beta}_3$ 线性相关.

习题 4-3

1. (1) 秩为 2,且 $\boldsymbol{\alpha}_1,\boldsymbol{\alpha}_2$ 为一个极大线性无关组,$\boldsymbol{\alpha}_3=-\frac{11}{9}\boldsymbol{\alpha}_1+\frac{5}{9}\boldsymbol{\alpha}_2$,$\boldsymbol{\alpha}_4=\frac{2}{3}\boldsymbol{\alpha}_1+\frac{1}{3}\boldsymbol{\alpha}_2$.
(2) 秩为 3,且 $\boldsymbol{\alpha}_1,\boldsymbol{\alpha}_2,\boldsymbol{\alpha}_4$ 为一个极大线性无关组,$\boldsymbol{\alpha}_3=\boldsymbol{\alpha}_1-2\boldsymbol{\alpha}_2$.
2. (1) $r(\boldsymbol{A})=3$,第 1,2,3 列对应的列向量 $\boldsymbol{\alpha}_1,\boldsymbol{\alpha}_2,\boldsymbol{\alpha}_3$ 为列向量组的极大线性无关组,且 $\boldsymbol{\alpha}_4=\boldsymbol{\alpha}_1-\boldsymbol{\alpha}_2+\boldsymbol{\alpha}_3$;
(2) $r(\boldsymbol{A})=3$,第 1,2,3 列对应的列向量 $\boldsymbol{\alpha}_1,\boldsymbol{\alpha}_2,\boldsymbol{\alpha}_3$ 为列向量组的极大线性无关组,且 $\boldsymbol{\alpha}_4=-2\boldsymbol{\alpha}_1+4\boldsymbol{\alpha}_2-3\boldsymbol{\alpha}_3$,$\boldsymbol{\alpha}_5=3\boldsymbol{\alpha}_2-2\boldsymbol{\alpha}_3$,$\boldsymbol{\alpha}_6=-\boldsymbol{\alpha}_1+4\boldsymbol{\alpha}_2-3\boldsymbol{\alpha}_3$.
3. $a=0,b=2$ 时,$r(\boldsymbol{A})=2$,第 1,2 对应列向量 $\boldsymbol{\alpha}_1,\boldsymbol{\alpha}_2$ 为列向量组的一个极大线性无关组,且 $\boldsymbol{\alpha}_3=(-1)\boldsymbol{\alpha}_1+2\boldsymbol{\alpha}_2$,$\boldsymbol{\alpha}_4=(-1)\boldsymbol{\alpha}_1+2\boldsymbol{\alpha}_2$,$\boldsymbol{\alpha}_5=-5\boldsymbol{\alpha}_1+6\boldsymbol{\alpha}_2$,$\boldsymbol{\alpha}_6=-2\boldsymbol{\alpha}_1+3\boldsymbol{\alpha}_2$.

习题 4-4

1. (1) 基础解系 $\eta=\begin{pmatrix}0\\0\\-1\\1\end{pmatrix}k$,通解 $\begin{pmatrix}x_1\\x_2\\x_3\\x_3\end{pmatrix}=\begin{pmatrix}0\\0\\-1\\1\end{pmatrix}k$($k$ 为任意数);

(2) 基础解系 $\eta=\begin{pmatrix}1\\-3\\-4\\1\end{pmatrix}$,通解 $\begin{pmatrix}x_1\\x_2\\x_3\\x_4\end{pmatrix}=k\begin{pmatrix}1\\-3\\-4\\1\end{pmatrix}$($k$ 为任意数);

(3) 基础解系 $\eta_1=\begin{pmatrix}0\\0\\-1\\1\\0\end{pmatrix}$,$\eta_2=\begin{pmatrix}0\\4\\-5\\0\\1\end{pmatrix}$,通解 $\begin{pmatrix}x_1\\x_2\\x_3\\x_4\\x_5\end{pmatrix}=\begin{pmatrix}0\\0\\-1\\1\\0\end{pmatrix}k_1+\begin{pmatrix}0\\4\\-5\\0\\1\end{pmatrix}k_2$($k_1,k_2$为任意数).

2. (1) $\begin{pmatrix}x_1\\x_2\\x_3\\x_4\end{pmatrix}=\begin{pmatrix}-1\\0\\0\\1\end{pmatrix}k+\begin{pmatrix}\frac{3}{2}\\0\\\frac{1}{2}\\0\end{pmatrix}$($k$ 为任意数); (2) $\begin{pmatrix}x_1\\x_2\\x_3\end{pmatrix}=\begin{pmatrix}-1\\1\\1\end{pmatrix}k+\begin{pmatrix}7\\5\\0\end{pmatrix}$($k$ 为任意数);

(3) $\begin{pmatrix}x_1\\x_2\\x_3\\x_4\end{pmatrix}=\begin{pmatrix}-3\\-1\\1\\0\end{pmatrix}k+\begin{pmatrix}4\\1\\0\\-2\end{pmatrix}$($k$ 为任意数).

习题 4-5

1. $(\boldsymbol{\alpha}+\boldsymbol{\beta},\boldsymbol{\alpha}-\boldsymbol{\beta})=0,\theta=\frac{\pi}{2}$

2. 设 $\boldsymbol{\alpha}=(1,1,0)^{\mathrm{T}},\boldsymbol{\beta}=(\lambda,1,1)^{\mathrm{T}}$,(1) $\lambda=-1$;(2) $\boldsymbol{\gamma}=\pm\left(-\frac{1}{\sqrt{6}},\frac{1}{\sqrt{6}},-\frac{2}{\sqrt{6}}\right)$.

3. $\boldsymbol{\eta}_1=\left(\frac{1}{\sqrt{2}},\frac{1}{\sqrt{2}},0\right)^{\mathrm{T}},\boldsymbol{\eta}_2=\left(\frac{1}{\sqrt{6}},-\frac{1}{\sqrt{6}},\frac{2}{\sqrt{6}}\right)^{\mathrm{T}},\boldsymbol{\eta}_3=\left(-\frac{1}{\sqrt{3}},\frac{1}{\sqrt{3}},\frac{1}{\sqrt{3}}\right)^{\mathrm{T}}$.

第四章补充题

1. $\boldsymbol{A}\xrightarrow{\text{初等行变换}}\begin{pmatrix}2&\lambda&-1&1\\\lambda+2&\lambda-1&0&3\\5\lambda+4&0&0&9\end{pmatrix}$,$\lambda=-\frac{4}{5}$时,$\boldsymbol{\beta}$不能由 $\boldsymbol{\alpha}_1,\boldsymbol{\alpha}_2,\boldsymbol{\alpha}_3$ 线性表示;

$\lambda\neq-\frac{4}{5}$,且 $\lambda\neq1$ 时,$\boldsymbol{\beta}$ 能由 $\boldsymbol{\alpha}_1,\boldsymbol{\alpha}_2,\boldsymbol{\alpha}_3$ 唯一线性表示;

当 $\lambda=1$ 时,$\boldsymbol{\beta}$ 能由 $\boldsymbol{\alpha}_1,\boldsymbol{\alpha}_2,\boldsymbol{\alpha}_3$ 线性表示,且表示方法不唯一.

2. 证明:设 $\boldsymbol{\alpha}_{j1},\boldsymbol{\alpha}_{j2},\cdots,\boldsymbol{\alpha}_{jr}$ 为 $\boldsymbol{\alpha}_1,\boldsymbol{\alpha}_2,\cdots,\boldsymbol{\alpha}_n$ 中任意 r 个线性无关向量,如果向量组中存在向量 $\boldsymbol{\alpha}_k(1\leqslant k\leqslant n)$不能由 $\boldsymbol{\alpha}_{j1},\boldsymbol{\alpha}_{j2},\cdots,\boldsymbol{\alpha}_{jr}$ 线性表示,则 $\boldsymbol{\alpha}_{j1},\boldsymbol{\alpha}_{j2},\cdots,\boldsymbol{\alpha}_{jr},\boldsymbol{\alpha}_k$ 线性无关,与向量组的秩为 r 矛盾,所以 $\boldsymbol{\alpha}_1,\boldsymbol{\alpha}_2,\cdots,\boldsymbol{\alpha}_n$ 中向量都可由 $\boldsymbol{\alpha}_{j1},\boldsymbol{\alpha}_{j2},\cdots,\boldsymbol{\alpha}_{jr}$ 线性表示,又 $\boldsymbol{\alpha}_{j1},\boldsymbol{\alpha}_{j2},\cdots,\boldsymbol{\alpha}_{jr}$ 线性无关,$\boldsymbol{\alpha}_{j1},\boldsymbol{\alpha}_{j2},\cdots,\boldsymbol{\alpha}_{jr}$ 是 $\boldsymbol{\alpha}_1,\boldsymbol{\alpha}_2,\cdots,\boldsymbol{\alpha}_n$ 的一个极大线性无关组.

3. (1) 设 $x_1\boldsymbol{\eta}_1+x_2\boldsymbol{\eta}_2+\cdots+x_{n-r}\boldsymbol{\eta}_{n-r}=\mathbf{0}$,其中 $\boldsymbol{\eta}_1=\boldsymbol{\gamma}_1-\boldsymbol{\gamma}_{n-r+1},\boldsymbol{\eta}_2=\boldsymbol{\gamma}_2-\boldsymbol{\gamma}_{n-r+1},\cdots$,

$\boldsymbol{\eta}_{n-r}=\boldsymbol{\gamma}_{n-r}-\boldsymbol{\gamma}_{n-r+1}$，利用 $\boldsymbol{\gamma}_1,\boldsymbol{\gamma}_2,\cdots,\boldsymbol{\gamma}_{n-r+1}$ 线性无关，得 $x_1=\cdots=x_{n-r}=0$；

(2) $\boldsymbol{\eta}_1,\cdots,\boldsymbol{\eta}_{n-r}$ 为 $\boldsymbol{AX}=\boldsymbol{0}$ 的基础解系，$\boldsymbol{\gamma}_{n-r+1}+k_1\boldsymbol{\eta}_1+\cdots+k_{n-r}\boldsymbol{\eta}_{n-r}$ 为 $\boldsymbol{AX}=\boldsymbol{\beta}$ 的通解.

4. 证明：$\boldsymbol{A}$ 是秩为 n 的 $m\times n$ 矩阵，所以齐次线性方程组 $\boldsymbol{AX}=\boldsymbol{0}$ 只有零解，而 $\boldsymbol{B}$ 的列向量都是 $\boldsymbol{AX}=\boldsymbol{0}$ 的解，所以 $\boldsymbol{B}=\boldsymbol{O}$.

5. $\boldsymbol{\eta}_1-\boldsymbol{\eta}_2$ 是导出组的基础解，$\dfrac{\boldsymbol{\eta}_1+\boldsymbol{\eta}_2}{2}$ 是一个特解，$\boldsymbol{AX}=\boldsymbol{\beta}$ 的通解可表示为 $k(\boldsymbol{\eta}_1-\boldsymbol{\eta}_2)+\dfrac{\boldsymbol{\eta}_1+\boldsymbol{\eta}_2}{2}$.

6. $\boldsymbol{\alpha}_1-\boldsymbol{\alpha}_3,\boldsymbol{\alpha}_2-\boldsymbol{\alpha}_3$ 是导出组的基础解系. $\boldsymbol{\gamma}=\dfrac{\boldsymbol{\alpha}_1+\boldsymbol{\alpha}_2}{2}=\dfrac{1}{2}(1,2,3,1)^{\mathrm{T}}$ 是 $\boldsymbol{AX}=\boldsymbol{\beta}$ 的特解，

$\boldsymbol{AX}=\boldsymbol{\beta}$ 通解为 $\dfrac{1}{2}(1,2,3,1)^{\mathrm{T}}+k_1(1,3,2,1)^{\mathrm{T}}+k_2(0,2,4,1)^{\mathrm{T}}$（$k_1,k_2$ 为任意实数）.

7. $t=-3,r(\boldsymbol{A})=2$.

自测题 4

1. (1) 错；(2) 错；(3) 对；(4) 错；(5) 错.

2. (1) $\lambda=-2$ 或 $\lambda=1$；　(2) $4,\sqrt{6}$

(3) $t+2s=0$；　(4) $\boldsymbol{\beta}=\left(\dfrac{1}{2},-\dfrac{1}{2},-1,1\right)^{\mathrm{T}}$；

(5) 秩.

3. $\lambda=1$ 或 $\lambda=3$.

4. 极大无关组为前 3 列 $\boldsymbol{\alpha}_1,\boldsymbol{\alpha}_2,\boldsymbol{\alpha}_3$，秩为 3 且 $\boldsymbol{\alpha}_4=6\boldsymbol{\alpha}_1-5\boldsymbol{\alpha}_2+5\boldsymbol{\alpha}_3$.

5. 基础解系 $\boldsymbol{\eta}_1=\begin{pmatrix}4\\7\\1\\0\end{pmatrix},\boldsymbol{\eta}_2=\begin{pmatrix}-5\\-6\\0\\1\end{pmatrix}$，通解 $\begin{pmatrix}x_1\\x_2\\x_3\\x_4\end{pmatrix}=k_1\begin{pmatrix}4\\7\\1\\0\end{pmatrix}+k_2\begin{pmatrix}-5\\-6\\0\\1\end{pmatrix}$（$k_1,k_2$ 为任意数）.

8. $\lambda=3$ 时，有解 $\begin{pmatrix}x_1\\x_2\\x_3\end{pmatrix}=\begin{pmatrix}3\\-9\\0\end{pmatrix}+\begin{pmatrix}-1\\2\\1\end{pmatrix}k$（$k$ 为任意数）.

习题 5-1

1. (1) $\boldsymbol{\eta}_1=\begin{pmatrix}1\\-1\\1\end{pmatrix}$ 是属于 -1 的特征向量；$\boldsymbol{\eta}_2=\begin{pmatrix}1\\-2\\4\end{pmatrix}$ 是属于 -2 的特征向量；

$\boldsymbol{\eta}_3=\begin{pmatrix}1\\-3\\9\end{pmatrix}$ 是属于 -3 的特征向量.

(2) $\boldsymbol{A}$ 可对角化，$\boldsymbol{P}=\begin{pmatrix}1&1&1\\-1&-2&-3\\1&4&9\end{pmatrix}$，$\boldsymbol{\Lambda}=\begin{pmatrix}-1&&\\&-2&\\&&-3\end{pmatrix}$.

2. (1) 0,4,12; $|A^2+A+2E|=0$.　　(2) $-1,1,\frac{1}{2}$.

(3) $-1,3,2$.

4. $x=4,y=5$.

5. (1) $\lambda=-4,\lambda=2$(二重). 属于 $\lambda=-4$ 的特征向量 $k\begin{pmatrix}1\\-2\\3\end{pmatrix}(k\neq0)$,属于 $\lambda=2$ 的特征向量 $k_2\begin{pmatrix}-2\\1\\0\end{pmatrix}+k_3\begin{pmatrix}1\\0\\1\end{pmatrix}$($k_2,k_3$ 不全为 0)

(2) $\lambda=0$(二重),$\lambda=3$. 属于 $\lambda=3$ 的特征向量 $k\begin{pmatrix}1\\1\\1\end{pmatrix}(k\neq0)$,$\lambda=0$ 的特征向量 $k_2\begin{pmatrix}-1\\1\\0\end{pmatrix}+k_3\begin{pmatrix}-1\\0\\1\end{pmatrix}$($k_2,k_3$ 不全为 0).

(3) $\lambda=-2,\lambda=6$ (二重). 属于 $\lambda=-2$ 的特征向量 $k\begin{pmatrix}1\\-2\\0\end{pmatrix}(k\neq0)$,$\lambda=6$ 的特征向量 $k\begin{pmatrix}1\\2\\0\end{pmatrix}(k\neq0)$.

*6. (1) B 的特征值 2,3,4,5;　　(2) $|B-E|=24$.

习题 5-2

1. (1) 可对角化,$P=\begin{pmatrix}1&-2&1\\-2&1&0\\3&0&1\end{pmatrix}$;　(2) 可对角化,$P=\begin{pmatrix}1&-1&-1\\1&1&0\\1&0&1\end{pmatrix}$;

(3) 不可对角化.

2 (1) $Q=\begin{pmatrix}\frac{1}{\sqrt2}&\frac{1}{\sqrt2}\\\frac{1}{\sqrt2}&-\frac{1}{\sqrt2}\end{pmatrix}$,$Q^{-1}AQ=Q^{T}AQ=\begin{pmatrix}1&0\\0&3\end{pmatrix}$;

(2) $Q=\begin{pmatrix}\frac{1}{\sqrt3}&-\frac{1}{\sqrt2}&-\frac{1}{\sqrt6}\\\frac{1}{\sqrt3}&\frac{1}{\sqrt2}&-\frac{1}{\sqrt6}\\\frac{1}{\sqrt3}&0&\frac{2}{\sqrt6}\end{pmatrix}$,$Q^{-1}AQ=Q^{T}AQ=\begin{pmatrix}2&&\\&-1&\\&&-1\end{pmatrix}$;

(3) $\boldsymbol{Q}=\begin{pmatrix} -\frac{1}{\sqrt{3}} & -\frac{1}{\sqrt{2}} & \frac{1}{\sqrt{6}} \\ -\frac{1}{\sqrt{3}} & \frac{1}{\sqrt{2}} & \frac{1}{\sqrt{6}} \\ \frac{1}{\sqrt{3}} & 0 & \frac{2}{\sqrt{6}} \end{pmatrix}$, $\boldsymbol{Q}^{-1}\boldsymbol{AQ}=\boldsymbol{Q}^{\mathrm{T}}\boldsymbol{AQ}=\begin{pmatrix} -2 & & \\ & 1 & \\ & & 1 \end{pmatrix}$;

(4) $\boldsymbol{Q}=\begin{pmatrix} \frac{1}{\sqrt{2}} & \frac{1}{\sqrt{6}} & -\frac{1}{\sqrt{12}} & \frac{1}{2} \\ \frac{1}{\sqrt{2}} & \frac{1}{\sqrt{6}} & \frac{1}{\sqrt{12}} & -\frac{1}{2} \\ 0 & \frac{2}{\sqrt{6}} & \frac{1}{\sqrt{12}} & -\frac{1}{2} \\ 0 & 0 & \frac{3}{\sqrt{12}} & \frac{1}{2} \end{pmatrix}$, $\boldsymbol{Q}^{-1}\boldsymbol{AQ}=\boldsymbol{Q}^{\mathrm{T}}\boldsymbol{AQ}=\begin{pmatrix} 1 & & & \\ & 1 & & \\ & & 1 & \\ & & & -3 \end{pmatrix}$.

*3. (1) $k(1,0,1)^{\mathrm{T}}$; (2) $\boldsymbol{A}=\frac{1}{6}\begin{pmatrix} 13 & -2 & 5 \\ -2 & 10 & 2 \\ 5 & 2 & 13 \end{pmatrix}$.

习题 5-3

1. $\boldsymbol{Q}=\begin{pmatrix} -\frac{1}{\sqrt{2}} & -\frac{1}{\sqrt{6}} & \frac{1}{\sqrt{3}} \\ \frac{1}{\sqrt{2}} & -\frac{1}{\sqrt{6}} & \frac{1}{\sqrt{3}} \\ 0 & \frac{2}{\sqrt{6}} & \frac{1}{\sqrt{3}} \end{pmatrix}$,正交变换 $\boldsymbol{Y}=\boldsymbol{QX}$ 可以将二次型化简为 $-y_1^2-y_2^2$.

2. (1) $t>\frac{1}{2}$;　　(2) $t>2$;

(3) $-2<t<2$.

*3. (1) $\begin{cases} y_1=x_1+x_2, \\ y_2=x_2+2x_3, \\ y_3=x_3. \end{cases}$ $f(x_1,x_2,x_3)=y_1^2+y_2^2-y_3^2$.

(2) $\begin{cases} y_1=x_1+x_2, \\ y_2=x_2+x_3, \\ y_3=x_3+x_4, \\ y_4=x_2-x_3. \end{cases}$ $f(x_1,x_2,x_3,x_4)=y_1^2+\frac{1}{2}y_2^2+y_3^2-\frac{1}{2}y_4^2$.

(3) $\begin{cases} y_1=x_1+x_2, \\ y_2=x_2+x_3, \\ y_3=x_3. \end{cases}$ $f(x_1,x_2,x_3)=y_1^2+2y_2^2+y_3^2$.

第五章补充题

1. (1) 设 $\boldsymbol{\xi}=(1,1,-1)^{\mathrm{T}}$ 对应的特征值为 λ,则有 $(\lambda\boldsymbol{E}-\boldsymbol{A})\boldsymbol{\xi}=\boldsymbol{0}$,即 $\begin{cases}\lambda-2+1+2=0,\\-5+\lambda-a+3=0,\\1-b-\lambda-2=0.\end{cases}$ 解得 $a=-3,b=0$.

   (2) $|\lambda\boldsymbol{E}-\boldsymbol{A}|=(\lambda+1)^3$,所以 $\lambda=-1$ 为 $\boldsymbol{A}$ 三重特征值.解得基础解系 $\boldsymbol{\xi}=(1,1,-1)^{\mathrm{T}}$,$\boldsymbol{A}$ 的属于 $\lambda=-1$ 的特征向量为 $k\boldsymbol{\xi}(k\neq 0)$.

   (3) $\boldsymbol{A}$ 没有 3 个线性无关的特征向量,所以 $\boldsymbol{A}$ 不可对角化.

2. 证明:设 λ 是 $\boldsymbol{A}$ 的特征值,$\boldsymbol{x}$ 是 $\boldsymbol{A}$ 的属于特征值 λ 的特征向量,则 $\boldsymbol{Ax}=\lambda\boldsymbol{x}$,即有 $\boldsymbol{A}^m\boldsymbol{x}=\lambda^m\boldsymbol{x}=\boldsymbol{0}$,由于 $\boldsymbol{x}\neq\boldsymbol{0}$,所以 $\lambda^m=\boldsymbol{0}$,所以 λ 只能是 0.

3. 证明:$|\boldsymbol{A}|=1\cdot 2\cdot 3=6$,$\boldsymbol{A}^*=|\boldsymbol{A}|\boldsymbol{A}^{-1}=6\boldsymbol{A}^{-1}$,所以 $\boldsymbol{A}^*+6\boldsymbol{A}^{-1}-4\boldsymbol{E}=12\boldsymbol{A}^{-1}-4\boldsymbol{E}$,有特征值 8,2,0,$|\boldsymbol{A}^*+6\boldsymbol{A}^{-1}-4\boldsymbol{E}|=8\cdot 2\cdot 0=0$,因此 $\boldsymbol{A}^*+6\boldsymbol{A}^{-1}-4\boldsymbol{E}$ 不可逆.

4. $\boldsymbol{A}$ 的行和为 a,则 $\boldsymbol{A}\begin{pmatrix}1\\M\\1\end{pmatrix}=a\begin{pmatrix}1\\M\\1\end{pmatrix}$,所以,$\boldsymbol{A}$ 必有特征值 a 和特征向量 $\begin{pmatrix}1\\M\\1\end{pmatrix}$.

5. $\boldsymbol{A}^*$ 的特征值为 4,2,−1,1,则 $|\boldsymbol{A}^*|=-8$,所以 $|\boldsymbol{A}|=-2$.

   由 $\boldsymbol{A}^{-1}=\dfrac{1}{|\boldsymbol{A}|}\boldsymbol{A}^*=-\dfrac{1}{2}\boldsymbol{A}^*$,$\boldsymbol{A}^{-1}$ 有特征值 $-2,-1,\dfrac{1}{2},-\dfrac{1}{2}$,所以 $\boldsymbol{A}$ 的特征值为 $-\dfrac{1}{2},-1,2,-2$.

6. 设属于特征值 −1 的特征向量为 $\boldsymbol{\alpha}$,则 $(\boldsymbol{\alpha}_1,\boldsymbol{\alpha})=\boldsymbol{0}$,得属于 −1 的两个线性无关的特征向量 $\boldsymbol{\alpha}_2=(1,1,0)^{\mathrm{T}}$,$\boldsymbol{\alpha}_3=(1,0,1)^{\mathrm{T}}$,取 $\boldsymbol{P}=(\boldsymbol{\alpha}_1,\boldsymbol{\alpha}_2,\boldsymbol{\alpha}_3)$,则 $\boldsymbol{P}^{-1}\boldsymbol{AP}=\begin{pmatrix}2&&\\&-1&\\&&-1\end{pmatrix}$.所以

   $$\boldsymbol{A}=\boldsymbol{P}\begin{pmatrix}-1&&\\&1&\\&&1\end{pmatrix}\boldsymbol{P}^{-1}=\begin{pmatrix}0&-1&-1\\-1&0&1\\-1&1&0\end{pmatrix}.$$

7. 任取 $\boldsymbol{x}\in\mathbf{R}^n$,$\boldsymbol{x}\neq\boldsymbol{0}$,由于 $\boldsymbol{A},\boldsymbol{B}$ 都正定,$\boldsymbol{x}^{\mathrm{T}}\boldsymbol{Ax}>0$,$\boldsymbol{x}^{\mathrm{T}}\boldsymbol{Bx}>0$,所以 $\boldsymbol{x}^{\mathrm{T}}(\boldsymbol{A}+\boldsymbol{B})\boldsymbol{x}=\boldsymbol{x}^{\mathrm{T}}\boldsymbol{Ax}+\boldsymbol{x}^{\mathrm{T}}\boldsymbol{Bx}>0$,$\boldsymbol{A}+\boldsymbol{B}$ 正定.

自测题 5

1. (1) 错;(2) 错;(3) 错;(4) 对;(5) 错.

2. (1) 2,0;

   (2) $1,\dfrac{1}{2},-1,20$;

   (3) $\boldsymbol{\eta}_1+\boldsymbol{\eta}_3$

   (4) $\boldsymbol{T}=\begin{pmatrix}1&1&1\\0&-3&-2\\1&9&0\end{pmatrix}$;

   (5) $\begin{pmatrix}1&1&0\\1&3&2\\0&2&3\end{pmatrix}$.

3. （1）$|\boldsymbol{A}|=2$；（2）$|2\boldsymbol{A}^2-\boldsymbol{A}+\boldsymbol{E}|=44$；

（3）$|4\boldsymbol{A}^{-1}|=32$.

4. $\begin{cases} a=2, \\ b=0. \end{cases}$

6. 取 $\boldsymbol{Q}=\begin{pmatrix} 0 & 1 & 0 \\ \frac{1}{\sqrt{2}} & 0 & -\frac{1}{\sqrt{2}} \\ \frac{1}{\sqrt{2}} & 0 & \frac{1}{\sqrt{2}} \end{pmatrix}$，则 $\boldsymbol{Q}^{-1}\boldsymbol{A}\boldsymbol{Q}=\boldsymbol{Q}^{\mathrm{T}}\boldsymbol{A}\boldsymbol{Q}=\begin{pmatrix} -1 & & \\ & 1 & \\ & & 1 \end{pmatrix}$.

7. $\begin{cases} x_1=x-2y, \\ y_1=y-tz, \\ z_1=z. \end{cases}$ $f(x,y,z)=x_1^2+y_1^2+(1-t^2)z_1^2$.

当 $-1<t<1$ 时，二次型正定.

参考文献

[1] 北京大学数学系:《高等代数》(第三版),高等教育出版社,2004 年.
[2] 陈维新:《线性代数》(第二版),科学出版社,2007 年.
[3] 陈维新:《线性代数简明教程》(第二版),科学出版社,2007 年.
[4] 同济大学数学系:《线性代数》(第五版),高等教育出版社,2003 年.
[5] 同济大学数学系:《线性代数及其应用》,高等教育出版社,2004 年.
[6] 曹重光,于宪军,张显:《线性代数》,科学出版社,2007 年.
[7] 邵建峰,刘彬:《线性代数》(第二版),化学工业出版社,2007 年.
[8] 陈建龙,周建华,周后型:《线性代数》,科学出版社,2007 年.
[9] 上海交通大学数学系:《线性代数》(第二版),科学出版社,2007 年